21世纪高等学校计算机类课程创新规划教材·微课版

Flash

二维动画设计与制作（第3版）

微课版

◎ 孙利娟 缪亮 主编

清华大学出版社
北京

内 容 简 介

Flash 是著名的二维矢量动画制作软件。本书以 Adobe 公司出品的 Flash 简体中文版为基础，详细介绍利用 Flash 设计和制作动画作品的方法和技巧。

全书共 11 章，分别讲述了 Flash 动画基础知识和 Flash 工作环境、Flash 图形的绘制和编辑、应用位图和文字、基础动画、元件和实例、基于对象的补间动画、高级动画、声音和视频、交互动画和 ActionScript 入门、上机实训综合范例等。

在配套资源中，提供了本教材用到的范例源文件及素材。为了让读者更轻松地掌握 Flash 二维动画制作技术，作者制作了配套微课视频。微课视频包括教材的全部内容，全程语音讲解，真实操作演示，让读者一学就会！

本书面向学习 Flash 动画设计与制作的初、中级读者，可作为各类院校的动画设计与制作教材、各层次职业培训教材，同时也是广大动画爱好者的参考用书。

图书在版编目(CIP)数据

Flash 二维动画设计与制作：微课版/孙利娟，缪亮主编. —3 版. —北京：清华大学出版社，2019
(2022.8重印)
　(21 世纪高等学校计算机类课程创新规划教材：微课版)
　ISBN 978-7-302-52600-1

　Ⅰ. ①F… Ⅱ. ①孙… ②缪… Ⅲ. ①动画制作软件－高等学校－教材 Ⅳ. ①TP391.414

中国版本图书馆 CIP 数据核字(2019)第 044603 号

责任编辑：魏江江　赵晓宁
封面设计：刘　键
责任校对：徐俊伟
责任印制：丛怀宇

出版发行：清华大学出版社
　　网　　　址：http://www.tup.com.cn，http://www.wqbook.com
　　地　　　址：北京清华大学学研大厦 A 座　　　　　　邮　　编：100084
　　社 总 机：010-83470000　　　　　　　　　　　　邮　　购：010-62786544
　　投稿与读者服务：010-62776969，c-service@tup.tsinghua.edu.cn
　　质量反馈：010-62772015，zhiliang@tup.tsinghua.edu.cn
　　课件下载：http://www.tup.com.cn，010-83470236
印　刷　者：北京富博印刷有限公司
装　订　者：北京市密云县京文制本装订厂
经　　　销：全国新华书店
开　　　本：185mm×260mm　　　印　张：20.25　　　　字　　数：504 千字
版　　　次：2010 年 1 月第 1 版　2019 年 5 月第 3 版　　印　　次：2022 年 8 月第 6 次印刷
印　　　数：36501～38500
定　　　价：59.80 元

产品编号：080419-01

前 言

　　Flash是著名的"网页三剑客"之一,以制作网络矢量动画见长。目前,Flash软件已广泛应用于动画设计、网站开发、广告设计、多媒体课件、游戏开发等领域。

　　本书按照教学规律精心设计内容和结构。根据各类院校教学实际的课时安排,结合多位任课教师多年的教学经验进行教材内容的设计,力争教材结构合理、难易适中,具有理论结合实际、系统全面、实用性等特点。

主要内容

　　本书涉及Flash入门知识、Flash图形的绘制和编辑、在Flash中应用文字和位图、基础动画、元件和实例、基于对象的补间动画、高级动画、在Flash中应用声音和视频、交互动画和ActionScript入门、上机实训综合范例等内容。本书共分11章,各章节内容介绍如下。

　　第1章Flash入门,包括动画基础知识、Flash工作环境、影片文档的基本操作方法等。

　　第2章绘制图形,包括绘制线条、绘制简单图形、设计图形色彩、绘制复杂图形、绘制特殊图形等。

　　第3章编辑图形,包括图形变形、绘制模式、在Flash中应用位图、导入Photoshop和Illustrator文档、多图层绘图等。

　　第4章在Flash中应用文字,包括在Flash中应用传统文本、在Flash中应用TLF文本、滤镜等。

　　第5章基础动画,包括帧、逐帧动画、形状补间动画、传统补间动画、基于传统补间的路径动画、自定义缓入/缓出动画等。

　　第6章元件和实例,包括认识元件和实例、元件的类型和创建元件的方法、影片剪辑元件、按钮元件、使用"库"面板管理元件等。

　　第7章基于对象的补间动画,包括对象补间动画、使用"动画编辑器"面板、动画预设等。

　　第8章高级动画,包括遮罩动画、3D动画、骨骼动画等。

　　第9章在Flash中应用声音和视频,包括声音在Flash中的应用、视频在Flash中的应用等。

　　第10章交互式动画和ActionScript入门,包括ActionScript 3.0开发环境、类和对象、ActionScript 3.0的事件处理模型、ActionScript 3.0常用内置类等。

　　第11章通过一个上机实训综合范例,介绍一个完整的Flash动画作品的开发流程和制作方法。

　　为了方便读者的学习,本书附录提供了每章习题的参考答案。

本书特点

(1) 紧扣教学规律,合理设计图书结构。

本书作者多是长期从事 Flash 动画制作教学工作的一线教师,具有丰富的教学经验。本书的编写,紧扣教师的教学规律和学生的学习规律,全力打造难易适中、结构合理、实用性强的教材。

本书采取"知识要点—基础知识讲解—典型应用讲解—实战范例—习题"的内容结构。在每章的开始给出本章的主要内容简介,学生可以了解本章要学习的知识点。在具体的教学内容中既注重基本知识点的系统讲解,又注重学习目标的实用性。每章都设计了"本章习题",既可以让教师合理安排教学内容,又可以让学生加强实践,快速掌握本章知识。

(2) 注重教学实践,加强上机实训与指导内容的设计。

Flash 动画设计与制作是门实践性很强的课程,学生只有亲自动手上机练习,才能更好地掌握教材内容。本书将上机练习的内容设计成"实战范例"教学单元,穿插在每章的基础知识中间,教师可以根据课程要求灵活授课和安排上机实践。学生可以根据实战范例中介绍的方法、步骤进行上机实践,然后根据自己的情况对范例进行修改和扩展,以加深对其中所包含的概念、原理和方法的理解。

(3) 配套微课视频,让教学更加轻松。

为了让学生更轻松地掌握 Flash 二维动画制作技术,作者精心制作了配套微课视频。微课视频完全和教材内容同步,共 900 分钟超大容量的教学内容,全程语音讲解,真实操作演示,让学生一学就会!

不管是教师还是学生,扫描二维码即可在线播放微课视频,这样更加有利于教师的教和学生的学。

本书作者

参加本书编写的作者为多年从事 Flash 动画设计与制作教学工作的资深教师,具有丰富的教学经验和实际应用经验。

本书主编为孙利娟(编写第 1~第 5 章)和缪亮(编写第 6~第 8 章)。编委为陈凯(编写第 9 和第 10 章)和陶颖(编写第 11 章)。

郭刚、张爱文、何红玉、董春波、胡伟华、李敏、张海、丁文珂、李鸿雁、袁长征、纪宏伟、姜彬彬等参与了创作和编写工作,在此表示感谢。另外,感谢开封文化艺术职业学院、开封大学、辽宁工程技术大学对本书编写给予的支持和帮助。

相关资源

立体出版计划,为学生建构全方位的学习环境! 最先进的建构主义学习理论告诉我们,构建一个真正意义上的学习环境是学习成功的关键。学习环境中有真情实境、有协商和对话、有共享资源的支持,才能使学生高效率地学习,并且学有所成。因此,为了帮助学生构建真正意义上的学习环境,作者以图书为基础,为学生专门设置了一个图书服务网站。

图书服务网站提供相关图书资讯,以及相关资料下载和俱乐部。在这里学生可以得到更多、更新的共享资源;还可以交到志同道合的朋友,相互交流、共同进步。

编　者

2019 年 1 月

目　录

第1章

Flash入门

Flash是最流行的二维矢量动画制作软件。Flash动画不但风靡互联网,而且在传统媒体(如电视、电影)中也有广泛的应用。Flash软件早期是Macromedia公司的产品,后来被Adobe公司收购。Adobe Flash CS6 Professional是Adobe公司出品的集动画设计、游戏、Web网站开发等功能于一身的优秀软件,给开发者更多的想象空间和技术支持。Flash CS6以快速、流畅的工作环境,以及简明清晰的用户界面、高级视频工具及与相关软件的惊人集成,为开发者提供了梦幻般的创作平台,使他们能结合个人的创意做出有声有色的动画作品及交互的商业网站作品。

本章主要内容:

- 动画基础知识;
- Flash CS6工作环境;
- 影片文档的基本操作方法。

视频讲解

1.1 动画基础知识

世界上最原始的动画可以追溯到1831年,当时法国人约瑟夫·安东尼·普拉特奥(Joseph Antoine Plateau)在一个可以转动的圆盘上按照顺序画了一些图片。当圆盘旋转时,人们看到圆盘上的图片动了起来。

1909年,美国人Winsor McCay用一万张图片表现一段动画故事,这是迄今为止世界上公认的第一部真正的动画短片。

从20世纪60年代起,计算机动画技术逐渐发展起来。美国的Bell实验室和一些研究机构开始研究用计算机实现动画片中间画面的制作和自动上色。

20世纪70—80年代,计算机图形、图像技术和软件与硬件技术都取得了显著的发展,使计算机动画技术也日趋成熟。

目前,计算机动画技术已经发展成为一个多种学科和技术交叉的综合领域。它以计算机图形学为基础,涉及图像处理技术、运动控制原理、视频技术、艺术乃至于视觉心理学、生物学、人工智能等多个领域。

1.1.1 动画的视觉原理

英国动画大师约翰·海勒斯(John Halas)对动画有一个精辟的定义:"动作的变化是动画的本质"。动画由很多内容连续但各不相同的画面组成。由于每幅画面中的对象位置和形态各不相同,在连续观看时,给人以活动的感觉。例如,人物走动的动画一般由6幅(或8幅)不同姿态的人物画面组成,如图1-1所示。

图1-1　组成人物走路动画的6幅画面

动画之所以成为可能,是利用了人类眼睛的"视觉暂留"现象。人在看物体时,物体在大脑视觉神经中的停留时间约为1/24s。如果每秒更替24个画面或更多的画面,那么,前一个画面在人脑中消失之前,下一个画面就进入人脑,从而形成连续的影像。

毫无规律和杂乱的画面不能构成真正意义上的动画,构成动画必须遵循一定的规则。主要包括以下三个规则:

(1) 由多个画面组成,并且画面必须连续。

(2) 画面之间的内容必须存在差异,如在位置、形态、颜色、亮度等方面有所差异。

(3) 画面表现的动作必须连续,即后一幅画面是前一幅画面的继续。

1.1.2　帧动画和矢量动画

视频讲解

计算机动画按动画性质来说,可以分为两大类,第一类是帧动画;第二类是矢量动画。如果按照动画的表现方式分类,可以分为二维动画和三维动画。

所谓帧动画,是指构成动画的基本单位是帧,一部动画片由很多帧组成。帧动画借鉴传统动画的概念,每帧的内容不同,当连续播放时,形成动画视觉效果。

帧动画在Flash中又称为逐帧动画,是在时间帧上逐帧绘制帧内容,由于是一帧一帧的画,所以制作帧动画的工作量非常大。但是,逐帧动画具有很大的灵活性,几乎可以表现任何想表现的内容。帧动画主要用在传统动画的制作、广告片的制作、电影特技的制作等方面。Flash帧动画示意图如图1-2所示。

图1-2　帧动画

矢量动画是CG(Computer Graphics)动画的一种,Flash就是目前使用最为广泛的矢量动画制作软件。矢量动画的制作方式有别于帧动画,它的原理是在两个有变化的帧之间创建动画,而不需要将每一帧都进行绘制。Flash矢量动画示意图如图1-3所示。

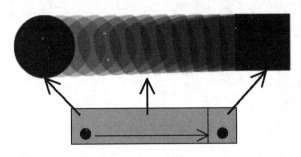

图1-3 矢量动画

相比常见的AVI、RMVB等格式采用点阵描述画面的方式,矢量动画具有无限放大不失真、占用较少储存空间等优点,但是同时也造成了它不利于制作复杂逼真画面效果。一般情况下,矢量动画以抽象卡通风格的居多。

1.1.3 Flash动画的应用领域

随着Flash软件版本的不断升级,Flash的功能越来越强,应用领域也越来越广泛。Flash在动画设计、网络横幅广告、网站制作、游戏制作、电子贺卡、手机彩信、多媒体课件、电影特效等领域有较为广泛的应用。它是动画设计师、广告设计师、网站设计师、网站工程师、游戏工程师、多媒体设计师、网络课件设计师等人员必须掌握的软件。

视频讲解

Flash在一些领域的应用如图1-4～图1-7所示。

图1-4 Flash电子贺卡

图 1-5　Flash 多媒体课件

图 1-6　Flash 游戏

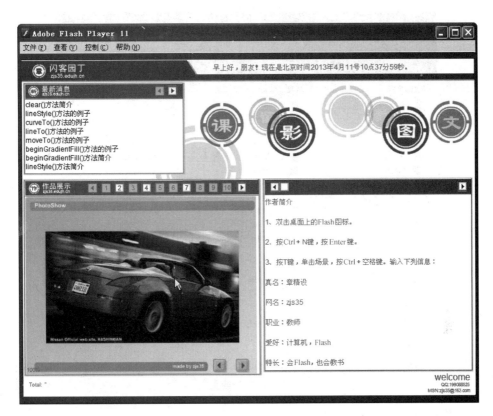

图 1-7 Flash 网站

1.2 Flash CS6 工作环境

Flash CS6 以便捷、完美、舒适的动画编辑环境,深受广大动画制作爱好者的喜爱。在制作动画之前,先对工作环境进行介绍,包括一些基本的操作方法和工作环境的组织和安排。

1.2.1 工作界面

1. 开始页

视频讲解

运行 Flash CS6,首先映入眼帘的是"开始页","开始页"将常用的任务都集中放在一个页面中,用户可以在其中选择从哪个项目开始工作,很容易地实现从模板创建文档、新建文档和打开文档的操作。同时通过选择"学习"栏中的选项,用户能够方便地打开相应的帮助文档,进入具体内容的学习,如图 1-8 所示。

专家点拨 如果要隐藏开始页,可以选中"不再显示"复选框,然后在弹出的对话框中单击"确定"按钮,这样下次启动 Flash CS6 时就不会显示"开始页"。如果要再次显示开始页,可以通过选择"编辑"|"首选参数"命令,打开"首选参数"对话框,然后在"常规"类别中设置"启动时"选项为"欢迎屏幕"即可。

图 1-8　开始页

2．工作窗口

在"开始页"中选择"新建"下的 ActionScript 3.0 选项，这样就启动了 Flash CS6 的工作窗口并新建一个影片文档。Flash CS6"传统"工作区窗口，如图 1-9 所示。

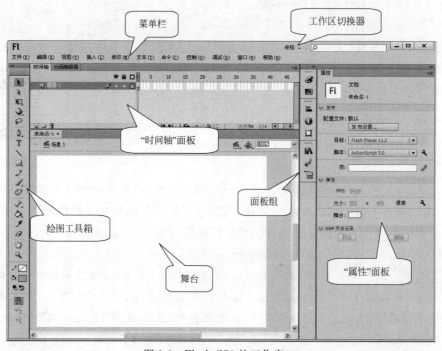

图 1-9　Flash CS6 的工作窗口

Flash CS6的工作窗口主要包括应用程序栏、菜单栏、绘图工具箱、时间轴、舞台、面板等。

窗口最上方的是"应用程序栏",用于显示软件图标,设置工作区的布局,同时还包括了传统的Windows应用程序窗口的最大化、关闭和最小化按钮。

"应用程序栏"下方是"菜单栏",在其下拉菜单中提供了几乎所有的Flash CS6命令项。

"菜单栏"下方是"时间轴"面板。它是一个显示图层和帧的面板,用于控制和组织文档内容在一定时间内播放的帧数,同时可以控制影片的播放和停止,如图1-10所示。时间轴左侧是图层,图层就像堆叠在一起的多张幻灯胶片一样,在舞台上一层层地向上叠加。如果上面的一个图层上没有内容,那么就可以透过它看到下面的图层。每一个图层上包括一些小方格,它们是Flash的"帧",是制作Flash动画的一个关键元素。

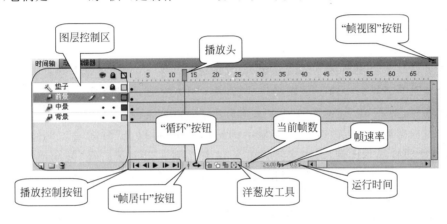

图1-10 "时间轴"面板

专家点拨 在"时间轴"面板上双击"时间轴"标签,可以隐藏面板。隐藏后单击该标签能将面板重新显示。

单击"时间轴"标签右侧的"动画编辑器"标签,可以切换到"动画编辑器"面板,如图1-11所示。Flash CS6使用"动画编辑器"来对每个关键帧的参数进行完全控制,这些参数包括旋转角度、大小、缩放、位置、滤镜等。在"动画编辑器"面板中,操作者可以借助于曲线,以图形的方式来控制缓动。

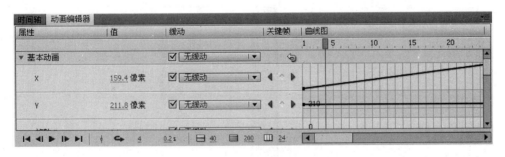

图1-11 "动画编辑器"面板

"时间轴"面板下方是"舞台"。舞台是放置动画内容的矩形区域(默认是白色背景),这些内容可以是矢量图形、文本、按钮、导入的位图或视频等,如图1-12所示。

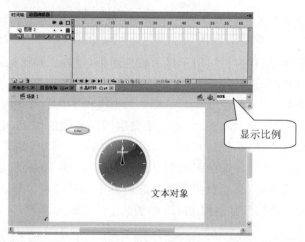

图 1-12　舞台

专家点拨　窗口中的矩形区域为"舞台",在默认情况下,它的背景是白色。将来导出的动画只显示矩形舞台区域内的对象,舞台外灰色区域内的对象不会显示出来。也就是说,动画"演员"必须在舞台上演出才能被观众看到。

工作时根据需要可以改变"舞台"显示的比例大小,可以在"时间轴"右下角的"显示比例"列表框中设置显示比例,最小比例为 4%,最大比例为 2000%。在"显示比例"列表框中还有 3 个选项,"符合窗口大小"选项用来自动调节到最合适的舞台比例大小;"显示帧"选项可以显示当前帧的内容;"显示全部"选项能显示整个工作区中包括"舞台"之外的元素。

窗口左侧是功能强大的"绘图工具箱",是 Flash 中最常用到的一个面板,其中包含了用于图形绘制和编辑的各种工具,利用这些工具可以绘制图形、创建文字、选择对象、填充颜色、创建 3D 动画等。单击"绘图工具箱"上的 ◀▶ 按钮,可以将面板折叠为图标。在面板的某些工具的右下角有一个三角形符号,表示这里存在一个工作组,单击该按钮后按住鼠标不放,则会显示工具组的工具。将鼠标移到打开的工具组中,单击需要的工具,即可使用该工具,如图 1-13 所示。

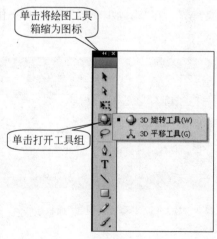

图 1-13　打开隐藏的工具组

在"绘图工具箱"中单击某个工具按钮选择该工具,此时在"属性"面板中将显示工具设置选项,可以对工具的属性参数进行设置,如图1-14所示。

图1-14　在"属性"面板设置工具属性

1.2.2　面板的基本操作

视频讲解

Flash CS6加强了对面板的管理,常用的面板可以嵌入面板组中。使用面板组,可以对面板的布局进行排列,包括对面板进行折叠、移动、任意组合等操作。在默认情况下,Flash CS6的面板以组的形式停放在操作界面的右侧。

在面板组中单击图标或按钮 ▶▶ ,将能够展开对应的面板,如图1-15所示。从功能面板组中将一个图标拖出,该图标可以放置在屏幕上的任何位置,如图1-16所示。

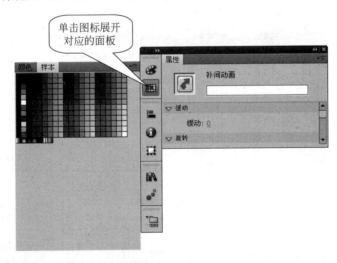

图1-15　展开面板

专家点拨　将面板标签拖曳到组面板的标题栏中,标题栏将由灰色变成蓝色,松开鼠标即可将该面板放置到组中。在展开的面板中,如果需要重新排列面板,只需要将面板标签移动到组的新位置即可。

图 1-16 放置面板

1.2.3 网格、标尺和辅助线

网格、标尺和辅助线是 3 种辅助设计工具,可以帮助 Flash 动画制作者精确地勾画和安排对象。下面介绍它们的使用方法。

视频讲解

1. 使用网格

对于网格的应用主要有"显示网格""编辑网格"和"对齐网格"3 个功能。选择"视图"|"网格"|"显示网格"命令,可以显示网格线,如图 1-17 所示。

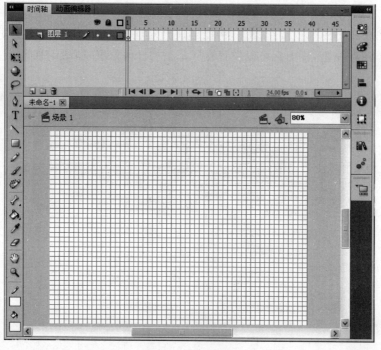

图 1-17 显示网格

选择"视图"|"网格"|"编辑网格"命令,打开"网格"对话框,在对话框中可编辑网格的各种属性,如图 1-18 所示。

在制作动画的过程中,借助网格可以方便地制作一些图形,并且可以提高图形的制作精度和提高工作效率,如图1-19所示。

图1-18　"网格"对话框

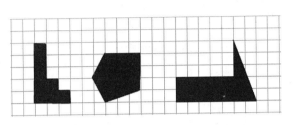

图1-19　"网格"的应用

专家点拨　显示网格后,舞台背景上出现一些网格线,这些网格线只是在影片文档编辑环境下起到辅助绘制图形的作用,在导出的影片中并不会显示这些网格线。

2．使用标尺

使用标尺可以度量对象的大小比例,这样可以更精确地绘制对象。选择"视图"|"标尺"命令,可以显示或隐藏标尺。显示在工作区左边的是"垂直标尺",用来测量对象的高度;显示在工作区上边的是"水平标尺",用来测量对象的宽度。舞台的左上角为"标尺"的零起点,如图1-20所示。

图1-20　显示标尺

专家点拨　标尺的单位默认是"像素"。如果要修改标尺的单位,可以选择"修改"|"文档"命令,打开"文档属性"对话框,在"标尺单位"下拉菜单中选择合适的单位。

3. 使用辅助线

首先要确认标尺处于显示状态,在"水平标尺"或"垂直标尺"上按下鼠标并拖曳到舞台上,"水平辅助线"或"垂直辅助线"就被创建出来了,辅助线默认的颜色为绿色,如图 1-21所示。

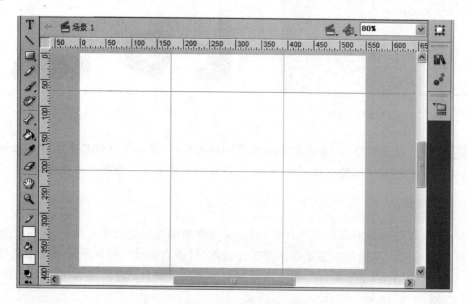

图 1-21　拖出"辅助线"

选择"视图"|"辅助线"|"锁定辅助线"命令,可以将辅助线锁定。选择"视图"|"辅助线"|"清除辅助线"命令,可以将舞台上的所有辅助线清除。

选择"视图"|"辅助线"|"编辑辅助线"命令,打开"辅助线"对话框,如图 1-22 所示。在"辅助线"对话框中可以编辑辅助线的颜色,还可以选中"显示辅助线"复选框、"贴紧至辅助线"复选框和"锁定辅助线"复选框对辅助线做进一步的设定;在"贴紧精确度"下拉列表框中可设置辅助线的对齐精确度。

图 1-22　"辅助线"对话框

选择"视图"|"贴紧"|"贴紧至辅助线"命令使其处于选中状态,可以在绘制图形或拖放对象时将其自动贴紧至辅助线。

在辅助线处于解锁状态时,选择工具箱中的选择工具 ,拖曳辅助线可改变辅助线的位置,拖曳辅助线到舞台外可以删除辅助线。

专家点拨　可以使用"辅助线"来对齐一些不规则的对象,这样为对象的排列、组合带来了方便。另外,利用"辅助线"也可以精确地绘制一些复杂图形。

1.2.4　实战范例:Flash CS6 界面布局操作

本节对 Flash CS6 界面布局进行上机操作练习,主要包括熟悉 Flash CS6 界面布局、掌握面板的操作、显示/隐藏网格、标尺和辅助线等。

(1) 启动 Flash CS6 软件,在开始页选择"新建"命令下的 ActionScript 3.0,新建一个影片文档。

(2) 选择"窗口"|"工具栏"|"主工具栏"命令,观察 Flash 窗口的变化。

(3) 单击"绘图工具箱"左上角的按钮,切换工具的排列方式。

(4) 按照 1.2.2 节的相关内容,对面板进行各种操作。

(5) 选择相关的菜单命令,对网格、标尺和辅助线进行操作。

(6) 单击"工作区切换器"按钮打开下拉菜单,在其中分别选择不同的命令来体验不同的工作区布局。

1.3　影片文档的基本操作方法

对于初步接触 Flash 的读者来说,掌握 Flash 制作动画的工作流程和 Flash 影片文档的基本操作方法是最迫切的要求。

1.3.1　Flash 动画的制作流程

Flash 动画的制作的基本流程是:准备素材→新建 Flash 影片文档→设置文档属性→制作动画→测试和保存动画→导出和发布影片。

视频讲解

1. 准备素材

根据动画内容准备一些动画素材,包括音频素材(声效、音乐等)、图像素材、视频素材等。一般情况下,需要对这些素材进行采集、编辑和整理,以满足动画制作的需求。

2. 新建 Flash 影片文档

Flash 影片文档有两种创建方法,一种是新建空白的影片文档;另一种是从模板创建影片文档。在 Flash CS6 中,新建空白影片文档有两种类型,一种是 ActionScript 3.0;另外一种是 ActionScript 2.0。这两种类型的影片文档不同之处在于,前一个的动作脚本语言版本是 ActionScript 3.0;后一个的动作脚本语言版本是 ActionScript 2.0。

3. 设置文档属性

在正式制作动画之前,要先设置尺寸(舞台的尺寸)、背景颜色(舞台背景色)、帧频(每秒播放的帧数)等文档属性。这些操作要在"文档设置"对话框中进行,如图 1-23 所示。

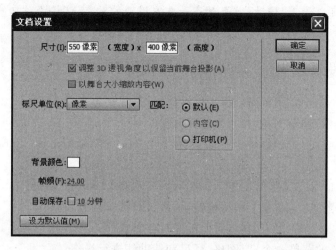

图 1-23 "文档设置"对话框

4．制作动画

这是完成动画效果制作的最主要的步骤。一般情况下,需要先创建动画角色(可以用绘图工具绘制或导入外部的素材),然后在时间轴上组织和编辑动画效果。

5．测试和保存影片

动画制作完成后,可以选择"控制"|"测试影片"|"测试"命令(或按 Ctrl＋Enter 键)对影片效果进行测试,如果满意可以选择"文件"|"保存"命令(或按 Ctrl＋S 键)保存影片。为了安全,在动画制作过程中要经常保存文件。按 Ctrl＋S 键,可以快速保存文件。

6．导出和发布影片

如果对制作的动画效果比较满意了,最后可以导出或发布影片。选择"文件"|"导出"|"导出影片"命令,可以导出影片。选择"文件"|"发布"命令可以发布影片,通过发布影片可以得到更多类型的目标文件。

1.3.2 实战范例：制作第一个 Flash 影片

本节利用投影滤镜制作一个阴影文字特效范例,范例效果如图 1-24 所示。通过这个阴影文字特效的制作过程,介绍如何新建 Flash 影片文档、设置文档属性、保存文件、测试影片、导出影片、打开文件、修改文件、输入文本、设置文本的滤镜效果以及认识 Flash 所产生的文件类型等内容。

视频讲解

1．新建影片文档和设置文档属性

(1) 启动 Flash CS6,出现"开始页",选择"新建"命令下的 ActionScript 3.0 选项,这样就启动了 Flash CS6 的工作窗口并新建了一个影片文档。

(2) 展开"属性"面板,在"属性"栏下,单击"大小"右边的"编辑"按钮,弹出"文档设置"

对话框。

（3）设置"尺寸"为300像素×200像素，设置"背景颜色"为浅蓝色，设置"帧频"为12，其他保持默认，如图1-25所示。

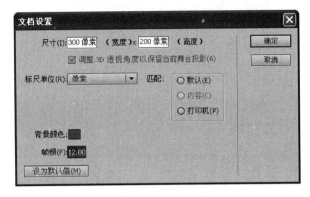

图1-24　范例效果　　　　　　　　图1-25　"文档设置"对话框

"文档设置"对话框中参数的含义如下所述。

- "尺寸"：舞台的尺寸最小可设定成宽1像素、高1像素，最大可设定成宽2880像素、高2880像素。另外，系统默认的尺寸单位是像素，也可以自行输入"厘米""毫米""点""英寸"等单位的数值，在"标尺单位"中选择单位。
- "调整3D透视角度以保留当前舞台投影"：若要调整舞台上3D对象的位置和方向，以保持其相对于舞台边缘的外观，请选中这个复选框。仅当更改舞台大小时此选项才可用。
- "标尺单位"：标尺是显示在场景周围的辅助工具，以标尺为参照可以使用户绘制的图形更精确。在这里可以设置标尺的单位。
- "匹配"|"默认"：使用默认值。
- "匹配"|"内容"：文档大小将恰好容纳当前影片的内容。
- "匹配"|"打印机"：文档大小将设置为最大可用打印区域。
- "背景颜色"：设置舞台的背景颜色。单击颜色块，在弹出的调色板中选择合适的颜色即可。
- "帧频"：默认的是24fps。可以根据需要更改这个数值，数值越大动画的播放速度越快，动画运行也更为平滑，但是相应的文档体积也会变大。对于大多数计算机显示的动画，特别是网站中播放的动画，8～15fps就足够了。
- "设为默认值"：将所有设定存成默认值，下次当再开启新的影片文档时，影片的舞台大小和背景颜色会自动调整成这次设定的值。

2. 创建文字

（1）在绘图工具箱中选择"文本工具" **T**。在"属性"面板中的"字符"栏下，设置"系列"为黑体，"大小"为45点，"颜色"为白色，其他属性保持默认，如图1-26所示。

（2）将鼠标移向舞台上并单击，在出现的文本框中输入"动画设计"。

（3）在绘图工具箱中选择"选择工具"，拖曳文字到舞台中央位置。效果如图1-27所示。

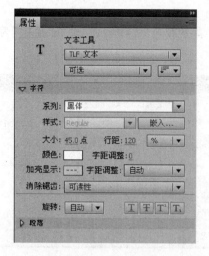

图 1-26　在"属性"面板中设置文本属性　　　　图 1-27　创建文本对象

3. 保存和测试影片

（1）选择"文件"|"保存"命令（或按 Ctrl＋S 键），弹出"另存为"对话框，指定影片保存的文件夹，输入文件名"第一个 Flash 影片"，单击"保存"按钮。这样就将影片文档保存起来了，文件的扩展名是 fla。

（2）选择"控制"|"测试影片"|"测试"命令（或按 Ctrl＋Enter 键），弹出测试窗口，在窗口中可以观察到影片的效果，并且还可以对影片进行调试。关闭测试窗口可以返回到影片编辑窗口对影片继续进行编辑。

（3）打开"资源管理器"窗口，定位在影片文档保存的文件夹，可以观察到两个文件，如图 1-28 所示。左边是影片文档源文件（扩展名是 fla），也就是步骤（1）保存的文件。右边是影片播放文件（扩展名是 swf），也就是步骤（2）测试影片时自动产生的文件。直接双击影片播放文件可以在 Flash 播放器（对应的软件名称是 Flash Player）中播放动画。

图 1-28　文档类型

4. 关闭和打开影片文档

（1）单击影片文档窗口右上角的关闭按钮，关闭影片文档，如图 1-29 所示。

（2）在"开始"页面的"打开最近项目"中单击"第一个 Flash 影片.fla"文件，就把影片文档重新打开了。

专家点拨　如果在"开始"页面的"打开最近的项目"下找不到需要打开的文件，可以单击"打开"按钮，弹出"打开"对话框。在"查找范围"中定位到要打开影片文件所在的文件夹，选择要打开的影片文件（扩展名为 fla）。单击"打开"按钮即可。

（3）单击舞台上的文本对象。接着展开"属性"面板，在"滤镜"栏单击"添加滤镜"按钮，在弹出的菜单中选择"投影"滤镜。此时，舞台上文本对象产生了滤镜效果，如图 1-30 所示。

图 1-29 关闭影片文档

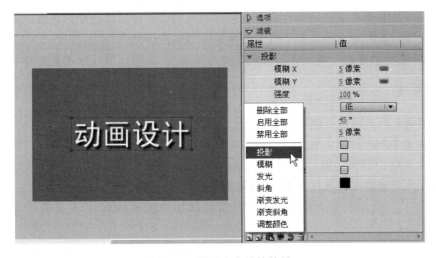

图 1-30 设置文字滤镜效果

（4）按 Ctrl＋S 键保存文件。按 Ctrl＋Enter 键测试影片效果，得到一个具备阴影效果的文字特效。

5. 导出影片

当对影片文档中的内容进行了修改，按 Ctrl＋Enter 键测试影片效果时，系统自动生成的 swf 文件会覆盖原来的同名文件。如果不想覆盖原来的 swf 文件，那么可以使用导出影片的功能。

选择"文件"|"导出"|"导出影片"命令，弹出"导出影片"对话框，指定导出影片的文件夹，输入导出影片文件名，单击"保存"按钮，即可得到需要的影片。导出的影片文件类型是播放文件，文件扩展名为 swf。

1.4 本章习题

1. 选择题

(1) 下面(　　)不是构成动画必须遵循的规则。

　　A. 由多个画面组成,并且画面必须连续

　　B. 画面之间的内容必须存在差异,如在位置、形态、颜色、亮度等方面有所差异

　　C. 画面毫无规律而且杂乱无章

　　D. 画面表现的动作必须连续,即后一幅画面是前一幅画面的继续

(2) Flash 制作的影片文档源文件扩展名为(　　),导出后的影片播放文件扩展名为(　　)。

　　A. swf,fla　　　　　　B. fla,swf　　　　　　C. png,swf　　　　　　D. fla,png

(3) 下面的叙述正确的是(　　)。

　　A. Flash 影片文档的舞台尺寸默认是 500 像素×400 像素

　　B. Flash 影片文档的舞台背景颜色可以直接设置成从红色向白色变化的渐变色

　　C. Flash 影片文档的舞台背景颜色只能设置成纯色

　　D. 无论创建的动画元素是否放在舞台区域内,在测试影片时都能看见

2. 填空题

(1) 动画之所以成为可能,是利用了人类眼睛_____的现象。人在看物体时,物体在大脑视觉神经中的停留时间约为 1/24s。如果每秒更替 24 个画面或更多的画面,那么,前一个画面在人脑中消失之前,下一个画面就进入人脑,从而形成连续的影像。

(2) 计算机动画按动画性质来说,可以分为_____和_____两大类。

(3) _____、_____和_____可以辅助用户精确地勾画和安排舞台上的动画元素。

第 **2** 章

绘制图形

图形是制作 Flash 动画的基础,要想创作专业的 Flash 动画作品,必须先掌握图形的绘制方法。Flash 提供了很多实用的矢量绘图工具,这些工具功能强大而且使用简单,对于 Flash 入门者来说,不需要太多的绘图专业技能,就能绘制既美观又专业的图形。

本章主要内容：

- 绘制线条；
- 绘制简单图形；
- 设计图形色彩；
- 绘制复杂图形；
- 绘制特殊图形。

视频讲解

2.1 绘制线条

线条是最简单的图形,很多图形都是由线条构成的。本节主要介绍线条的基本绘制方法、快速套用线条属性、用选择工具改变线条属性、线条的端点设置、线条的接合等内容。

2.1.1 线条工具

线条工具是绘制各种直线最常用的工具,它的使用非常广泛。首先尝试绘制一条直线。

(1)单击"线条工具" ,移动鼠标指针到舞台上,这时鼠标指针变成了十字形状。按住左键并拖曳,到合适位置松开左键,一条直线就画好了,如图 2-1 所示。

(2)选择线条工具后,打开"属性"面板,在"填充和笔触"栏中,可以设置线条的笔触颜色、笔触高度、笔触样式等,从而可以画出风格各异的线条,如图 2-2 所示。

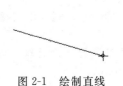

图 2-1　绘制直线

图 2-2　"属性"面板

（3）在"属性"面板中单击"笔触颜色"按钮 ，会弹出一个调色板，此时鼠标指针变成滴管状。用滴管直接拾取颜色或在文本框里直接输入颜色的十六进制数值，就可以完成线条颜色的设置，如图 2-3 所示。

（4）在"属性"面板中单击"样式"右边的按钮，会弹出一个下拉菜单，如图 2-4 所示，在其中可以选择线条笔触样式。

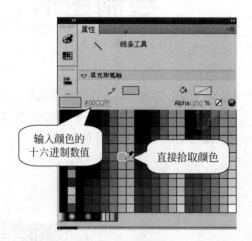

图 2-3　笔触调色板

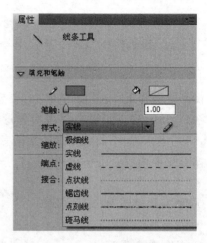

图 2-4　设置笔触样式

专家点拨　在使用"线条工具"绘制直线时，按住 Shift 键拖曳，可以将线条的角度限制为 45°的倍数，从而方便地画出水平、垂直等方向的直线。同时，便于绘制线条间成直角关系图形。按住 Alt 键拖曳，可以从拖曳点中心向两边绘制直线。

2.1.2　自定义笔触样式

选择"线条工具"后，在"属性"面板中单击"样式"右边的"编辑笔触样式"按钮 ，打开"笔触样式"对话框，根据需要在其中进行相应的设置，如图 2-5 所示。设置完成后单击"确定"按钮，然后在舞台上拖曳即可绘制自定义笔触样式的线条。图 2-6 展示了绘制的各种样式的线条效果。

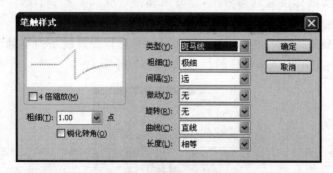

图 2-5　"笔触样式"对话框

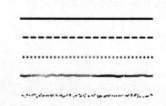

图 2-6　各种样式的线条

专家点拨　对于初学者来说，在"笔触样式"对话框中多尝试改变线条的各项参数，对各种线条的理解和绘图能力的提高会都有很大帮助。

2.1.3 用滴管工具和墨水瓶工具快速套用线条属性

使用"滴管工具" 和"墨水瓶工具" 可以很快地将任意线条的属性套用到其他的线条上。具体操作步骤如下。

（1）用"滴管工具"单击要套用属性的线条，查看"属性"面板，显示该线条的属性，此时，所选工具自动变成了"墨水瓶工具"。

（2）使用"墨水瓶工具"单击其他线条，可以看到，被单击线条的属性变成了第一个线条的属性，如图 2-7 所示。

图 2-7　快速套用线条属性

2.1.4 用选择工具改变线条形状

"选择工具" 主要用于选择对象、移动对象和改变对象轮廓。如果需要更改线条的方向和长短，可以用"选择工具"来实现。

1. 更改线条的方向和长短

在工具箱中选中"选择工具"，然后移动鼠标指针到线条的端点处，当鼠标指针右下角出现直角标志后，拖曳鼠标即可改变线条的方向和长短，如图 2-8 所示。

2. 更改线条的轮廓

将鼠标指针移动到线条上，当鼠标指针右下角出现弧线标志后，拖曳鼠标即可改变线条的轮廓，可以使直线变成各种形状的弧线，如图 2-9 所示。

图 2-8　改变线条方向和长短　　　　图 2-9　改变线条为弧线状

2.1.5　线条的端点和接合

1. 线条的端点

端点设置功能可以自由地绘制各种端点形状的线条。端点就是独立笔触的末端。在"属性"面板中可以设置的选项有无、圆角和方形，如图2-10所示。

其中，系统默认的端点样式是"圆角"；"无"是对齐路径终点；"方形"是超出路径半个笔触的宽度。实际操作如下。

（1）绘制一个"笔触高度"为20的线条。

（2）在"属性"面板中单击"端点"后面的图标，弹出下拉菜单，其中包括3个选项："无""圆角""方形"。

（3）分别单击这几个选项，注意观察线条的变化。其中"无"与"方形"难以区分，只是短了一截，如图2-11所示。

图2-10　端点设置

图2-11　不同的端点设置效果

> **专家点拨**　当"笔触样式"设置为"极细线"和"实线"时，"端点"选项才可用。

2. 线条的接合

线条的接合是指两条线段相接处，也就是拐角的端点形状。在"属性"面板中单击"接合"后面的按钮，弹出下拉菜单，其中包括3种接合点的形状："尖角""圆角""斜角"，如图2-12所示。系统默认的接合类型是圆角。斜角是指被"削平"的方形端点。实际操作如下。

（1）选择"线条工具"，在属性面板中设置"笔触高度"为20，颜色为任意纯色，"接合"选择为"圆角"。

（2）连续绘制3条相互连接的线段。

（3）分别改变"接合"为"尖角"和"斜角"，进行相同线条的绘制，如图2-13所示。

（4）通过不同的接合类型的组合，还可以绘制各种不同的图形。

图2-12　线条的接合设置

(a)圆角接合　　(b)尖角接合　　(c)斜角接合

图2-13　线条的不同接合效果

2.1.6 实战范例：线条构图

线条是图形设计中的基本视觉元素，是构造复杂图形的基础。本节通过一些简单范例介绍利用线条构造基本图形的方法。

1. 绘制直角三角形

（1）选择"线条工具"。展开"属性"面板，设置笔触颜色为"蓝色"，笔触高度为 10，笔触样式为"实线"，端点为"方形"，接合为"尖角"，"尖角"参数为 20，如图 2-14 所示。

（2）按下 Shift 键，同时拖曳鼠标在舞台上画出一条垂直的直线，接着再画一条水平的直线，使其与垂直的直线相交，如图 2-15 所示。

图 2-14 设置线条属性

图 2-15 相互垂直的直线

（3）松开 Shift 键，再画一条直线，将垂直线与水平线封闭起来，形成一个直角三角形，如图 2-16 所示。

专家点拨 在绘制这个三角形时，一定要保证常用工具栏上的"贴紧至对象"按钮处于选中状态，如图 2-17 所示。这样在三角形绘制过程中，可以更容易实现 3 条直线的端点紧贴在一起的效果。

图 2-16 直角三角形

图 2-17 "贴紧至对象"按钮处于选中状态

2．绘制锐角和钝角三角形

(1) 切换到"选择工具"，在已经绘制的直角三角形周围拖曳鼠标，框选这个三角形。

(2) 按住 Ctrl 键的同时，拖曳鼠标快速复制一个三角形，如图 2-18 所示。

(3) 在舞台的空白区域单击鼠标取消对图形的选择，接着将鼠标指针靠近三角形的端点，当指针变为直角形状时，拖曳鼠标改变端点的位置，如图 2-19 所示，完成钝角三角形的绘制。

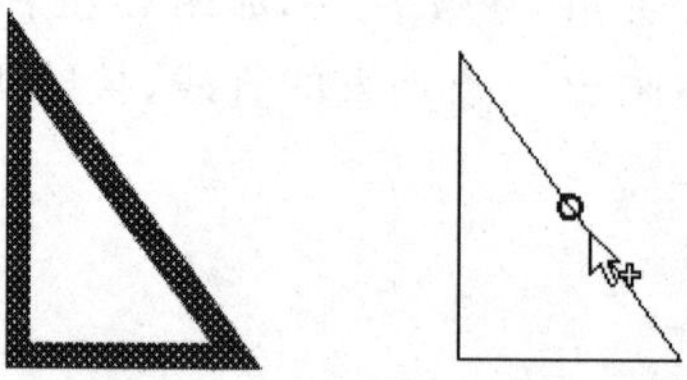

图 2-18　快速复制三角形 　　　　图 2-19　绘制钝角三角形

专家点拨　运用同样的方法可以快速绘制各种各样的三角形。

3．绘制花瓣轮廓

(1) 选择"线条工具"，在"属性"面板中设置"笔触颜色"为♯FFCC00，"笔触高度"为 3。在舞台上绘制一条垂直线条，如图 2-20 所示。

(2) 使用"选择工具"，将线条改变为弧状。

(3) 再选择"线条工具"，连接弧状线条两个端点绘制一条垂直线条。

(4) 使用"选择工具"，将线条改变为弧状。

(5) 再用"线条工具"绘制一条短线条，并且用"选择工具"将线条改变为弧状。这样一朵花瓣轮廓就绘制好了。

图 2-20　花瓣轮廓的绘制过程

专家点拨　花瓣轮廓绘制好以后，再利用"颜料桶工具"将它填充成绿色，一个漂亮的花瓣图形就创建好了。

2.2　绘制简单图形

利用矩形工具组、椭圆工具组和多角星形工具可以绘制一些简单图形。矩形工具组包括矩形工具和基本矩形工具，椭圆工具组包括椭圆工具和基本椭圆工具。

2.2.1　矩形工具组

1．矩形工具

视频讲解

"矩形工具"可以绘制矩形、圆角矩形、正方形这些基本图形。在绘图工具箱中选择"矩形工具" ，展开"属性"面板，可以设置矩形的笔触颜色、笔触高度、笔触

样式、填充颜色、矩形边角半径等属性,如图 2-21 所示。

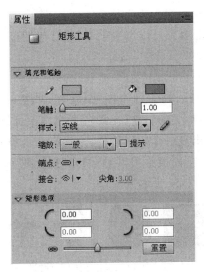

图 2-21 设置"矩形工具"的属性

"填充和笔触"栏下各个选项的含义和"线条工具"属性面板中各项的含义相同,这里不再赘述。"矩形选项"栏下的各个选项含义如下所述。

"矩形边角半径"文本框包括 4 个文本框,用于指定矩形的角半径。可以在框中输入内径的数值或单击滑块相应地调整半径的大小。如果输入负值,则创建的是反半径。还可以取消选择锁定角半径的图标,然后分别调整每个角半径。

"重置"按钮:单击这个按钮,可以将矩形边角半径重置为 0。

根据需要,将矩形工具的属性设置完成后,在舞台上拖曳鼠标即可绘制出一个矩形。绘制的各种矩形如图 2-22 所示。

图 2-22 各种矩形

专家点拨 在绘制矩形时,如果按下 Shift 键拖曳鼠标,那么可以绘制出正方形。

如果想精确绘制矩形,可以选择"矩形工具"后,按下 Alt 键在舞台上单击,弹出"矩形设置"对话框,如图 2-23 所示,可以以像素为单位精确设置矩形的宽、高和边角半径的数值。

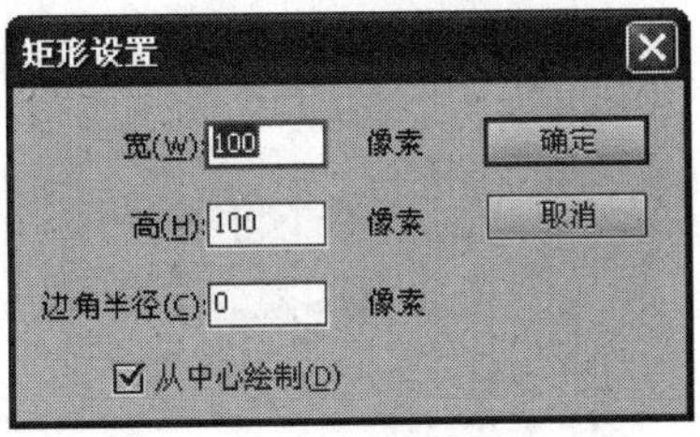

图 2-23 "矩形设置"对话框

默认情况下,用"矩形工具"绘制的是形状,用"选择工具"可以对矩形进行选择。单击矩形某个边框可以选中这个边框;双击矩形任意一个边框可以选中全部矩形边框;单击矩形填充可以选中填充形状;双击填充可以选中整个矩形(包括整个边框和填充)。

2. 基本矩形工具

利用"基本矩形工具"绘制的是一种叫做"图元"的对象,这种对象不同于一般的形状。在绘图工具箱中选择"基本矩形工具" ,在舞台上拖曳鼠标即可绘制"图元"矩形。用"选择工具"单击"图元"矩形,会出现一个矩形线框,上面有 8 个控制点,拖曳控制点可以改变矩形的边角半径。另外,在"属性"面板中可以对"图元"矩形的各种属性重新进行设置,这样可以得到各种各样的图形,如图 2-24 所示。

图 2-24　基本矩形工具绘制的各种"图元"图形

专家点拨　在用"基本矩形工具"绘制图元矩形时,要想更改矩形的边角半径,可按向上箭头键或向下箭头键。当圆角达到所需圆度时,松开键即可。

2.2.2　椭圆工具组

1. 椭圆工具

"椭圆工具"可以绘制椭圆、圆、扇形、圆环等基本图形。在绘图工具箱中选择"椭圆工具" ,展开"属性"面板,可以设置矩形的笔触颜色、笔触高度、笔触样式、填充颜色、起始角度、结束角度、内径等属性,如图 2-25 所示。

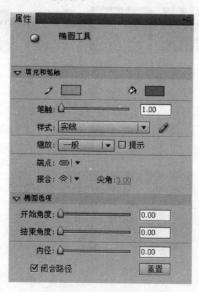

图 2-25　设置"椭圆工具"的属性

"填充和笔触"栏下各个选项的含义和"线条工具"属性面板中各个选项的含义相同,这里不再赘述。"椭圆选项"栏下的各个选项的含义如下所述。

"开始角度"文本框和"结束角度"文本框:用于指定椭圆的开始点和结束点的角度。使用这两个控件可以轻松地将椭圆和圆形的形状修改为扇形、半圆形及其他有创意的形状。

"内径"文本框:用于指定椭圆的内径(即内侧椭圆)。可以在该文本框中输入内径的数值,或拖曳滑块相应地调整内径的大小。允许输入的内径数值范围为 0～99,表示删除的椭圆填充的百分比。

"闭合路径"复选框:用于指定椭圆的路径(如果指定了内径,则有多个路径)是否闭合。如果指定了一条开放路径,但未对生成的形状应用任何填充,则仅绘制笔触。默认情况下此复选框处于选中状态。

"重置"按钮:将重置"开始角度""结束角度"和"内径"的值为 0。

根据需要,将"椭圆工具"的属性设置完成以后,在舞台上拖曳鼠标即可绘制需要的图形。绘制的各种图形如图 2-26 所示。

图 2-26　椭圆工具绘制的各种图形

专家点拨　在绘制椭圆时,如果按下 Shift 键拖曳鼠标,那么可以绘制圆形。

如果想精确绘制椭圆,可以选择"椭圆工具"后,按下 Alt 键在舞台上单击,弹出"椭圆设置"对话框,如图 2-27 所示,可以以像素为单位精确设置椭圆宽和高的值。

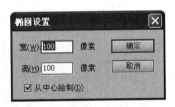

专家点拨　默认情况下,椭圆工具绘制的也是形状。在用"选择工具"选择用椭圆工具绘制的图形时,情况和选择矩形一样,这里不再赘述。

图 2-27　"椭圆设置"对话框

2. 基本椭圆工具

利用"基本椭圆工具"可以绘制和"椭圆工具"绘制一样的图形,包括椭圆、圆、圆弧、圆环等。基本椭圆工具绘制的不是形状,而是"图元"对象。在绘图工具箱中选择"基本椭圆工具" ,在舞台上拖曳鼠标即可绘制"图元"椭圆。用"选择工具"单击"图元"椭圆,会出现一个矩形线框,上面有两个控制点,拖曳控制点可以改变椭圆的起始角度、结束角度、内径等属性,这样可以得到各种各样的图形,如图 2-28 所示。另外,在"属性"面板中可以对选中的"图元"椭圆的各种属性重新进行设置。

图 2-28　基本矩形工具绘制的各种"图元"图形

2.2.3 多角星形工具

视频讲解

"多角星形工具"是一个复合工具,可以利用它绘制规则的多边形和星形。在绘图工具箱中选择"多角星形工具" ⬡ ,展开"属性"面板,可以设置多边形或星形的笔触颜色、笔触高度、笔触样式、填充颜色等属性,如图 2-29 所示。

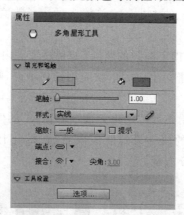

图 2-29 设置"多角星形工具"的属性

单击"属性"面板中的"选项"按钮,弹出"工具设置"对话框,如图 2-30 所示。打开"样式"下拉列表框可以设置为"多边形"或"星形","边数"能输入一个 3~32 的数字。根据需要,设置为多边形后,在舞台上拖曳鼠标即可绘制一个多边形,绘制的各种多边形如图 2-31 所示。

图 2-30 "工具设置"对话框

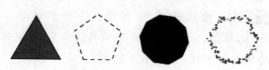

图 2-31 各种多边形

选择"样式"为"星形"时,"星形顶点大小"决定了顶点的深度,介于 0~1,数字越接近 0,创建的顶点就越细小。设置完成同样可以绘制各种星形,如图 2-32 所示。

图 2-32 各种星形

专家点拨 绘制多边形时,星形顶点大小不影响绘制的形状,应保持数值不变。

2.2.4 实战范例:草原夜色

视频讲解

动画作品中的视觉元素大都是基本图形的有机组合。本节利用矩形工具、椭圆工具和多角星形工具绘制一个草原夜色的范例,效果如图 2-33 所示。

图 2-33 草原夜色

本范例的制作步骤如下。

1. 绘制草原

(1) 新建一个 Flash 影片文档,设置"舞台背景色"为♯1E4564,其他属性保持默认值。

(2) 选择"矩形工具",展开"属性"面板,设置"笔触颜色"为无,"填充颜色"为♯0B2604。

(3) 在舞台下方绘制一个矩形。

(4) 使用"选择工具",将鼠标指针移动到矩形的右上角向上拖曳,这样草原就绘制好了。

2. 绘制小河

(1) 选择"基本椭圆工具",展开"属性"面板,设置"笔触颜色"为无色,设置"填充颜色"为♯A2AAC0,在舞台上绘制一个椭圆。

(2) 使用"选择工具",将鼠标指针移动到变形手柄上拖曳,把椭圆改变为圆环。

(3) 继续使用"选择工具",把圆环改变为弧状。

(4) 单击选择弧状,按 Ctrl+B 键将绘制对象分离成形状。

(5) 使用"选择工具"调整形状,将其改变为不规则状。这样小河就绘制好了。绘制过程如图 2-34 所示。

(6) 将小河拖曳到草原的合适位置上,如图 2-35 所示。

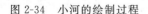

图 2-34 小河的绘制过程　　　　　　图 2-35 绘制的草原和小河

3. 绘制毡房

(1) 选择"矩形工具",展开"属性"面板,设置"笔触颜色"为无,"填充颜色"为♯3C2B33,在舞台的上方绘制一个矩形。

专家点拨　注意这里不要直接在草地上绘制毡房,等毡房图形绘制完善后再移到草地的合适位置。这是因为在同一个图层上,直接在一个形状上绘制另外一个形状,这两个形状容易互相影响,不利于对图形的绘制和编辑。

(2) 使用"选择工具",把鼠标指针移动到矩形的两个角上拖曳,把矩形改变为梯形作为毡房顶。

(3) 按照同样的方法,在梯形上绘制一个小梯形。这个小梯形的"笔触颜色"为无,"填充颜色"为♯FFFF80。

(4) 选择"矩形工具",在"属性"面板中设置"笔触颜色"为无,"填充颜色"为♯2B1E24,在梯形下方绘制一个矩形。

(5) 选择"线条工具",设置"笔触颜色"为♯3C2B33,在矩形上绘制两条线段。这样毡房就绘制好了。绘制过程如图 2-36 所示。

图 2-36　毡房的绘制过程

(6) 框选毡房图形,然后按下 Ctrl 键的同时拖曳毡房图形,到合适位置松开按键和鼠标,这样就得到一个毡房图形的副本。保持这个毡房图形副本处于选中状态,打开"属性"面板,在"宽"文本框中输入一个合适的数值,输入完成后在舞台空白处单击,这样就得到一座小毡房。

专家点拨　因为默认情况下,"属性"面板中的锁定宽高比例按钮(在"宽"和"高"文本框的左边)处于选中状态,所以在毡房宽度值发生变化的同时,高度值也随之发生变化。

(7) 将两个毡房图形移到草地的合适位置,效果如图 2-37 所示。

图 2-37　毡房效果

4. 绘制月牙

（1）选择"椭圆工具"，设置"笔触颜色"为无，"填充颜色"为白色，按住 Shift 键拖曳鼠标，在舞台上画一个白色的正圆。

（2）继续使用"椭圆工具"，设置"填充颜色"为红色，在白色圆旁边画一个略大的红色正圆。

（3）使用"选择工具"，将红色圆移动到白色圆的上面。

（4）将鼠标指针移出圆形，在舞台任意处单击，取消对圆形的选择状态。使两个圆形组合到一起。

（5）使用"选择工具"选中红色圆形，按 Del 键删除，白色的月牙就绘制好了。绘制过程如图 2-38 所示。

图 2-38 月牙的绘制过程

专家点拨 绘制月牙的方法叫形状切割法，即通过两个或两个以上不同颜色的形状之间的相互融合切割出新图形的方法。

（6）使用"选择工具"选中月牙，选择"修改"|"形状"|"柔化填充边缘"命令，弹出"柔化填充边缘"对话框，设置"距离"为 20 像素，"步骤数"为 4，"方向"为"扩展"，如图 2-39 所示。单击"确定"按钮，月牙就变得朦胧，如图 2-40 所示。

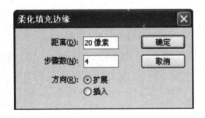

图 2-39 "柔化填充边缘"对话框

图 2-40 朦胧的月牙

专家点拨 "柔化填充边缘"常常用于为形状的边缘增加朦胧效果。其中"距离"表示柔化边缘的宽度，"步骤数"用来控制柔化边缘效果的曲线数。使用的步骤数越多，效果就越平滑。当然增加步骤数还会使文件变大并降低绘画速度。"方向"用来控制柔化边缘时是放大还是缩小形状。

5. 绘制星星

（1）选择"多角星形工具"，在"属性"面板中设置"笔触颜色"为无，"填充颜色"为白色。

（2）单击"属性"面板中的"选项"按钮，弹出"工具设置"对话框。在"样式"下拉列表框中选择"星形"，设置"边数"为 4，如图 2-41 所示。

图 2-41 "工具设置"对话框

(3) 在舞台上拖曳鼠标指针绘制大小各异的多个小星星。至此,本范例绘制完成。

专家点拨 绘制星星时要注意位置、大小和角度的变化,这样效果才会更逼真。

2.3　设计图形色彩

丰富的色彩是建构动画必不可少的元素。在设计图形色彩时,主要使用墨水瓶工具、颜料桶工具、渐变变形工具和颜色面板。

2.3.1　颜料桶工具

"颜料桶工具"可以使用纯色、渐变色和位图对闭合的轮廓进行填充。在绘图工具箱中选择"颜料桶工具" ,展开"属性"面板,可以设置填充颜色属性。另外,选择"颜料桶工具"后,在绘图工具箱的下方的选项栏里出现了"颜料桶工具"的两个属性设置按钮:"空隙大小" 和"锁定填充" 。

视频讲解

"空隙大小"按钮:单击该按钮,打开下拉列表框,如图 2-42 所示。其中包括"不封闭空隙""封闭小空隙""封闭中等空隙""封闭大空隙"4 个填充时闭合空隙大小的选项。如果要填充颜色的轮廓有一定的空隙,那么可以在这个"空隙大小"列表框中选择一个合适的选项,以完成颜色的填充。但是有时因为轮廓的缝隙太大,所以选择"封闭大空隙"选项也不能完成轮廓的颜色填充。

图 2-42　"空隙大小"选项

"锁定填充"按钮:选中它可以对舞台上的图形进行相同颜色的填充。一般情况下,在进行渐变色填充时,这个选项很实用。

专家点拨 使用"颜料桶工具"为图形填充渐变色时,单击可以确定新的渐变起始点,然后向另一方向拖曳可以快速更改渐变填充效果。

2.3.2　颜色面板

"颜色"面板可以方便地对线条和形状的填充颜色进行创建编辑。默认情况下,"颜色"面板停驻在面板区,双击面板的标题栏能折叠或打开该面板。如果面板区没有"颜色"面板,可以选择"窗口"|"颜色"命令或按 Shift＋F9 键将其打开,如图 2-43 所示。

视频讲解

"笔触颜色"按钮:单击 按钮,切换到笔触颜色。单击后面的色块按钮弹出调色板,在其中可以设置图形的笔触颜色。

"填充颜色"按钮:单击 按钮,切换到填充颜色。单击后面的色块按钮弹出调色板,在其中可以设置图形的填充颜色。

控制按钮:共包括"黑白"按钮、"没有颜色"按钮和"交换颜色"按钮 3 个按钮。单击"黑白"按钮,可以设置"笔触颜色"为黑色、"填充颜色"为白色;单击"没有颜色"按钮,可以设置"笔触颜色"为无色或"填充颜色"为无色;单击"交换颜色"按钮,可以让"笔触颜色"和"填充颜色"的设置颜色互相交换。

"类型"列表框:在这个下拉列表框中可以选择填充的类型,包括纯色、线性渐变、径向

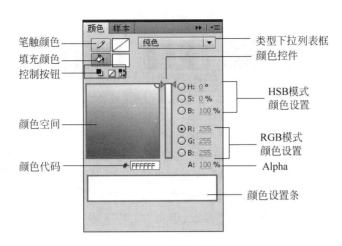

笔触颜色 —— 类型下拉列表框
填充颜色 —— 颜色控件
控制按钮 ——

—— HSB模式
颜色设置

颜色空间 ——

—— RGB模式
颜色设置

颜色代码 —— Alpha

—— 颜色设置条

图 2-43 "颜色"面板

渐变和位图填充 4 种填充类型。

"HSB 模式"颜色设置：可以分别设置颜色的色相、饱和度和亮度。

"RGB 模式"颜色设置：可以用 RGB 模式来分别设置红、绿和蓝的颜色值。在相应的文本框中可以直接输入颜色值进行颜色设置。

"颜色空间"：单击，可以选择颜色。

"颜色控件"：在 HSB 模式或 RGB 模式中单击某个单选按钮后，这个颜色控件会随之发生变化，用鼠标可以操作这个颜色控件从而改变颜色设置。

Alpha 文本框：设置颜色的透明度，范围为 0～100%，0 为完全透明，100% 为完全不透明。

"颜色代码"文本框：这个文本框中显示以"♯"开头、十六进制模式的颜色代码，可以直接在这个文本框中输入颜色值。

"颜色设置条"：当用户选择填充类型为纯色时，这里显示所设置的纯色。当用户选择填充类型为渐变色时，这里可以显示和编辑渐变色。

视频讲解

2.3.3 渐变填充

渐变填充有线性渐变和径向渐变两种。它们都可以在"颜色"面板中进行设置。

1. 线性渐变填充

"线性渐变"用来创建从起点到终点沿直线变化的颜色渐变，展开"颜色"面板，在填充类型中选择"线性渐变"填充，如图 2-44 所示。

"流"：这里用来控制超出渐变范围的颜色布局模式。它有扩展颜色（默认模式）、反射颜色和重复颜色 3 种模式。"扩展颜色"是指把纯色应用到渐变范围外；"反射颜色"是指将线性渐变色反向应用到渐变范围外；"重复颜色"是指把线性渐变色

图 2-44 设置线性渐变

重复应用到渐变范围外。图 2-45 所示是 3 种模式的区别。

(a) 扩展颜色　　(b) 反射颜色　　(c) 重复颜色

图 2-45　"流"选项的不同效果

默认情况下,"颜色"面板下方的颜色设置条上有两个渐变色块,左边的表示渐变的起始色,右边的表示渐变的终止色,如图 2-46 所示。单击颜色设置条或颜色设置条的下方可以添加渐变色块。Flash 最多可以添加 15 个渐变色块,从而创建多达 15 种颜色的渐变效果。

下面通过实际操作介绍一下线性渐变填充的应用。

(1) 选择"矩形工具",展开"颜色"面板,单击"类型"后面的下三角按钮,在弹出的下拉列表框中选择"线性渐变"。

(2) 双击颜色设置条左边的色块,在弹出的调色板中选择蓝色。单击右边的色块,在弹出的调色板中选择黄色。

(3) 单击颜色设置条的中间区域,增加一个渐变色块,设置这个色块的颜色为绿色,如图 2-47 所示。

图 2-46　"线性"渐变

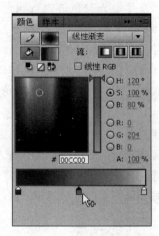

图 2-47　设置渐变色

(4) 在舞台上拖曳鼠标绘制一个矩形,沿直线进行线性渐变的图形就绘制完成了,如图 2-48 所示。

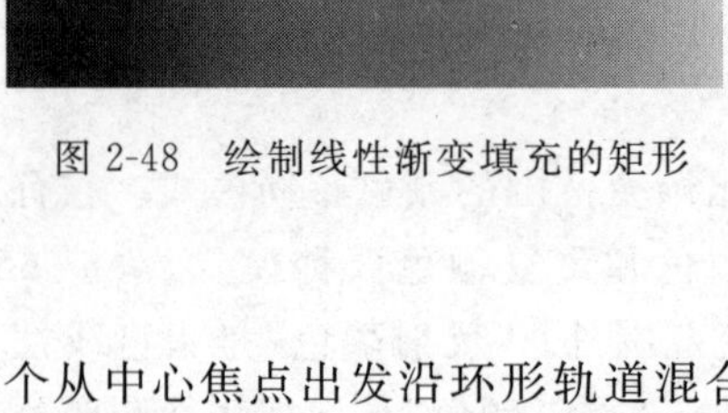

图 2-48　绘制线性渐变填充的矩形

2. 径向渐变

"径向渐变"可以创建一个从中心焦点出发沿环形轨道混合的渐变。展开"颜色"面板,在"类型"下拉列表框中选择"径向渐变"选项,如图 2-49 所示。选择不同的"流"选项,效果如图 2-50 所示。

(a)扩展颜色　(b)反射颜色　(c)重复颜色

图 2-49　选择径向渐变　　　　　　图 2-50　"溢出"选项的不同效果

　　径向渐变的颜色设置条上默认有两个渐变色块,左边的色块表示渐变中心的颜色;右边的色块表示渐变的边沿色。下面通过实际操作介绍径向渐变填充的应用。

　　(1) 选择"椭圆工具",打开"颜色"面板,单击"类型"后面的下三角按钮,弹出下拉列表框,在其中选择"径向渐变"选项。

　　(2) 单击颜色设置条左边的色块,在弹出的调色板中选择蓝色,用同样的方法设置右边的色块颜色为黑色,如图 2-51 所示。

　　(3) 按住 Shift 键拖曳鼠标在舞台上绘制一个圆,径向渐变的图形就绘制完成了,如图 2-52 所示。

图 2-51　设置渐变色　　　　　　图 2-52　绘制径向渐变填充的圆形

专家点拨　在"颜色"面板中设置径向渐变填充色后,在绘制图形时默认径向渐变色的中心点在图形中心。如果使用"颜料桶工具"给图形填充颜色,那么单击图形的任意位置,就会将径向渐变色的中心点改变到该位置。

2.3.4　渐变变形工具

视频讲解

渐变变形工具通过调整填充颜色的大小、方向或中心,可以使渐变填充或位图填充变形。绘图"渐变变形工具"通过调整填充颜色的大小、方向或中心,可以使渐变填充或位图填充变形。在绘图工具箱中单击"任意变形工具",在下拉列表框中选择"渐变变形工具"![],单击舞台上绘制好的线性渐变图形,线性渐变上面出现两条竖向平行的直线,其中一条上有方形和圆形的手柄,如图 2-53 所示。

其中平行线代表渐变的范围,拖曳中心圆点手柄可以改变渐变的位置,拖曳方形手柄可以改变渐变的范围大小,拖曳圆形手柄可以旋转渐变色的方向。图 2-54 所示为拖曳不同手柄时的效果。

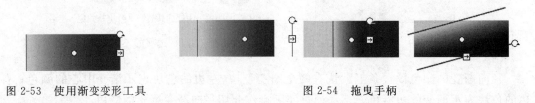

图 2-53　使用渐变变形工具　　　　　　　　　图 2-54　拖曳手柄

绘制好径向渐变的图形后,选择"渐变变形工具"![],单击径向渐变的图形,出现一个带有若干编辑手柄的环形边框,如图 2-55 所示。

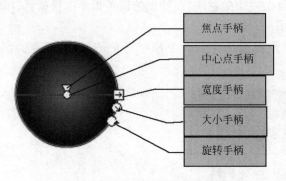

图 2-55　径向渐变填充变形手柄

边框中心的小圆圈是填充色的"中心点",边框中心的小三角是"焦点"。边框上有 3 个编辑手柄,分别是大小、旋转和宽度手柄,当鼠标指针移动到手柄上指针形状会发生变化。

- 中心点手柄可以更改渐变的中心点。鼠标指针移到它上面会变成一个四向箭头。
- 焦点手柄可以改变径向渐变的焦点。鼠标指针移到它上面会变成倒三角形。
- 大小手柄可以调整渐变的大小。鼠标指针移到它上面会变成内部有一个箭头的圆。
- 旋转手柄可以调整渐变的旋转。鼠标指针移到它上面会变成 4 个圆形箭头。
- 宽度手柄可以调整渐变的宽度。鼠标指针移到它上面会变成一个双头箭头。

尝试拖曳不同的手柄,效果如图 2-56 所示。

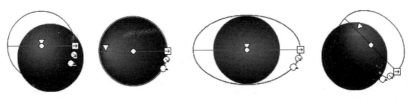

图 2-56　更改后的径向渐变

2.3.5　实战范例：水晶球

视频讲解

恰当地运用渐变色可以极好地表现图形的立体感和空间感，本节通过一个水晶球的制作介绍绘制渐变图形的方法和技巧。

1. 绘制径向渐变的圆

（1）新建一个 Flash 影片文档，设置舞台背景色为♯1E4564，其他属性保持默认值。

（2）选择"椭圆工具"，设置"笔触颜色"为黑色，"填充颜色"为无色。按住 Shift 键，在舞台上绘制出一个空心的正圆。

（3）展开"颜色"面板，选择填充类型为"径向渐变"，在颜色设置条上，单击左端的渐变色块，设置为浅绿色（♯00FF00），单击右端的渐变色块，设置为深绿色（♯004600），如图 2-57所示。

（4）选择"颜料桶工具"，单击圆的中心略偏下的地方，将渐变色填充到圆中。

（5）使用"选择工具"，单击选中圆的轮廓线，按 Del 键将它删除。绘制和填充颜色的过程如图 2-58 所示。

图 2-57　设置渐变色

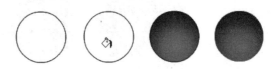

图 2-58　绘制和填充颜色的过程

2. 调整圆形的渐变色

（1）选择"渐变变形工具"，单击圆形，出现渐变变形手柄。将"大小"手柄向内拖曳，使中间高光色缩小一些。

（2）向外拖曳"宽度"手柄，使高光色变得扁一点，调整过程如图 2-59 所示。

3. 绘制线性渐变的椭圆

(1) 选择"椭圆工具",设置"笔触颜色"为黑色,"填充颜色"为无,绘制一个小椭圆,并移动到圆上方。

(2) 展开"颜色"面板,选择渐变类型为"线性",在颜色设置条上,设置左边色块的颜色为♯E1F4E1,如图 2-60 所示;设置右边色块的颜色为♯06AA06,Alpha 值设为 0。

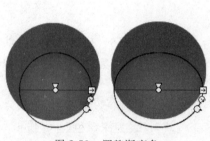
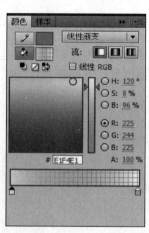

图 2-59　调整渐变色　　　　　　　　　　图 2-60　填充色设置

(3) 选择"颜料桶工具",单击椭圆填充线性渐变色。

(4) 使用"选择工具",单击选中椭圆的轮廓线,按 Del 键将它删除。

4. 调整椭圆的渐变色

(1) 选择"渐变变形工具",单击椭圆,出现渐变变形手柄。

(2) 拖曳圆形手柄,顺时针旋转手柄 90°。

(3) 向圆心处拖曳方形手柄,使渐变色缩小一些。

(4) 拖曳中心点手柄,向上略提一点。小椭圆的绘制和调整过程如图 2-61 所示。至此,水晶球图形制作完成了。

图 2-61　小椭圆的绘制和调整

2.4　绘制复杂图形

前面运用"线条工具""矩形工具""椭圆工具"绘制了比较规则的形状,如果要绘制比较复杂的不规则图形,就要用到功能强大的"钢笔工具""铅笔工具""工具刷子""部分选取工具""橡皮擦工具"等。

视频讲解

2.4.1 钢笔工具

Flash 中的钢笔工具组包括钢笔工具 ◊、添加锚点工具 ◊、删除锚点工具 ◊ 和转换锚点工具 ◊ 4 种,钢笔工具用来绘制任意直线、折线或曲线。选择"钢笔工具",展开"属性"面板,可以设置笔触颜色、笔触样式等,如图 2-62 所示。

图 2-62 "钢笔工具"的属性设置

1. 用钢笔工具绘制直线

在舞台上单击,出现一个小圆圈,它就是锚点。移动鼠标指针到另一位置单击,出现一个新锚点,两个圆点之间出现一条直线路径,不断拖曳鼠标指针单击,就能绘制非常复杂的直线路径。如果要结束开放路径的绘制,双击最后一个点即可。要闭合路径,将"钢笔工具"放置到第一个锚点上,如果定位准确,就会在靠近钢笔尖的地方出现一个小圆圈。单击或拖曳可以闭合路径。使用"选择工具"就能看到绘制的路径是线条。绘制过程如图 2-63 所示。

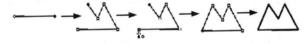

图 2-63 绘制的直线路径

专家点拨 锚点是钢笔工具绘制路径的构造点,决定了线条的方向、形状和尺寸。

2. 添加和删除锚点

选择工具箱中的"添加锚点工具" ◊,鼠标指针变为带＋的钢笔尖,单击需要添加锚点的位置就可以增加一个锚点,如图 2-64 所示。

选择工具箱中的"删除锚点工具" ◊,鼠标指针变为带－的钢笔尖,单击锚点可以删除锚点,如图 2-65 所示。

图 2-64 添加锚点

图 2-65 删除锚点

专家点拨 选中"添加锚点工具"时,按下 Alt 键可以变成"删除锚点工具",反之亦然。

3.用钢笔工具绘制曲线

钢笔工具还可以绘制平滑的曲线,实际操作如下。

(1) 选择工具箱中的"钢笔工具",在舞台上单击创建第一个锚点。

(2) 将鼠标指针移动到新位置,向右拖曳,直线路径变成了曲线。

(3) 松开左键,到新位置继续创建曲线,绘制过程如图 2-66 所示。

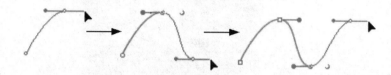

图 2-66 使用钢笔工具画曲线

专家点拨 使用"钢笔工具"绘制曲线时,以锚点为中心生成的线段叫做切线手柄。拖曳该手柄,可以调整曲线的方向和形状。另外,在用"钢笔工具"绘制曲线时,尽量用更少的锚点来完成曲线的绘制。因为太多的锚点影响系统显示曲线的速度并且不利于对曲线的编辑。

4.调整路径上的锚点

在使用"钢笔工具"绘制曲线时,会创建平滑点,即连续的弯曲路径上的锚点。在绘制直线段或连接到曲线段的直线时,会创建转角点,即在直线路径上或直线和曲线路径接合处的锚点。默认情况下,选定的平滑点显示为空心圆圈,选定的转角点显示为空心正方形。

若要将线条中的线段从直线段转换为曲线段或从曲线段转换为直线段,请将转角点转换为平滑点或将平滑点转换为转角点。

(1) 用"钢笔工具"在舞台上绘制一个由直线段构成的折线。

(2) 选择工具箱中的"转换锚点工具" ,将鼠标指针移动到最下边的锚点上。

(3) 在锚点位置拖曳将方向点拖出,这样就将折线变成了曲线,如图 2-67 所示。

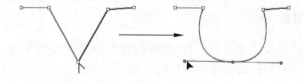

图 2-67 将折线变成曲线

(4) 这时,还可以使用"转换锚点工具"自由地改变曲线的曲率、大小等。

(5) 如果想把曲线变成原来的折线,只需用"转换锚点工具"后在平滑点上单击即可。

专家点拨 钢笔工具可以胜任复杂图形的绘制,虽然初学者短时间内很难掌握其使用要领,但只要多加练习,一定会熟能生巧,随心所欲地绘制任意图形。

2.4.2 部分选取工具

视频讲解

使用"部分选取工具"可以精细地调整图形的形状。选择工具箱中的"部分选取工具" ，选择图形的边缘，会出现一个个锚点。

拖曳锚点可以改变锚点的位置，在锚点上拖曳切线手柄可以改变图形的形状，调整形状的过程如图2-68所示。

图2-68 使用部分选取工具调整形状

如果锚点是转角点，那么用"部分选取工具"选择这个锚点时不会出现切线手柄。按住Alt键拖曳锚点，则会出现切线手柄，这时可以拖曳手柄自由改变图形的形状，调整过程如图2-69所示。

图2-69 改变图形形状

专家点拨 在使用"部分选取工具"时，除了Alt键外，还有两个相关的按键。按下Shift键可以同时选中多个锚点。选中某个锚点后按Del键可以将其删除。

2.4.3 铅笔工具

视频讲解

"铅笔工具"用来自由手绘线条，单击绘图工具箱中的"铅笔工具" ，在"属性"面板中可以定义线条颜色、粗细、样式、平滑度等。其中"平滑"选项表示绘制线条时的平滑程度，平滑值越大，形状越平滑。

选择"铅笔工具"后，在绘图工具箱的选项栏中可以定义绘制线条的模式，包括直线化、平滑和墨水，如图2-70所示。

- "直线化"模式：把绘制的线条自动转换成接近形状的直线。
- "平滑"模式，把绘制的线条转换为接近形状的平滑曲线。
- "墨水"模式：不进行修饰，完全保持鼠标轨迹的形状。

图2-71所示为用不同模式绘制的山峰。

图2-70 "铅笔工具"选项

图2-71 不同铅笔模式画的山峰

2.4.4　实战范例：绘制一棵树

视频讲解

下面利用"钢笔工具""部分选取工具""铅笔工具"等绘制一棵树，效果如图2-72所示。

图 2-72　绘制一棵树

1. 绘制树冠

（1）新建一个Flash影片文档，保持文档默认设置。

（2）下面先绘制一个树冠图形的参考图形。选择"椭圆工具"，并单击"对象绘制"按钮使其处于按下状态，如图2-73所示。在舞台绘制一个无填充色圆形，并用"选择工具"略加调整。因为很多树的树冠虽然呈球状，但肯定不会真的就像球一样，所以把它调整为树冠的大致模样，如图2-74所示。

（3）选择"钢笔工具"，并使"对象绘制"按钮处于按下状态。沿刚刚做好的参考图形，间距或长或短的加上一圈节点。在添加节点时，连续单击，并注意不要拖曳鼠标，否则就不是直线了，如图2-75所示。

图 2-73　使"对象绘制"按钮
　　　　　处于按下状态

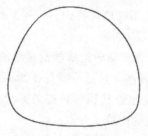

图 2-74　画树冠

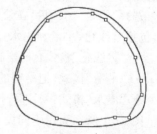

图 2-75　用钢笔工具添加节点

（4）将辅助参考图形删除。用"选择工具"逐一将直线调整为曲线，如图2-76所示。

（5）选择"部分选取工具"，将鼠标指针放到任一节点上，该节点会出现两个手柄，拖曳手柄能够调节曲线的曲率。拖曳手柄，将曲线调整丰满，如图2-77所示。

（6）调整完毕,填充绿色。然后将笔触颜色设置为无色,如图 2-78 所示。

图 2-76　调整为曲线　　　　图 2-77　用"部分选取工具"调整　　　　图 2-78　填充颜色

2. 绘制树干

（1）选择"钢笔工具",并使"对象绘制"按钮处于未按下状态。连续单击,画出树干图形,如图 2-79 所示。

（2）用"铅笔工具"绘制出树干阴影部分,如图 2-80 所示。

（3）分别填充颜色,一棵造型简单的树就画好了,如图 2-81 所示。

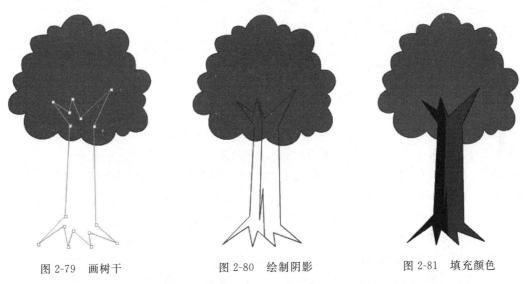

图 2-79　画树干　　　　　　　图 2-80　绘制阴影　　　　　　图 2-81　填充颜色

专家点拨　树干图形填充颜色后,要将其组合成"组"对象,这样才能让其显示在树干的前面。

2.5　绘制特殊图形

在 Flash CS6 中除了绘制图形和线条的工具之外,还有一些特殊的绘图工具,如"刷子工具""喷涂刷工具""橡皮擦工具""Deco 工具"。使用这些工具能够完成一些特殊效果的绘制。

2.5.1　刷子工具

视频讲解

刷子工具可以随意地涂画出色块区域。选择"刷子工具" ，展开"属性"面板，如图2-82所示。可以在其中设置绘制色彩(填充颜色)和平滑值，平滑值越大，形状越平滑。

选择"刷子工具"后，在绘图工具箱的选项栏中可以设置刷子的大小和形状，如图2-83所示，左图为刷子大小，右图为刷子的形状。

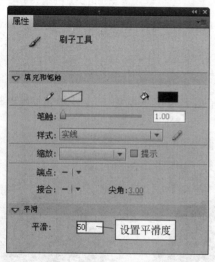

图2-82　刷子工具的属性面板

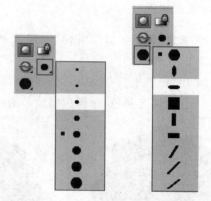

图2-83　刷子工具的大小和形状

专家点拨　选择刷子工具后，在工具箱下方单击"锁定填充"按钮 可启动锁定功能。此时，刷子工具绘制的所有面的颜色(一般针对渐变色)视为同一区域。

选择"刷子工具"后，单击工具箱下方的"刷子模式"按钮 ，弹出刷子模式下拉菜单，在其中可以选择"标准绘画""颜料填充""后面绘画""颜料选择""内部绘画"5种工作模式。

- "标准绘画"：不管是线条还是填充色块，只要是画笔经过的地方，都被重新涂色。
- "颜料填充"：只对图形的填充色块进行填充覆盖，而对线条没有影响。
- "后面绘画"：绘制在图形后方，不会影响前景图形。
- "颜料选择"：只在选定的区域内涂色。如果没有选择区域，则画笔无效。
- "内部绘画"：画笔的起点在图形的轮廓线以内时，可以对图形重新涂色，而且画笔的范围也只作用在轮廓线以内。如果画笔的起点在舞台的空白处，则即使画笔经过图形，也不会对图形重新涂色，这时只在图形外边涂色。

图2-84显示了用刷子工具在不同工作模式下在西瓜图形上的绘制效果。

图2-84　5种模式绘制的效果

专家点拨 使用刷子工具能够获得毛笔上彩的效果,该工具常用于绘制对象或为对象填充颜色。使用刷子工具绘制的图形属于面,而非线,因此绘制的图形没有外轮廓线。

2.5.2 喷涂刷工具

视频讲解

喷涂刷工具类似于一个粒子喷射器,使用它可以将图案喷涂在舞台上。在默认情况下,工具将使用当前选定的填充颜色来喷射粒子点。同时,该工具也可以将按钮元件、影片剪辑和图形元件作为笔刷效果来进行喷涂。下面以使用外部图形作为喷涂粒子为例介绍喷涂刷工具的使用方法。

(1)启动 Flash CS6 并创建一个空白文档。选择“文件”|“导入”|“导入到库”命令,打开“导入到库”对话框,在其中选择作为喷涂粒子的图片文件“烟花.wmf”,如图 2-85 所示。单击“打开”按钮,将选择的文件导入到库中。

图 2-85 “导入到库”对话框

(2)在工具箱中选择“喷涂刷工具” ，在“属性”面板中单击“编辑”按钮,打开“选择元件”对话框,在其中的列表中选择作为粒子的元件后单击“确定”按钮,如图 2-86 所示。

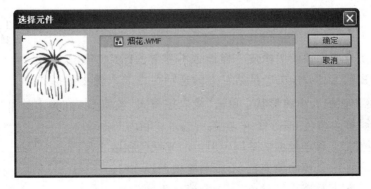

图 2-86 “选择元件”对话框

（3）在"属性"面板中对"喷涂刷工具"进行进一步的设置，完成设置后，在舞台上单击或拖曳鼠标即可将选择的图案喷涂在舞台上，如图 2-87 所示。

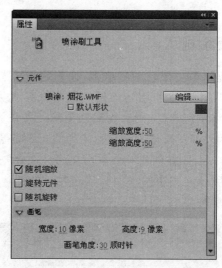

图 2-87　设置工具并喷涂图案

下面介绍"喷涂刷工具"的"属性"面板各设置项的含义。

- "缩放宽度"：此设置项只在将元件作为粒子时可用，其用于设置作为喷涂粒子的元件宽度的缩放比例。其值小于 100％将元件的宽度缩小，大于 100％增大元件宽度。
- "缩放高度"：此设置项只在将元件作为粒子时可用，其用于设置作为喷涂粒子的元件高度的缩放比例。其值小于 100％将元件的高度缩小，大于 100％增大元件高度。
- "随机缩放"复选框：用于指定按随机缩放比例将基于元件的粒子放置到舞台上并改变每个粒子的大小。
- "旋转元件"复选框：此复选框只在将元件作为粒子使用时可用。选中该复选框，在喷涂时将围绕单击点旋转喷涂粒子。
- "随机旋转"复选框：此复选框只在将元件作为粒子使用时可用。选中该复选框，在喷涂时喷涂粒子将按随机旋转角度放置到舞台上。
- "宽度和高度"：用于设置整个粒子群的宽度和高度。
- "画笔角度"：用于设置整个粒子群的顺时针旋转角度。

2.5.3　橡皮擦工具

用橡皮擦工具可以像使用橡皮一样擦去不需要的图形。单击选择绘图工具箱中橡皮擦工具 ，在工具箱下方的选项栏中单击橡皮擦形状按钮，可以设置橡皮擦的大小和形状。单击"橡皮擦模式"按钮 ，在弹出的菜单中有 5 个选项，即标准擦除、擦除填色、擦除线条、擦除所选填充和内部擦除。

视频讲解

- "标准擦除"：移动鼠标擦除同一层上的笔触色和填充色。
- "擦除填色"：只擦除填充色，不影响笔触色。
- "擦除线条"：只擦除笔触色，不影响填充色。

- "擦除所选填充"：只擦除当前选定的填充色，不影响笔触色，不管此时笔触色是否被选中。使用此模式之前需先选择要擦除的填充色。
- "内部擦除"：只擦除橡皮擦笔触开始处的填充色。如果从空白点开始擦除，则不会擦除任何内容。以这种模式使用橡皮擦并不影响笔触色。

在橡皮擦工具的选项中选择"水龙头" 模式，单击需要擦除的填充区域或笔触段，可以快速将其删除。

用橡皮擦工具在不同模式下在草莓形状上的擦除效果如图 2-88 所示。

图 2-88　5 种模式擦除的效果

专家点拨　双击"橡皮擦工具"，可以删除舞台上的全部内容。

视频讲解

2.5.4　Deco 工具

Deco 工具是一个装饰性绘画工具，用于创建复杂几何图案或高级动画效果。该工具提供了"藤蔓式填充""网格填充""对称刷子"等多种模式，并内置了默认的图案供用户选择使用。同时，用户也可以使用图形或对象来创建更为复杂的图案，并轻松获得动画效果。

下面对 3 个典型的效果进行介绍。

1. 藤蔓式填充

在工具箱中选择"Deco 工具" ，默认的填充模式是"藤蔓式填充"。利用这种模式，可以将图案以"藤蔓式填充"方式填满舞台，如图 2-89 所示。

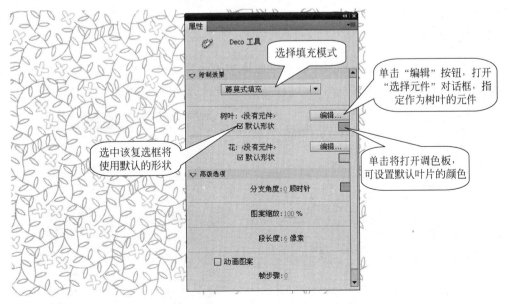

图 2-89　以"藤蔓式填充"模式填充舞台

2. 网格填充

使用网格填充,可以使用矩形色块或库中的元件填充舞台、封闭区域或另一个元件。在使用网格填充绘制舞台后如果移动填充元件或调整其大小,网格填充也将随之变化。使用网格填充模式,能够方便地制作棋盘图案、平铺图案或用自定义图案填充某个区域,如图 2-90 所示。

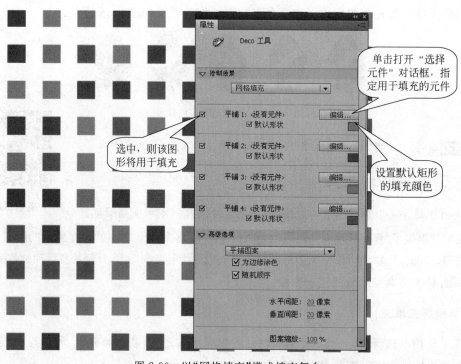

图 2-90 以"网格填充"模式填充舞台

3. 对称刷子

使用对称刷子,可以创建围绕中心点对称排列的元素。用户可以在该模式下创建圆形的元素(如钟表或仪表刻度盘)等,也可用于创建各种旋涡图案,如图 2-91 所示。

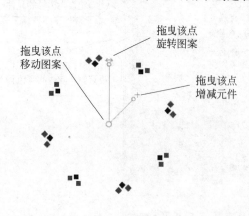
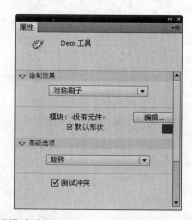

图 2-91 以"对称刷子"模式绘图

2.5.5 实战范例：夜色朦胧

Flash 动画作品主张以形象营造意境,运用挥洒自如的刷子工具,加之以功能强大的喷涂刷工具和 Deco 工具就能很完美地实现这种效果,本节使用刷子工具、喷涂刷工具、Deco 工具等绘制一个夜色朦胧的优美意境。范例效果如图 2-92 所示。

图 2-92 夜色朦胧

本范例的制作步骤如下。

1. 用喷涂刷工具绘制繁星

(1) 新建一个 Flash 文档,设置背景颜色为浅蓝色。

(2) 在工具箱中选择"喷涂刷工具",在"属性"面板中将喷涂颜色设置为白色,将"缩放"设置为 300%,选中"随机缩放"复选框。在"画笔"栏中设置"宽度"为 400 像素,"高度"为 120 像素,如图 2-93 所示。

(3) 使用"喷涂刷工具"在舞台上单击喷涂白色的粒子,这些粒子将作为天上的繁星,如图 2-94 所示。

2. 用喷涂刷工具绘制鸟群

(1) 选择"文件"|"导入"|"导入到库"命令,打开"导入到库"对话框,在其中选择需要导入的素材图片"鸟.png",单击"打开"按钮将其导入到库中。

(2) 在工具箱中选择"喷涂刷工具",在"属性"面板中单击"编辑"按钮,打开"选择元件"对话框,在其中选择步骤(1)导入的图片元件后单击"确定"按钮,如图 2-95

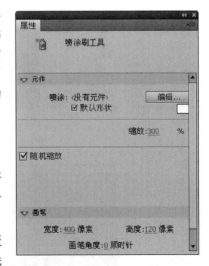

图 2-93 设置"喷涂工具"属性

图 2-94　喷涂粒子

所示。在"属性"面板中将"缩放宽度"和"缩放高度"设置为 8%,选中"随机缩放"和"随机旋转"复选框,将"宽度"和"高度"设置为 400 像素和 100 像素,如图 2-96 所示。在舞台的左上角单击,将图片喷涂上去,如图 2-97 所示。

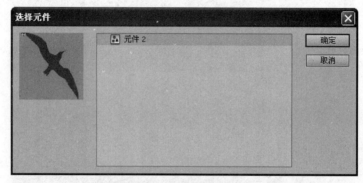

图 2-95　"选择元件"对话框

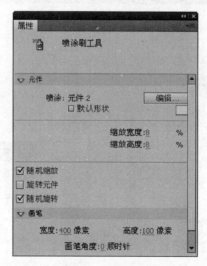

图 2-96　"属性"面板

图 2-97　在舞台左上角喷涂图片

（3）在工具箱中选择"椭圆工具"，将填充颜色设置为白色。按住 Shift 键拖曳鼠标在舞台上绘制一个白色的圆形作为月亮，如图 2-98 所示。

图 2-98 绘制一个白色圆形

3. 用刷子工具绘制树干

（1）选择"刷子工具"，在"属性"面板中设置填充色为#5B8076，如图 2-99 所示。

（2）设置合适的刷子大小和形状，在舞台上绘制出树干，如图 2-100 所示。

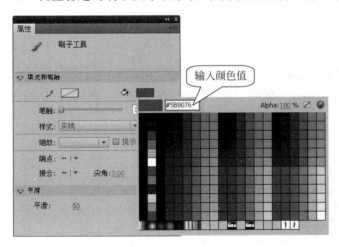

图 2-99 设置工具的填充色

图 2-100 绘制树干

专家点拨 在绘制树干的不同位置时，要注意调整刷子的大小和形状，以获得需要的逼真效果。

4. 用 Deco 工具绘制树叶

（1）选择 Deco 工具，在"属性"面板的"绘制效果"栏的下拉列表框中选择"树刷子"选项，在"高级选项"栏的下拉列表框中选择"枫树"选项。将"分支颜色"和"树叶颜色"均设置得与树干颜色相同，如图 2-101 所示。

（2）使用 Deco 工具在树干上不同位置拖曳鼠标添加树枝，如图 2-102 所示。

专家点拨 在绘制树枝后，在工具箱中选择"选择工具"，单击该树枝可选中该树枝，此时可以拖曳树枝调整其位置。

（3）选择"文件"|"导入"|"导入到舞台"命令，将"吻.png"素材图片导入，然后将其拖放到树下，如图 2-103 所示。

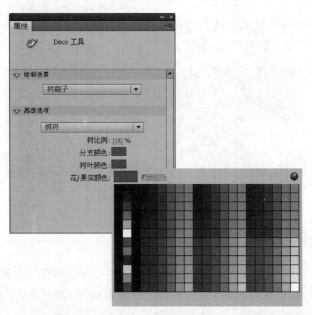

图 2-101　设置工具属性

图 2-102　添加树枝后的效果

图 2-103　放置导入的图片

5．用喷涂刷工具绘制草地

（1）选择"椭圆工具"，将填充色设置为与树干相同的颜色，拖曳鼠标在舞台底部绘制一个无边框椭圆，如图 2-104 所示。

图 2-104　绘制椭圆

（2）选择"文件"|"导入"|"导入到库"命令，将素材图片"草.fxg"导入到库中。

（3）选择"喷涂刷工具"，在"属性"面板中单击"编辑"按钮，打开"选择元件"对话框，选择步骤（2）导入的图片元件。

（4）在"属性"面板中对"喷涂刷工具"的属性进行设置，如图 2-105 所示。

（5）完成设置后，拖曳鼠标沿着椭圆形的边缘喷涂小草。在椭圆内部同样喷涂上小草，如图 2-106 所示。

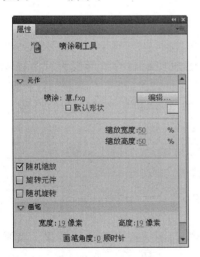

图 2-105　"喷涂刷工具"的属性设置

图 2-106　喷涂小草

（6）根据需要对舞台上的对象的大小和位置进行适当调整。

专家点拨　组合对象是一种非常好的绘制习惯，可以有效地保护绘制的形状。本范例在制作过程中要绘制很多不同的形状，为了避免不同形状之间互相影响，可以将绘制完成的形状组合成群组对象。关于群组对象在 3.2.1 节中有专门的介绍。

2.6 本章习题

1. 选择题

(1) 下面所列的绘图工具中,不能绘制直线的一项是(　　)。

    A. 钢笔工具　　　　　B. 铅笔工具　　　　　C. 线条工具　　　　　D. 选择工具

(2) 渐变变形工具可以对所填颜色的范围、方向和角度等进行调节来获得特殊的效果。其中,要改变填充高光区应该使用(　　)。

    A. 大小手柄　　　　　B. 旋转手柄　　　　　C. 中心点手柄　　　　D. 焦点手柄

(3) 下面的对象中,不能使用封套工具进行变形的是(　　)。

    A. 使用铅笔工具绘制的图形　　　　　　　B. 使用刷子工具绘制的图形

    C. 使用钢笔工具绘制的图形　　　　　　　D. 导入主场景中的位图

(4) 下面关于喷涂刷工具,叙述错误的是(　　)。

    A. 喷涂刷工具类似于一个粒子喷射器,使用它可以将图案喷涂在舞台上

    B. “缩放宽度”项只在将元件作为粒子时可用,其用于设置作为喷涂粒子的元件宽度的缩放比例

    C. “随机缩放”复选框用于指定按随机缩放比例将基于元件的粒子放置到舞台上并改变每个粒子的大小

    D. “随机旋转”复选框不单单针对元件作为粒子使用时可用,对任何喷涂对象都可用

2. 填空题

(1) 在使用线条工具、椭圆工具、矩形工具等工具时,若想使绘制的图形成为一个独立图形,不和其他图形发生融合,可以使用_____功能。

(2) 利用“颜色”面板对线条或图形进行填充时,有 4 种填充类型,它们分别是_____、_____、_____和_____。

(3) Flash CS6 把钢笔工具分解成一组工具,包括 ⬚ _____、⬚ _____、⬚ _____和 ⬚ _____ 4 种,使用更为方便,功能强大。

(4) “刷子模式” ⬚ 有 5 种,它们分别是_____模式、_____模式、_____模式、_____模式和_____模式。

(5) Deco 工具是一个装饰性绘画工具,用于创建复杂几何图案或高级动画效果。其默认的填充模式是_____。

第3章

编辑图形

在 Flash 中绘制图形后，为了获取更好的效果，还会对图形进一步编辑处理，如对图形进行变形、利用各种绘制模式进行图形的创建等。另外，除了自绘图形外，还可以利用丰富的位图资源，将外部的位图导入到 Flash 中后，可以作为动画背景，也可以进行位图填充，还可以将位图转换为矢量图。

本章主要内容：

- 图形变形；
- 绘制模式；
- 在 Flash 中应用位图；
- 导入 Photoshop 和 Illustrator 文档；
- 多图层绘图。

3.1 图形变形

绘制好的图形对象常常需要进行变形操作，如缩放大小、扭曲形状等，这时就要用到变形面板和任意变形工具。

3.1.1 变形面板

"变形"面板可以对选定对象执行缩放、旋转、倾斜和创建副本的操作，如图 3-1 所示。

视频讲解

"变形"面板的具体情况如下所述。

"缩放"：可以在相应的文本框中输入"垂直"和"水平"缩放的百分比值，"约束"按钮处于 ⬚ 状态，可以使对象按原来的宽高比例进行缩放。"约束"按钮处于 ⬚ 状态，对象就可以不按照原来的宽高比例进行缩放。

"旋转"：在相应的文本框中输入旋转角度，可以使对象旋转。

"倾斜"：在相应的文本框中输入"水平"和"垂直"角度可以倾斜对象。

"重置选区和变形"按钮 ⬚：可以复制出新对象并且执行变形操作。

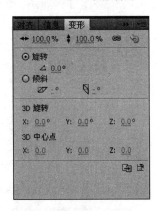

图 3-1　"变形"面板

"取消变形"按钮 ![btn]：用来恢复上一步的变形操作。

专家点拨　"变形"面板中还包括 3D 旋转和 3D 中心点这两个选项栏，当选中应用了 3D 的对象时，利用这两个选项栏可以改变 3D 旋转的角度和 3D 平移的中心点。

3.1.2　任意变形工具

任意变形工具用来对绘制的对象进行缩放、扭曲和旋转等变形操作。选择"任意变形工具" ![icon]，单击绘制好的图形，在图形上出现了变形控制框，如图 3-2 所示。

视频讲解

把鼠标指针移动到不同位置时鼠标指针的形状会发生不同的变化，从而代表变形的不同操作，具体情况如下所述。

- 斜向箭头 ![icon]：鼠标指针位于 4 个角时的形状，拖曳可以缩放图形。
- 水平或垂直平行反向箭头 ![icon]：鼠标指针位于水平或垂直框线上时的形状，拖曳可以倾斜图形。
- 水平或垂直箭头 ![icon]：鼠标指针位于框线控制点上的形状，拖曳可以水平或垂直缩放图形。
- 圆弧箭头 ![icon]：鼠标指针位于 4 个角外部的形状，拖曳可以旋转图形。

专家点拨　在使用"任意变形工具"调整对象大小时，按住 Alt 键能够使对象以中心点为基准缩小或放大。按住 Shift 键，能够使对象按照原来的长宽比缩小或放大。按住 Alt+Shift 键可使对象按照原来的长宽比以中心点为基准缩小或放大。

在选择"任意变形工具"后，在绘图工具箱的下方选项栏中有 4 个按钮，分别是"旋转与倾斜""缩放""扭曲""封套"。

1. 旋转与倾斜按钮

选中该按钮，可以对图形进行旋转和倾斜操作。选中"任意变形工具"，单击选项栏中的"旋转与倾斜"按钮 ![icon]。旋转以图形中心的小圆圈为轴进行。拖曳中心点将其移动到图形的左下角，将鼠标指针放到变形框任意角上，当鼠标指针变成圆弧状，拖曳鼠标图形就发生了旋转。操作过程如图 3-3 所示。

图 3-2　变形控制框

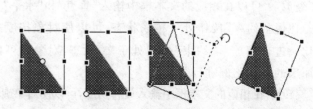

图 3-3　旋转图形

专家点拨　在使用"任意变形工具"旋转对象时，按住 Alt 键能够使对象围绕对角进行旋转。按住 Shift 键，则以 45°为增量进行旋转。

将鼠标指针放在变形框上，鼠标指针变成平行反向的箭头形状时拖曳鼠标可以让对象倾斜，如图 3-4 所示。

2．缩放按钮

选中该按钮，可以对图形进行缩放操作。选择"任意变形工具"，单击选项栏中的"缩放"按钮 ，将鼠标指针放到变形框的任意一个调整手柄上，当鼠标指针变成双向箭头状时，拖曳鼠标就可以任意缩放图形，如图 3-5 所示。

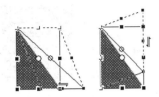

图 3-4 倾斜对象

图 3-5 缩放图形

3．扭曲按钮

选中该按钮，可以对形状进行扭曲操作。选择"任意变形工具"，单击选项栏中的"扭曲"按钮 ，将鼠标指针放到变形框的任意一个调整手柄上，当鼠标指针变成三角状时，拖曳鼠标就可以任意扭曲图形，如图 3-6 所示。按住 Shift 键拖曳转角点可以同步扭曲该对象，如图 3-7 所示。

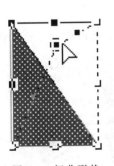

图 3-6 扭曲形状

图 3-7 同步扭曲

4．封套按钮

选中该按钮，可以在图形封套后任意改变其形状。选择"任意变形工具"，单击选项栏中的"封套"按钮 ，拖曳锚点和切线手柄修改封套。操作过程如图 3-8 所示。

可以使用"扭曲"和"封套"功能的对象包括，形状；利用铅笔工具、钢笔工具、线条工具和刷子工具绘制的对象；打散后的文字。图元、群组、元件、位图、视频对象、文本和声音是不能使用"扭曲"和"封套"工具的。

专家点拨 除了使用"任意变形工具"对图形进行变形以外，还可以选择"编辑"｜"变形"命令对图形进行变形操作。

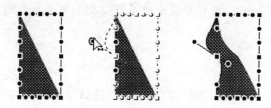

图 3-8　修改封套

3.1.3　实战范例：装饰图案

变形操作为绘图带来了便利,只要和其他工具配合使用,就能制作出别致的效果。本节将使用基本绘图工具结合变形操作绘制一个装饰图案效果。

视频讲解

1. 绘制花瓣

(1) 新建一个影片文档。设置舞台的背景颜色为蓝色,其他参数保持默认。

(2) 选择"钢笔工具",设置"笔触颜色"为黑色,"填充颜色"为无色。在舞台上绘制花瓣轮廓。

(3) 选择"颜料桶工具",展开"颜色"面板,单击"填充颜色"按钮,在"颜色类型"下拉列表框中选择"线性渐变"。在颜色设置条上设置左边的渐变色块为粉色,右边的为白色。单击花瓣填充颜色。

(4) 选择"渐变变形工具",调整花瓣的渐变色。

(5) 使用"选择工具",选中轮廓线,按 Del 键将其删除。花瓣绘制过程如图 3-9 所示。

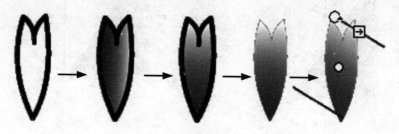

图 3-9　绘制花瓣

2. 绘制花朵

(1) 选择"任意变形工具",单击花瓣,将变形控制点拖曳到花瓣下端。

(2) 打开"变形"面板,选中"旋转"单选按钮,在后面的文本框中输入 36°,如图 3-10 所示。

(3) 单击"变形"面板右下角的"重置选区和变形"按钮 9 次,创建花朵形状。

(4) 选择"椭圆工具",为花朵绘制一个黄色的圆形花蕊。花朵绘制过程如图 3-11 所示。

图 3-10 "变形"面板

图 3-11 绘制花朵过程

3．布局图案

（1）使用"选择工具"选择花朵,按住 Alt 键拖出 5 个花朵副本,排列成一行。

（2）选中所有花朵,选择"窗口"|"对齐"命令,打开"对齐"面板,如图 3-12 所示。

（3）分别单击"顶对齐"按钮和"水平居中分布"按钮,对齐花朵。按同样的方法复制并布局花朵,让它充满整个舞台。

（4）复制一朵花,使用"任意变形工具"缩小花朵,复制多个副本并布局在画面中。效果如图 3-13 所示。至此,装饰图案制作完毕。

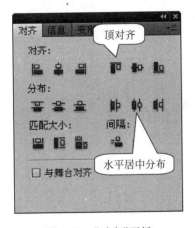

图 3-12 "对齐"面板

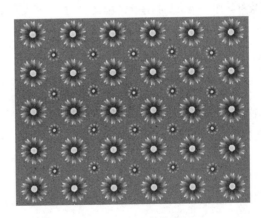

图 3-13 图案效果

专家点拨 "对齐"面板是一个十分重要的面板。利用这个面板所提供的功能可以将舞台上的多个对象排列整齐和分布均匀。

3.2 绘制模式

Flash CS6 绘制图形时可以选择"合并绘制模式""对象绘制模式""图元对象绘制模式"3 种绘制模式,不同绘制模式下绘制的图形有不同的特性,本节将介绍这 3 种绘制模式的实现方法和绘制技巧。

3.2.1 合并绘制模式

1. 认识形状

视频讲解

形状是在"合并绘制"模式下创建的图形对象,是绘图的默认模式,这种模式下绘制的形状会发生合并现象。

选择"多角星形工具",确认绘图工具箱下方选项栏中"对象绘制"按钮 ◎ 处在弹起状态。在舞台上绘制一个笔触颜色为无,填充颜色为红色的星形,切换到"选择工具",单击选择星形。这时星形布满网格点,在"属性"面板中的显示对象就是"形状",如图 3-14 所示。

图 3-14　选中星形

专家点拨　在"合并绘制"模式下,除了"基本矩形工具"和"基本椭圆工具"外,其他绘制工具绘制的图形都是形状。

2. 形状的切割和融合

两个不同颜色的形状相互接触会发生切割现象,相同颜色的形状相互重合会发生融合现象,这是一个非常重要的绘图技巧。

选择"多角星形工具",在红色星形上绘制一个填充色为蓝色的小星形。切换到"选择工具",单击选中蓝色的小星形,然后把它拖曳到旁边,蓝色的小星形就将红色的星形切割了。切割过程如图 3-15 所示。

如果将蓝色星形换成红色,进行类似的操作,形状就会融合成整体,如图 3-16 所示。

图 3-15　切割形状　　　　　　　　　图 3-16　形状融合

专家点拨　在"合并绘制"模式下,线条与线条、线条和色块之间也能发生切割或融合现象。

3. 将形状转换为组

为避免形状相互切割或融合,可以将形状转换为组(或称群组对象)。下面通过实际操作进行介绍。

（1）在舞台上绘制一个笔触颜色为无，填充颜色为红色的星形。选中星形，选择"修改"|
"组合"命令或按 Ctrl＋G 键组合对象。

（2）这时，处在选中状态的星形上的网格点消失了，并且对象周围出现了蓝色的矩形
框，在"属性"面板中显示出对象类型为"组"，如图 3-17 所示。

（3）在星形上绘制一个没有边框的蓝色小星形。

（4）此时蓝色的小星形被遮盖在下层了，两个图形并没有出现切割或融合的现象，仍然
保持独立特性，效果如图 3-18 所示。

图 3-17　将图形转换为组　　　　　　　　图 3-18　组对象和形状没有切割

专家点拨　"形状"和"组"是不会相互切割或融合的，"组"对象要比"形状"对象的
层次高。如果现在想让小星形出现在大星形的上面，可以将小星形也转换成"组"
对象类型。

3.2.2　对象绘制模式

视频讲解

与"合并绘制"模式相对应的是"对象绘制"模式。在绘图工具箱中选中
矩形工具、椭圆工具、多角星形工具、钢笔工具、铅笔工具、刷子工具时，相应
的选项栏中会出现"对象绘制"按钮。它用于在"合并绘制"模式与"对象绘制"模式之间切换。

1．绘制对象

使用"对象绘制"模式绘制的图形叫"绘制对象"，它的笔触和填充都不是单独的元素，而是
一个整体，所以在相互重叠时不会发生融合或切割。下面使用"对象绘制"模式绘制一个对象。

（1）选择"椭圆工具"，在绘图工具箱的选项栏中单击"对象绘制"按钮 ，在舞台上绘
制一个正圆。

（2）展开"属性"面板，可以看到绘制的椭圆不再是形状，而是一个绘制对象，而且在选
中状态下对象的周围会显示一个矩形框，如图 3-19 所示。

（3）任意改变笔触颜色和填充颜色，在蓝色椭圆上再绘制一个椭圆。

（4）将椭圆移走，绘制对象没有发生切割或融合，如图 3-20 所示。

专家点拨　使用绘图工具箱中支持"对象绘制"模式的绘图工具后，按 J 键可直接
将绘图模式切换到"对象绘制"模式，当再次按下 J 键时，可将绘图模式切换回"合
并绘图"模式。

图 3-19　绘制对象

图 3-20　不发生切割

2. 绘制对象的切割和组合

绘制对象也能完成切割和组合,Flash 提供了一组"合并对象"命令,包括联合、交集、打孔和裁切 4 种。接着上面绘制的两个椭圆对象继续操作。

(1)同时选中这两个对象,如果选择"修改"|"合并对象"|"联合"命令,发现这两个图形对象合成一个整体。

(2)如果选择"修改"|"合并对象"|"交集"命令,发现交集就是保留两图形之间重叠的地方。

(3)如果选择"修改"|"合并对象"|"打孔"命令,发现打孔就是用上层的对象切割下层对象。

(4)如果选择"修改"|"合并对象"|"裁切"命令,发现裁切就是把上层遮盖下层对象的部分裁切出来,如图 3-21 所示。

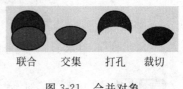

联合　交集　打孔　裁切

图 3-21　合并对象

3.2.3　图元对象绘制模式

"图元对象绘制"模式的实质是"对象绘制"模式的高级应用,它在"对象绘制"模式的基础上增加了对图形的自由调整和控制手柄,可以更方便地调整图形。在 Flash CS6 中只有基本矩形工具和基本椭圆工具绘制对象时采用这种模式。使用这种模式绘制的对象就是图元对象。具体操作如下。

视频讲解

(1)选择"基本椭圆工具",在舞台上绘制一个图形。

(2)使用"选择工具"拖曳图形上的控制手柄可以自由地改变形状。

(3)双击图元对象,弹出"编辑对象"对话框,如图 3-22 所示。单击"确定"按钮,回到主场景,在"属性"面板中提示图形已经改变为"绘制对象"。

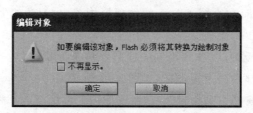

图 3-22　"编辑对象"对话框

专家点拨　使用基本矩形工具和基本椭圆工具绘制图元对象时,无论工具箱选项栏上的"对象绘制"模式按钮是否处于按下状态,都不影响绘制的效果。

3.2.4 实战范例：商业标志

视频讲解

利用对象绘制模式的"联合""交集""打孔""裁切"等命令，可以绘制丰富多彩的图形对象。本节将使用对象绘制模式来制作一个商业标志。

1. 绘制矩形和圆环

（1）新建一个影片文档。设置舞台尺寸为200像素×150像素，其他参数保持默认。

（2）选择"基本矩形工具"，设置"笔触颜色"为无色，"填充颜色"为蓝色（♯23A8E0）。在舞台上绘制一个矩形。

（3）使用"选择工具"，拖曳矩形上的角手柄，将矩形改变为圆角矩形。

（4）选择"基本椭圆工具"，设置"笔触颜色"为无色，"填充颜色"为白色。在矩形中央绘制一个椭圆。

（5）使用"选择工具"，拖曳椭圆中间的手柄，将椭圆改变为圆环。

（6）同时选中矩形和圆环，选择"修改"|"合并对象"|"联合"命令，将它们合并成一个对象。绘制过程如图3-23所示。

图3-23 绘制过程

2. 绘制四边形

（1）选择"矩形工具"，单击选项栏中的"对象绘制"按钮，使其处于按下状态。设置"笔触颜色"为无色，"填充颜色"为红色，在图形上绘制一个长条矩形。

（2）选择"任意变形工具"，旋转矩形的角度。

（3）双击矩形对绘制对象进行编辑，使用"选择工具"，将鼠标指针放到矩形边上拖曳改变矩形的形状。

（4）返回到"场景1"。同时选中舞台上的图形，选择"修改"|"合并对象"|"打孔"命令，将图形中间打孔。绘制过程如图3-24所示。

图3-24 绘制过程

3. 改变图形的填充色

（1）双击舞台上的图形进入到绘制对象内部，将下方的蓝色改变为绿色。

（2）同样改变圆环内上半部分的填充颜色为土黄色，至此商业标志绘制完成，最终效果如图3-25所示。

图3-25 商业标志

3.3　在 Flash 中应用位图

位图资源很丰富,且具有丰富的表现力,因此掌握在 Flash 中应用位图的方法是非常重要的。

3.3.1　导入位图

使用位图必须先要将它导入到当前 Flash 文档的舞台或当前文档的库中,Flash 提供了导入位图的相关命令,可以很方便地导入和使用位图。

视频讲解

下面通过实际操作介绍导入位图的方法。

(1)在新建的 Flash 影片文档中选择"文件"|"导入"|"导入到舞台"命令,弹出"导入"对话框,在文件夹下选择需要导入的图像文件"卡通.png",如图 3-26 所示。

(2)单击"打开"按钮,导入到文档中的图像会自动分布在舞台上,按 Del 键将图像删除,此时图像文件仍然保存在"库"中。打开"库"面板可以看到导入的位图对象,如图 3-27 所示。

图 3-26　"导入"对话框

图 3-27　"库"面板中的位图

(3)导入的位图在"库"面板中的名称是图像的文件名,它们的"类型"标识为"位图","库"面板中的位图对象可以随时拖放到舞台上使用。

专家点拨　导入到 Flash 中的图形文件的幅面不能小于 2 像素×2 像素。在"导入"对话框中,按下 Ctrl 键,依次单击图像文件,可同时选中要导入的多个图像文件。按住 Shift 键单击可同时选择两个文件之间的所有连续的图像文件。另外,还可以直接选择"文件"|"导入"|"导入到库"命令,将外部图像直接导入到"库"面板中。

(4)如果要导入的位图名称按数字顺序结尾,如 image001.jpg、image002.jpg、image003.jpg 等时,就会出现导入文件序列的对话框。选择"文件"|"导入"|"导入到舞台"命令,弹出"导入"对话框,在相应的文件夹下选择所需要的图像文件"走路 1.jpg",如图 3-28 所示,单击

"打开"按钮,出现提示对话框,如图 3-29 所示。

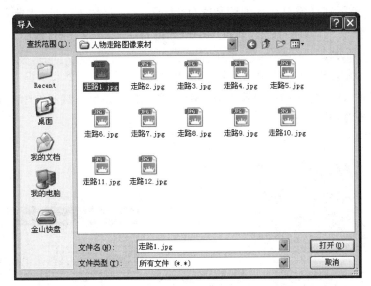

图 3-28 "导入"对话框

(5)单击"是"按钮导入所有的连续文件,这些图片各占用时间轴的 1 帧,如图 3-30 所示。如果单击"否"按钮只能导入指定的文件。

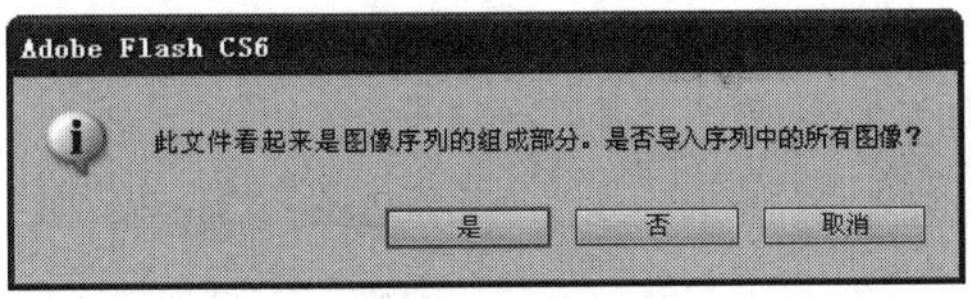

图 3-30 导入文件序列

图 3-29 提示对话框

专家点拨 Flash 还支持从其他应用程序如 Word 中复制粘贴图片,默认情况下粘贴的图片在"库"面板中的名称均为 flash0.png。

3.3.2 为位图去掉背景色

导入到 Flash 中的位图往往有背景,使用时会造成很大的不便,也不利于作品整体风格的设计。下面通过实际操作介绍去掉图像背景的方法。

视频讲解

（1）在新建的 Flash 影片文档中选择"文件"|"导入"|"导入到舞台"命令，弹出"导入"对话框，在文件夹下选择需要导入的图片文件（卡通.png），将"卡通"图片导入到舞台上。

（2）选择"修改"|"分离"命令，或按 Ctrl＋B 键将卡通图像分离，被分离的图像呈点状显示，如图 3-31 所示。

（3）选择绘图工具箱中的"索套工具" ，单击选项栏中的"魔术棒设置"按钮 ，打开"魔术棒设置"对话框，在"阈值"中输入 30，在"平滑"下拉菜单中选择"平滑"选项，单击"确定"按钮，如图 3-32 所示。

图 3-31　分离位图　　　　　　　　图 3-32　"魔术棒设置"对话框

专家点拨　"阈值"用来定义在选取范围内相邻像素色值的接近程度，数值越高，选取的范围越宽。可以输入的范围为 0～200。

（4）选中选项栏中的"魔术棒"按钮 ，单击选中图像背景，按 Del 键，删除选中的背景。重复上述操作，直到将所有不需要的背景删除，如图 3-33 所示。

（5）放大舞台显示比例，选择"橡皮擦工具"，在橡皮擦形状下拉菜单中，选择一个较小的圆形橡皮擦，将不干净的边缘小心地擦除，完成后如图 3-34 所示。

图 3-33　用魔术棒工具擦除背景　　　　　图 3-34　去掉背景的卡通图形

专家点拨　在 Flash 中去除位图的背景时，对于大片的相同或相近色，用魔术棒工具能比较方便地去除。如果要去掉的背景比较复杂，可直接用套索工具或在相应的"选项"中选择"多边形模式"，对需去除背景的区域逐个进行选择后，再删除。

3.3.3　位图填充

位图填充是指把位图当作填充色对图形区域进行的填充。填充的区域也可以使用"渐变变形工具"缩放、旋转或倾斜。实际操作如下。

视频讲解

（1）在 Flash 影片文档中选择"椭圆工具"绘制一个笔触色为蓝色,填充色为无色的椭圆。

（2）选择"文件"|"导入"|"导入到库"命令,将需要的图像文件导入到"库"中。

（3）展开"颜色"面板,单击"填充颜色"按钮,在"类型"下拉列表框中选择"位图填充",导入的位图就会显示在"颜色"面板下边。将鼠标指针移动到位图缩略图上,光标变成了"滴管"状,如图 3-35 所示。

（4）单击选中一个位图缩略图。选择"颜料桶工具"为椭圆填充颜色,效果如图 3-36 所示。

图 3-35 选择填充图片

图 3-36 填充位图颜色

专家点拨 位图填充完成后,如果发现颜色不满意,还可以选择"库"中其他位图进行填充,也可以单击"颜色"面板中的"导入"按钮,导入其他图像进行填充。

（5）选择"渐变变形工具",单击椭圆,位图填充区域上出现了渐变变形手柄,如图 3-37 所示。

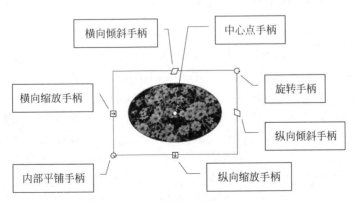

图 3-37 填充变形手柄

中心点手柄可以改变所填充位图的中心,横向和纵向倾斜手柄可以在横向或纵向倾斜填充的位图,横向和纵向缩放手柄可以在横向或纵向任意缩放填充的位图,如图 3-38 所示。

旋转手柄可以旋转填充的位图,内部平铺手柄可以在形状内部平铺填充的位图,如图 3-39 所示。

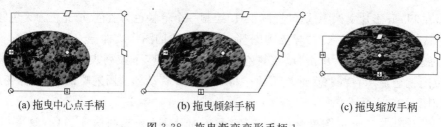

　　(a) 拖曳中心点手柄　　　　　　(b) 拖曳倾斜手柄　　　　　　(c) 拖曳缩放手柄

图 3-38　拖曳渐变变形手柄 1

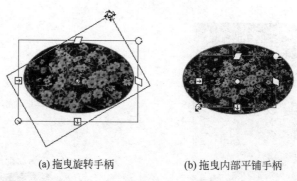

　　(a) 拖曳旋转手柄　　　　　　　　(b) 拖曳内部平铺手柄

图 3-39　拖曳渐变变形手柄 2

3.4　导入 Photoshop 和 Illustrator 文档

　　Flash CS6 和 Adobe 公司其他产品的结合是非常紧密的,支持 Photoshop 文件的导入,与 Illustrator 的整合也非常完善,本节学习在 Flash CS6 中导入 Photoshop 和 Illustrator 文档的方法和技巧。

3.4.1　导入 Photoshop 文档

　　PSD 文件是大型平面图形图像设计软件 Photoshop 默认的文件格式。从 Flash CS3 版本开始,可以直接导入 PSD 文件,并保留了 PSD 文件的图像质量和图层等,给动画制作者带来了极大的便利。

视频讲解

　　下面通过实际操作介绍一下导入 PSD 文件的步骤和方法。

　　(1) 新建一个 Flash 文档,选择"文件"|"导入"|"导入到舞台"命令,弹出"导入"对话框,在"文件类型"下拉列表框中选择"psd 格式",然后在文件夹下选择 PSD 文件(万紫千红.psd)。

　　(2) 单击"打开"按钮,弹出"将'万紫千红.psd'导入到舞台"对话框,如图 3-40 所示。

　　(3) 从图 3-40 中可以看到,Flash 准确识别了 PSD 文件的图层,包括图层的类型和名称。每个图层前都有一个复选框,可以自由选择需要导入的图层。

　　专家点拨　Flash 仅支持 RGB 和 HSB 颜色模式。如果需要导入的 PSD 文档是 CMYK 模式,Flash 能将图像自动转换为 RGB 模式,但一般来说在 Photoshop 中将图像转变为 RGB 模式再导入能保持更多的颜色信息。

　　(4) 单击"花瓣"图层,对话框的右边出现了可供设置的选项,如图 3-41 所示。

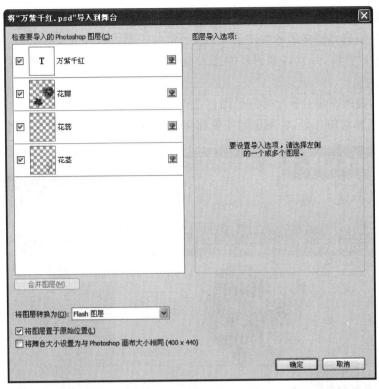

图 3-40 "将万紫千红.psd 导入到舞台"对话框

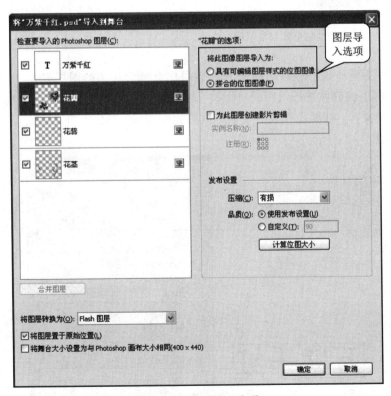

图 3-41 图层导入选项

选择图像图层导入的选项有如下两个。

① 具有可编辑图层样式的位图图像：对选定的图层以这种方式导入时，此图层的图像自动转换为影片剪辑，并且以多图层的形式保留 Photoshop 中使用的图层样式，如图 3-42 所示。

② 拼合的位图图像：导入时每个图层的图像均转换为一个独立的位图，如图 3-43 所示，以这种方式导入图片后，各图层的图像都保存在以导入文件命名的库文件夹中。

图 3-42 以图层的形式保留了图层样式

图 3-43 普通位图格式导入

(5) 单击"万紫千红"图层，对话框的右边同样会显示相关的图层设置。文本图层的导入有 3 种情况，下面分别进行说明。

① 可编辑文本：该模式导入的文本可以再编辑，但是 PSD 中对文本图层应用的样式不会被保留，如图 3-44 所示。

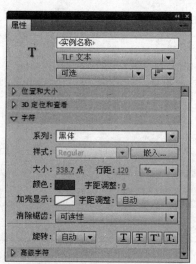

图 3-44 文本可编辑模式导入

② 矢量轮廓：选择该模式后，文本自动转换为影片剪辑，导入的文本和样式图层保留为透明通道的位图，文本和样式图层是分离的，如图 3-45 所示。

图 3-45　矢量轮廓模式导入

③ 拼合的位图图像：导入时文本被转换为独立的位图，如图 3-46 所示。

图 3-46　拼合的位图图像模式导入

（6）在导入 PSD 文档时，Flash 还提供了快速将图层内容定义为影片剪辑的选项，如图 3-47 所示。选中"为此图层创建影片剪辑"复选框后，下面的选项变得可用，在"实例名称"文本框中可以输入影片剪辑的名称，还可以选择注册点的位置。

（7）在导入 PSD 文档时，Flash 还允许选择压缩各图层的内容，如图 3-48 所示。在"压缩"下拉列表框中包括"有损"和"无损"两种压缩格式。在"品质"选项中包括两个单选按钮，"使用发布设置"单选按钮为默认设置，可以保持 Flash 发布设置的压缩参数；如果选中"自定义"单选按钮，可以在选项后的文本框中输入图像的质量比。选择了相应的参数后，单击"计算位图大小"按钮，可以实时查看压缩后文件的大小。

（8）在导入 PSD 文档时，单击"将图层转换为"下拉列表框中的选项，可以将图层转换为"Flash 图层"或"关键帧"，如图 3-49 所示。转换为关键帧后，按 PSD 文件的图层顺序将图像放置在 Flash 文档的连续帧上，如图 3-50 所示。

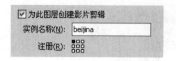

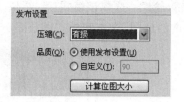

图 3-47　为图层建立影片剪辑　　　　　　　图 3-48　压缩位图

图 3-49　转换图层选项　　　　　　图 3-50　转换图层为关键帧

选中"将图层置于原始位置"复选框,则应用 PSD 文档中图层内容的原始坐标值。选中"将舞台大小设置为与 Photoshop 画布大小相同"复选框,会自动以原 PSD 文档的大小设置 Flash 文档的舞台大小。

专家点拨　PSD 文件被导入时可以最大限度地保持原有的特性,如保真度、混合模式、透明度等。支持的混合模式有变暗、变亮、发光、增加、减少、差异、覆盖等,如果使用了 Flash 不支持的混合方式,导入时能用多图层的方式大体保留图像的视觉效果。

3.4.2　导入 Illustrator 文档

视频讲解

Illustrator 也是 Adobe 公司推出的专业矢量绘图软件,在平面设计方面如杂志广告、电影海报、书籍插图、艺术插画等有着极为广泛的应用。Flash 可以直接导入 Illustrator 文件,并保留了 AI 文件(Illustrator 默认的文件格式)的图像质量和图层等,给动画制作者带来了极大的便利。

下面通过实际操作介绍导入 Illustrator 文件的步骤和方法。

(1) 新建一个 Flash 文档,属性保持为默认值。

(2) 选择"文件"|"导入"|"导入到舞台"命令,弹出"导入"对话框,在"文件类型"下拉列表框中选择"ai 格式",然后在相应的文件夹下选择所需要的 AI 文件(新年快乐.ai)。

(3) 单击"打开"按钮,弹出的对话框如图 3-51 所示。

(4) 在此对话框中,可以看到 Flash 准确识别了 AI 文件的图层,包括图层的类型、名称

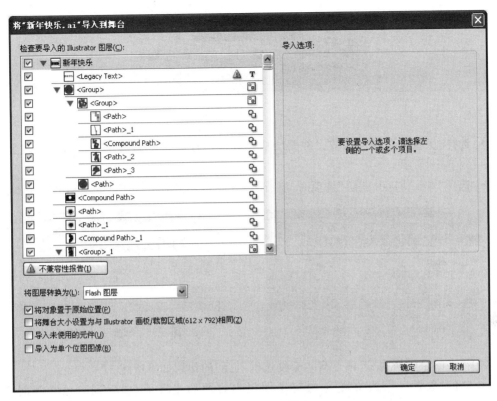

图 3-51 导入对话框

和缩略图都显示了出来。每个图层前都有一个复选框,可以自由地选择需要导入的图层。

(5)在对话框的左侧选中图层后,对话框右边出现了导入参数设置。如图 3-52 所示,选择"导入为位图"复选框,导入后图形转换为位图。选中"创建影片剪辑"复选框,可以将选定图层的对象转换为影片剪辑。

选中"对象路径"图层后,导入的参数增加了"可编辑路径"单选项,确保把文档导入到 Flash 中时,保持矢量路径的可编辑状态,如图 3-53 所示。以这种方式导入图片后,各图层的图像都保存在以导入文件命名的文件夹中。

图 3-52 图层导入选项

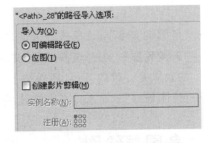

图 3-53 编辑路径选项

(6)在导入 AI 文档时,单击"将图层转换为"下拉列表框,可设置将图层转换为的类型,包括"Flash 图层""关键帧""单一 Flash 图层"3 种类型,如图 3-54 所示。

• 选择"Flash 图层"选项时,按文件图层的顺序转换为 Flash 图层,如图 3-55 所示。

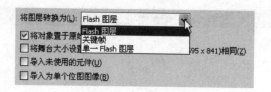

图 3-54　图层转换

- 选择"关键帧"选项时,按文件图层从上到下的顺序每一帧放置一个图层的内容,如图 3-56 所示。
- 选择"单一 Flash 图层"选项时,所有 AI 文件的图层合并为 Flash 文档的一个图层。

图 3-55　转换为 Flash 图层

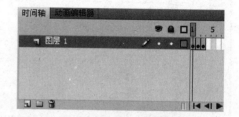

图 3-56　转换为关键帧

(7)"将图层转换为"选项下有 4 个复选框,它们的作用如下所述。

- "将对象置于原始位置":决定了图层内容原始坐标值,能保证和原文档同样的位置。
- "将舞台大小设置为和 AI 画板相同":能自动以原文档的大小设置 Flash 文档的舞台大小。
- "导入未使用的元件":可以把 AI 文件中没有使用的元件导入,以便在 Flash 文件中使用。
- "导入为单个位图图像":能将所有的图层全部拼合,组成单一的位图格式文件导入。

(8)选择导入"路径"图层为可编辑图层时,Flash 图层中的形状保持了 Illustrator 的特性。线条能改变形状,填充能自由修改。

如果导入的 Illustrator 文件中有文本图层,在导入时有 3 种模式选择,下面分别进行说明。

- "可编辑文本":该模式导入的文本可以再编辑,功能非常灵活。
- "矢量轮廓":选择该模式后,文本自动转换为矢量形状,与在 Flash 中分离文字获得的效果是一致的,而且还保持了 Illustrator 中的滤镜效果。
- "位图模式":导入时文本被转换为独立的位图,编辑和使用不够方便。

3.5　多图层绘图

在绘制比较复杂的动画作品时,众多的图形需要重叠放置,这样往往会出现图形相互遮挡的问题。虽然可以使用"绘制模式"和"层深"方法进行布局,但编辑和管理都很不方便。因此,本节介绍利用多图层技术布局图形,为编辑和修改提供便利。

3.5.1 图层

图层就像透明的玻璃纸一样，可以在舞台上一层层叠加。每个图层上都可以放置不同的图形，而且在一个图层上绘制和编辑对象，不会影响其他图层上的对象。

视频讲解

1. 新建图层

新建的 Flash 影片只有一个默认图层，名字是"图层 1"。绘制图形时可以根据需要增加多个图层，利用图层来组织和管理影片中的各种对象。新建图层的方法有 3 种，即通过程序菜单、右键快捷菜单和时间轴工具栏。其中最常用的是第 3 种方法，单击时间轴左下方工具栏的"新建图层"按钮 ，就插入了新图层，默认的名字是"图层 2"，如图 3-57 所示。

> **专家点拨** 另外两种新建图层的方法，一是选择"插入"|"时间轴"|"图层"命令插入新图层；二是在时间轴的层编辑区右击某个图层，在弹出的快捷菜单中选择"插入图层"命令插入新图层。

图 3-57　新建图层

2. 图层重命名

系统默认的图层名称为"图层 1""图层 2"等，制作中可以根据图层上的对象功能给图层重新命名，这样更便于编辑和管理。双击图层名称，在字段中输入新的名称即可重命名图层，如图 3-58 所示。

如果在图层名称前的标志  上双击，可以打开"图层属性"对话框，如图 3-59 所示，在其中能重命名图层或选择图层类型等。

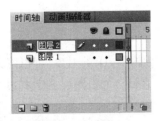

图 3-58　图层重命名

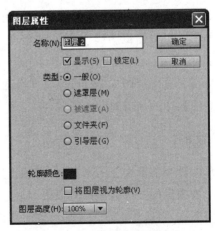

图 3-59　"图层属性"对话框

3. 选取图层

新建多个图层后，编辑工作只能在当前被选择的图层进行，所以绘制时必须先选取图层。选取图层的方法很多,最常用的是单击图层名称,这时图层名称的背景变为蓝色,而且旁边出现一个工作标志 ✎,表示该图层是当前工作图层,如图 3-60 所示。

专家点拨 选取图层还有两种方法,一是单击时间轴上的任意一帧选择图层;二是直接选取舞台上的对象选择图层。如果按住 Shift 键,再分别单击图层名称,就能选取多个图层。

4. 删除图层

Flash 影片制作结束后,空白图层和无用图层必须要删除,这样可以缩小文件的体积。删除图层时首先选取要删除的图层,然后单击时间轴面板上的"删除图层"按钮 🗑 即可删除图层,如图 3-61 所示。

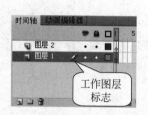

图 3-60　选取图层

图 3-61　删除图层

专家点拨 删除图层还有两种方法,一是拖曳要删除的图层到垃圾桶按钮 🗑 处;二是在要删除的图层名字上右击,在弹出的快捷菜单中选择"删除图层"命令。

5. 隐藏图层

添加了多个图层后,为便于舞台上对象的编辑,可以先将其他图层隐藏起来。单击图层名称的隐藏栏就可以隐藏图层,再次单击隐藏栏就显示该图层。如图 3-62 所示,将"图层 1"图层隐藏了,隐藏栏上出现了一个红叉。

如果单击隐藏图层图标 👁,可以将所有图层隐藏,再次单击隐藏图标会显示所有图层。隐藏图层后图层中的所有对象都不可见。

6. 锁定图层

如果在编辑当前图层上的对象时,害怕误操作更改其他图层上的对象,可以将其他图层暂时锁定。被锁定的图层上面的对象依旧显示但不能被编辑。单击图层名字右边的锁定栏就可以锁定图层,再次单击锁定栏就解除了对图层的锁定。如图 3-63 所示,将"图层 1"图层锁定了,锁定栏上出现了一个小锁。

单击锁定图层图标 🔒,可以将所有图层锁定,再次单击锁定图标就解除了对所有图层的锁定。

专家点拨 用鼠标拖曳锁定栏也可以锁定多个图层或让多个图层开锁。

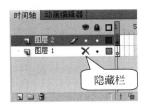

图 3-62 隐藏图层

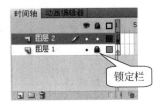

图 3-63 锁定图层

7. 图层文件夹

当时间轴上的图层太多时,可以创建图层文件夹来进行管理。图层文件夹将图层放在一个树形结构中,通过扩展或折叠文件夹来查看包含的图层,图层文件夹中可以包含图层,也可以包含其他文件夹,这和计算机组织的文件结构相似。

新建图层文件夹的方法很多,最方便的是单击"新建文件夹"按钮 ,新建的图层文件夹就将出现在所选图层或文件夹的上面。图层文件夹建立后还可以为它重新命名,如图 3-64 所示。

拖曳某个图层到图层文件夹名称上,就以缩进的方式出现在图层文件夹中,如图 3-65 所示。单击文件夹名称左侧的三角形可以展开或折叠文件夹。

图 3-64 新建图层文件夹

图 3-65 拖曳图层到文件夹下

专家点拨 图层文件夹的控制操作将影响文件夹中的所有图层。例如,锁定一个图层文件夹将锁定该文件夹中的所有图层。

3.5.2 实战范例:卡通人物

人物绘制在 Flash 动画作品很常见,但对于没有美术基础的制作者来说,难度是很大的。所以本节将学习运用描图的方法来绘制卡通人物,因为图形比较复杂,所以要将不同的图形安排在不同图层中。

视频讲解

1. 导入位图

(1)新建一个 Flash 文档,舞台背景色设置为绿色(♯66FF66),其他参数保持默认值。

(2)选择"文件"|"导入"|"导入到舞台"命令,弹出"导入"对话框,在对话框中选择所需要的图片文件"卡通.png",单击"打开"按钮,导入图像文件。

专家点拨 描图是一种非常有用的技巧,它的原理是导入位图,把需要的图像轮廓描下来,然后填色,最后变成独立的矢量图形。这种方法取得的效果非常好,对于没有太多美术基础的初学者来说,是值得推荐和尝试的。

2. 使用钢笔工具绘制帽子

(1) 双击"图层1"名称,将它重新命名为"图片"。

(2) 使用"选择工具"将图像文件拖曳到舞台中央,单击"图片"图层后面的"锁定"图标,锁定该图层,如图3-66所示。

专家点拨 在描图过程中,被描的图片始终位于最下面的图层上,并且图层处于被锁定状态。

(3) 单击"新建图层"按钮,在"图片"图层上面新建一个图层,将它重命名为"帽子",如图3-67所示。

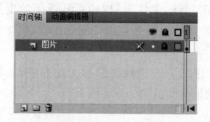

图 3-66 锁定"图片"图层

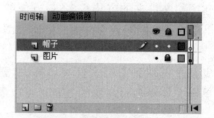

图 3-67 新建图层

(4) 选择"缩放工具",单击舞台,放大显示比例。

(5) 选择"钢笔工具",将"笔触颜色"设置为黑色,"填充颜色"设置为无色,沿帽子勾勒轮廓,如图3-68所示。

(6) 勾勒完成后单击"图片"图层上的"隐藏"图标,将图片隐藏,观察勾勒效果,效果如图3-69所示。

图 3-68 用"钢笔工具"勾勒帽子轮廓

图 3-69 勾勒完成的帽子轮廓

专家点拨 使用钢笔工具描图时,定义锚点越多绘制的图形越逼真。如果绘制的某个锚点不准确,可以按下Ctrl+Z键撤销操作,或使用橡皮擦工具擦除不准确的线条。

3. 绘制其他部位

(1) 单击"新建图层"按钮在"帽子"图层上方新建一个图层,将它重新命名为"花"图层。

(2) 使用"钢笔工具",勾勒花的轮廓。

（3）按照同样的方法，分别新建"脸"图层和"头发"图层，然后使用"钢笔工具"在相应的图层中勾勒出脸和头发的形状。最终效果如图 3-70 所示。

（4）新建一个名称为"眼睛"的图层，在此图层中绘制右眼的轮廓。

（5）使用"颜料桶工具"为眼睛填充黑色，然后使用"椭圆工具"绘制白色的瞳孔。

（6）选中眼睛，按住 Alt 键拖曳复制左眼，选择"修改"|"变形"|"水平翻转"命令翻转图形，绘制过程如图 3-71 所示。

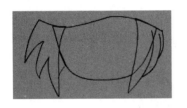

图 3-70　脸和头发轮廓

图 3-71　绘制眼睛的过程

专家点拨　在描图过程中，被描的图形只是一个参考图形，它最大的优点是可以帮助制作者创建对象的整体轮廓。不用太拘泥于和被描图形完全一模一样，只要大致轮廓接近即可。

4．填充颜色

（1）在"颜色"面板设置需要的填充颜色。选择"帽子"图层，使用"颜料桶工具"，单击帽子图形进行颜色填充，如图 3-72 所示。

（2）按照同样的方法为所有图层上的图形填充需要的颜色。

（3）右击"图片"图层，在弹出的快捷菜单中选择"删除图层"命令，将"图片"图层删除。至此，卡通人物绘制完成，效果如图 3-73 所示。

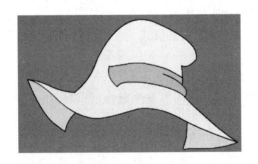

图 3-72　填充帽子的颜色

图 3-73　卡通人物效果

专家点拨　在 2.2.4 节中制作了一个范例——草原夜色，这个范例是在一个图层上绘制完成的。请读者尝试用多图层的方式绘制这个范例，可以进一步理解多图层构图的优点。

3.6 本章习题

1. 选择题

(1) 在工具箱中选择"任意变形工具",在工具箱的选项栏中,下面(　　)按钮是"缩放"按钮。

A. 　　　　　　　B. 　　　　　　　C. 　　　　　　　D.

(2) 要将选择的对象组合起来,可以使用下面(　　)键。

A. Ctrl+G　　　　　　　　　　B. Ctrl+Shift+G

C. Ctrl+B　　　　　　　　　　D. Ctrl+Z

(3) 下面(　　)对象不能使用"任意变形工具"的封套功能进行变形。

A. 使用铅笔工具绘制的图形　　　　B. 使用刷子工具绘制的图形

C. 使用钢笔工具绘制的图形　　　　D. 导入主场景中的位图

(4) 使用"椭圆工具"在"对象绘制模式"下绘制两个不同颜色的圆形,将它们叠放在一起,如图3-74所示。下面(　　)图是使用"修改"|"合并对象"|"打孔"命令后的效果图。

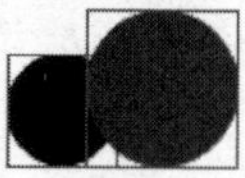

图 3-74　在对象绘制模式下绘制的两个圆形

A. 　　　　　　　B.　　　　　　　C. 　　　　　　　D.

(5) Flash CS6支持导入更多的位图格式,下面(　　)格式是它不能导入的。

A. PNG　　　　　B. PSD　　　　　C. AI　　　　　D. CDR

(6) 导入PSD格式的文件时,文本图层导入后能被编辑的模式是(　　)。

A. 可编辑文本　　　B. 混合模式　　　C. 矢量模式　　　D. 普通位图模式

2. 填空题

(1) 若想使绘制的图形成为一个独立图形,不和其他图形发生融合,可以使用_____功能。

(2) 在Flash中去除位图的背景时,对于大片的相同或相近色,用_____能比较方便地去除背景。如果要去掉的背景比较复杂,可直接用_____工具,对需去除背景的区域逐个进行选择后,再删除背景。

(3) 在旋转对象时,如果按住_____键拖曳鼠标,则可以以45°为增量进行旋转。如果按住_____键拖曳鼠标,则将实现围绕对角的旋转。

(4) 在"变形"面板中,在对图形进行缩放变形时,如果需要图形的宽度和高度按照相同比例来进行缩放,则可以按下_____按钮。如果要取消对象的变形,应该按_____按钮。

(5) 如果在编辑当前图层上的对象时,害怕误操作更改其他图层上的对象,可以将其他图层暂时_____。这时,其他图层上面的对象依旧显示但不能被编辑。

第4章

在Flash中应用文字

文字无论是在动画还是在绘画作品中都是不可或缺的元素。在作品中,文字是传递各种信息最直接也是最有效的手段,适当的文字不仅能够迅速而直接地表达作品的主题,还能够起到影响整个画面效果的作用。Flash CS6 的文本功能强大,提供了两种文本引擎:TLF文本和传统文本。这两个文本引擎不仅能够输入文本,而且借助于滤镜还可以制作各种漂亮的文字效果。

本章主要内容:

- 在 Flash 中应用传统文本;
- 在 Flash 中应用 TLF 文本;
- 滤镜。

4.1 在 Flash 中应用传统文本

制作 Flash 动画时,常需要创建各种文本。除非特别需要,大部分情况只用到简单的文本操作,在 Flash CS6 中,这样的文本被称为传统文本。

4.1.1 创建传统文本

用工具箱中的"文本工具"可以直接输入文本,并且可以在"属性"面板中改变文字的字体、大小、颜色等属性,使用简单,设置方便。实际操作如下。

视频讲解

文本工具用来创建 3 种类型的传统文本字段,包括静态文本字段、动态文本字段和输入文本字段。本节主要介绍文本工具的使用方法。

(1) 新建一个 Flash 文档,在绘图工具箱中选择"文本工具" **T**。

(2) 展开"属性"面板,从"文本引擎"下拉列表框中选择"传统文本",如图 4-1 所示。

专家点拨 这时可以看到"属性"面板的设置项有些改变,这些设置项都是用来设置文本的基本属性,包括字体、样式(粗体、斜体等)、字号大小、字符间距、颜色、对齐、字距、行距等。

(3) 在舞台上拖曳鼠标指针出现文本框,该框的高度与设定的文字大小一致,长度由制作者决定,它的右上角出现了一个方形手柄,表明此时输入的是具有固定宽度的静态文本,如图 4-2 所示。

图 4-1　选择"传统文本"

（4）此时光标开始闪烁，表示可以输入文字了。输入文字"固定宽度"，如图 4-3 所示。

（5）接着输入文字"静态文本"，此时固定宽度的文本自动换行，如图 4-4 所示。

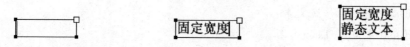

图 4-2　固定宽度的文本框　　　图 4-3　输入文本　　　图 4-4　文本自动换行

（6）将鼠标指针放在文本框右上角的方形手柄上拖曳，可以改变文本框的长度，让文本显示在一行内，如图 4-5 所示。

（7）然后，在舞台空白处单击，就出现一个右上角有圆形的文本输入框，它就是扩展的静态文本框。输入文字，文本框按照输入文本的长短自动延伸而不会换行，如图 4-6 所示。

（8）拖曳固定宽度静态文本的方形手柄，它会改变为扩展的静态文本，手柄变成了圆形。双击扩展的静态文本的圆形手柄，它会改变为固定宽度的静态文本，手柄变成了方形，如图 4-7 所示。

图 4-5　拖曳方形手柄 　　　图 4-6　可扩展的静态文本框 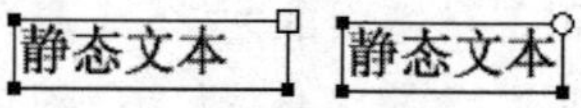　　　图 4-7　扩展和固定宽度静态
　　　　　　　　　　　　　　　　　　　　　　　　　　　　　　　　　　文本间的互换

专家点拨　除了用"文本工具"直接在文本框中输入文字外，还可以利用"复制"与"粘贴"命令将 Word 文档、网页或写字板中的文本复制到文本框中。

4.1.2　设置文本属性

在"属性"面板中进行文本属性的设置。选择"文本工具"后，接着就在"属性"面板中进行设置，然后再输入文本。也可以在输入文本后，用"选择工具"选中文本，然后在"属性"面板中进行设置。

下面对"文本属性"进行简要介绍。

（1）"文本类型"下拉列表框 静态文本 ：可以选择文本的类型，包括静态文本、动态文本、输入文本3种。默认为静态文本类型。

（2）"改变文字方向"下拉列表框 ：可以选择文字的方向，包括"水平""垂直""垂直，从左向右"3种。默认为水平。

（3）"系列"下拉列表框 系列:黑体 ：单击右侧的按钮，将弹出下拉列表框，在其中可以选择字体系列。

（4）"样式"下拉列表框 样式:Regular ：可以为文本选择要应用的样式，包括Regular（常规）、Italic（斜体）、Bold（粗体）、Bold Italic（粗斜体）。文本的样式和字体有关，有些字体仅包含Regular样式，那么"样式"下拉列表框就不可选。这时，从主菜单中选择"文本"|"样式"菜单下的"仿粗体"或"仿斜体"命令实现粗体或斜体，但是仿样式可能看起来不如包含真正粗体或斜体样式的字体美观。

（5）"嵌入"按钮 嵌入... ：单击这个按钮，可以打开"字体嵌入"对话框。在将含有文字的文档发布为SWF文档时，并不能保证所有文字的字体在播放计算机上可用，如果不可用则出现在播放时文字的外观发生改变。要保证SWF文档播放时的文字效果不变，需要在文档中嵌入全部的字体或某个字体的特定的字符集。

（6）"大小"文本框 大小:45.0点 ：用来设置文字的大小，可以直接单击后输入数字，也可以通过拖曳设置字体大小。

（7）"字母间距"文本框 字母间距:0.0 ：直接输入数字或拖曳调整字符的距离。

（8）"颜色"按钮 颜色: ：单击弹出调色板，在其中可以设置文字的颜色。

（9）"自动调整字距"复选框 ☑自动调整字距 ：选中后可以根据字体的大小自动调整字距。默认为选中状态。

（10）"消除锯齿"下拉列表框 消除锯齿:可读性消除锯齿 ：用来设置字体的呈现方法。其中包括5个选项，选择不同选项可以得到不同的字体呈现方法。

① 使用设备字体：该选项将生产一个较小的SWF文件，因为它使用用户计算机中当前安装的字体来呈现文本。

② 位图文本（无消除锯齿）：该选项生产明显的文本边缘，没有进行高级消除锯齿。

③ 动画消除锯齿：该选项生成可顺畅进行动画播放的消除锯齿文本。

④ 可读性消除锯齿：该选项使用高级消除锯齿引擎。它提供了品质最高的文本，具有最易读的文本。

⑤ 自定义消除锯齿：该选项与"可读性消除锯齿"选项相同，但是可以直观地操作高级消除锯齿参数，以生成特定外观。该选项在为新字体或不常见的字体生成最佳的外观方面非常有用。

（11）切换上标和下标按钮 T¹T₁ ：分别单击这两个按钮，可以进行上标和下标格式的切换。

专家点拨 除了以上主要介绍的"字符"栏中各种文本属性的设置以外，在"属性"面板中还提供了"段落"栏、"选项"栏、"滤镜"栏等，这些会在后面的章节中陆续介绍。

4.1.3 实战范例：编辑数学公式

如果想修改文本的属性,可以使用"选择工具"选中文字后,在属性面板中进行修改。另外,使用"任意变形工具"可以对文本进行变形操作,如缩放、旋转、倾斜、翻转等。变形后的文本依然可以编辑。

下面输入一个数学公式,然后进行变形操作。

(1) 新建一个 Flash 文档,保存文档属性的默认设置。

(2) 选择"文本工具",在"属性"面板中,从"文本引擎"下拉列表框中选择"传统文本"。

(3) 在舞台上输入如图 4-8 所示的文本。

(4) 将数字 2 选中,在"属性"面板中单击"切换上标"按钮,这样数字 2 就变成字母 a 的上标。按照同样的方法,设置另一个数字的上标效果,最后如图 4-9 所示。

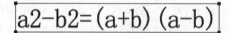

图 4-8 输入文本   图 4-9 切换上标

(5) 选择"任意变形工具"单击文本,拖曳变形手柄对文本变形,如图 4-10 所示。

(6) 双击文本,出现文本框,进入文本编辑状态仍可以修改文本,如图 4-11 所示。

图 4-10 对文本进行变形 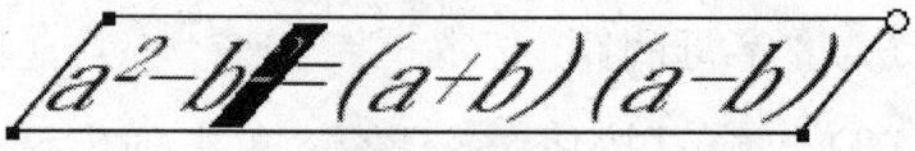   图 4-11 对变形的文本可以继续编辑

专家点拨 严重的变形可能会使文本变得难以阅读。而且把文本块当作对象进行缩放时,字体大小磅值的增减不会反映到"属性"面板中。

4.1.4 实战范例：文本分离

视频讲解

丰富的字体能为动画增添色彩,但如果制作的动画文档在没有安装该字体的计算机上运行时,Flash 动画就不能正常显示文本,以致带来不必要的麻烦。解决这个问题最好的办法就是分离文本,实际操作如下。

(1) 新建一个 Flash 文档,保存文档属性的默认设置。

(2) 选择"文本工具",在"属性"面板中,从"文本引擎"下拉列表框中选择"传统文本"。在"系列"下拉列表框中设置字体为"黑体",大小为 39 点,字体颜色为蓝色,在舞台中输入文字"江山如此多娇"。

(3) 选中文本,选择"修改"|"分离"命令或按 Ctrl+B 键分离文本,文本被分离成单字。

(4) 再次按 Ctrl+B 键分离文本,此时文本变成了以网点显示的形状,再不能改变字体和字号。文本分离过程如图 4-12 所示。

(5) 使用"选择工具"拖曳文字形状的笔画,使形状变形。

(6) 单击绘图工具箱中的"填充颜色"按钮,在弹出的调色板中选择"彩虹"线性渐变色。

江山如此多娇　　江山如此多娇　　江山如此多娇

图 4-12　分离文本过程

（7）框选分离后的所有文本形状，使用"颜料桶工具"单击图形应用填充色。变形及变色过程如图 4-13 所示。

江山如此多娇　　江山如此多娇

图 4-13　变形及变色过程

专家点拨　文本是不能直接应用填充效果的，把文本分离成形状后就可以使用填充效果。这也是分离文本的一个重要目的。

4.2　在 Flash 中应用 TLF 文本

Flash CS6 所支持的 TLF 文本加强了文本的控制，支持更丰富的文本布局功能和对文本属性的精细控制。

4.2.1　创建 TLF 文本

在 Flash CS6 中，其默认的文本引擎是 TLF，使用工具箱中的"文本工具"可以创建两种类型的 TLF 文本，即点文本和区域文本。点文本的容器大小由其包含的文本所决定，而区域文本的容器大小与包含的文本量无关。

视频讲解·

1. 点文本

在工具箱中选择"文本工具"，在舞台上单击，此时就会出现一个文本输入框。在文本框中输入文字，文本框会随着文字的输入而向右扩大。此时，文本框中文字不会自动换行，在需要换行时，按 Enter 键即可，如图 4-14 所示。

在文本框中输入文字，此时

图 4-14　输入点文本

2. 区域文本

在工具箱中选择"文本工具"，在舞台上向右拖曳鼠标获得一个文本框，这个文本框就是一个文本容器，如图 4-15 所示。在文本框中输入文字时，文本的输入范围将被限制在这个容器中，即当文字超出了这个范围时将会自动换行，如图 4-16 所示。

如果需要将点文本转换为区域文本，可以使用"选择工具"拖曳文本框上的黑点调整文本框的大小或拖曳文本框右下角的圆形控制柄。

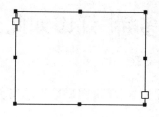

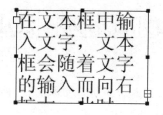

图 4-15　拖曳鼠标绘制文本框　　　　　图 4-16　输入的文字会自动换行

专家点拨　注意 TLF 文本框与传统文本框的区别,在左右两侧各增加了一个矩形调节手柄,称为"进"端口和"出"端口。

4.2.2　TLF 文本的增强功能

TLF 文本与传统文本的操作基本相同,但是与传统文本相比,TLF 文本提供了下列增强功能。

1. 增强的字符样式

TLF 文本提供了更多的字符样式,包括行距、连字、加亮颜色、下画线、删除线、大小写、数字格式等,使用"属性"面板的"字符"栏和"高级字符"栏可以设置字符样式,如图 4-17 所示。

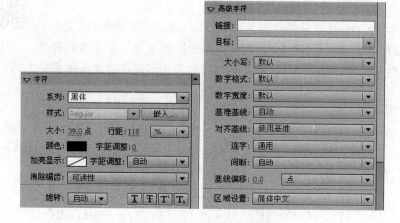

图 4-17　"字符"栏和"高级字符"栏

2. 增强的段落样式

TLF 文本提供了更多的段落样式,包括通过栏间距支持多行、末行对齐选项、边距、缩进、段落间距、容器填充值、标点挤压、避头尾法则类型和行距模型等,使用"属性"面板的"段落"栏、"高级段落"栏和"容器和流"栏可以设置段落样式,如图 4-18 所示。

3. 其他增强功能

可以为 TLF 文本应用 3D 旋转、色彩效果以及混合模式等属性,而无须将 TLF 文本放

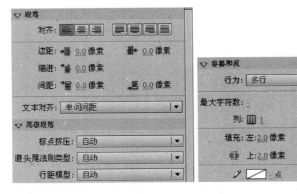

图 4-18　"段落"栏、"高级段落"栏和"容器和流"栏

置在影片剪辑元件中。这些属性的设置可以分别在"属性"面板的"3D定位和查看"栏、"色彩效果"栏和"显示"栏中完成，如图4-19所示。

图 4-19　"3D定位和查看"栏、"色彩效果"栏和"显示"栏

4.2.3　实战范例：TLF文本段落分栏

视频讲解

TLF文本具有更多段落样式，为在Flash中创建内容较多的文本提供了更为强大的排版方式。下面通过一个范例介绍TLF文本段落的应用。

（1）新建一个Flash文档，保存文档属性的默认设置。

（2）选择"文本工具"，在"属性"面板的"字符"栏中，设置"大小"为18点。

（3）在舞台上拖曳鼠标创建一个文本框，在文本框中输入需要的文本。也可以通过复制、粘贴的方法将外部文本文件中的文字复制到文本框中。在文本框的右下角显示一个红色网格控制手柄⊞，这说明文本框中的所有文本没有完全显示出来，如图4-20（a）所示。

（4）用鼠标拖曳文本四周的黑色方块手柄，扩大文本框的空间，直至所有文本全部显示出来，如图4-20（b）所示。

TLF文本提供了更多的字符样式，包括行距、连字、加亮颜色、下划线、删除线、大小写、数字格式等，使用"属性"面板的"字符"栏和"高级字符"栏可以设置字符样式。TLF文本提供了更多的段落样式，包括通过栏间距支持多行、末行对齐选项、边距、缩进、段落间距、容器填充值、标点挤压、避头尾法则类型和行距模型等，使	TLF文本提供了更多的字符样式，包括行距、连字、加亮颜色、下划线、删除线、大小写、数字格式等，使用"属性"面板的"字符"栏和"高级字符"栏可以设置字符样式。TLF文本提供了更多的段落样式，包括通过栏间距支持多行、末行对齐选项、边距、缩进、段落间距、容器填充值、标点挤压、避头尾法则类型和行距模型等，使用"属性"面板的"段落"栏、"高级段落"栏和"容器和流"栏可以设置段落样式。
(a) 文本没有完全显示	(b) 文本完全显示

图 4-20　创建文本

（5）切换到"选择工具"，选中文本框，然后在"属性"面板中设置文本的属性。

（6）在"字符"栏，设置左、右边距为 8 像素，设置缩进为 35 像素，如图 4-21 所示。这样，文本段落在文本框中的左、右边距会变为 8 像素，并且每个段落首行会自动缩进 35 像素，如图 4-22 所示。

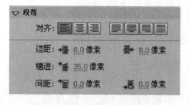

图 4-21　设置边距和缩进

> TLF 文本提供了更多的字符样式，包括行距、连字、加亮颜色、下划线、删除线、大小写、数字格式等，使用"属性"面板的"字符"栏和"高级字符"栏可以设置字符样式。
> TLF 文本提供了更多的段落样式，包括通过栏间距支持多行、末行对齐选项、边距、缩进、段落间距、容器填充值、标点挤压、避头尾法则类型和行距模型等，使用"属性"面板的"段落"栏、"高级段落"栏和"容器和流"栏可以设置段落样式。

图 4-22　文本效果

（7）在"容器和流"栏，设置"列"为 2，设置"列间距宽度"为 20 像素，这样舞台上的文本段落变成了 2 栏显示，调整文本框，使文本完全显示，如图 4-23 所示。

> TLF 文本提供了更多的字符样式，包括行距、连字、加亮颜色、下划线、删除线、大小写、数字格式等，使用"属性"面板的"字符"栏和"高级字符"栏可以设置字符样式。
> TLF 文本提供了更多的段落样式，包括通过
> 栏间距支持多行、末行对齐选项、边距、缩进、段落间距、容器填充值、标点挤压、避头尾法则类型和行距模型等，使用"属性"面板的"段落"栏、"高级段落"栏和"容器和流"栏可以设置段落样式。

图 4-23　文本段落两栏显示

（8）选择"文本工具"，将光标定位在文本框的最后，再输入一些文本，这样文本框可能容纳不下所有的文本，因此显示不全。重新在"容器和流"栏进行设置，将"列"设为 3，设置"列间距宽度"为 5 像素，并调整文本框，效果如图 4-24 所示。

> TLF 文本提供了更多的字符样式，包括行距、连字、加亮颜色、下划线、删除线、大小写、数字格式等，使用"属性"面板的"字符"栏和"高级字符"栏可以设置字符样式。
> TLF 文本提供了更多的段落样
> 式，包括通过栏间距支持多行、末行对齐选项、边距、缩进、段落间距、容器填充值、标点挤压、避头尾法则类型和行距模型等，使用"属性"面板的"段落"栏、"高级段落"栏和"容器和流"栏可以设置段落样式。
> 可以为 TLF 文本应用 3D 旋转、色彩效果以及混合模式等属性，而无需将 TLF 文本放置在影片剪辑元件中。这些属性的设置可以分别在"属性"面板的"3D 定位和查看"栏、"色彩效果"栏和"显示"栏中完成。

图 4-24　文本段落 3 栏显示

(9) 保存文件。按 Ctrl+Enter 键测试影片。

专家点拨 当发布或输出带有 TLF 文本容器的 Flash 影片时，系统会自动创建一个名为 textLayout_1.0.0.595.swz 的文件，如图 4-25 所示。

4.2.3_TLF文本段落分栏.fla
Flash 文档
4.2.3_TLF文本段落分栏.swf
SWF 影片
textLayout_1.0.0...
Flash SWZ 文件
153 KB

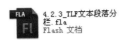

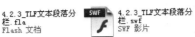

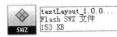

图 4-25 3 个文件图标

这是一个运行时共享库文件，该文件包含了 TLF 文本的功能定义，Flash Player 会自动动态加载该文件，并对 TLF 文本进行处理。一般情况下，在 Adobe 的网站上有该文件的副本，Flash Player 会首先尝试加载该位置的 textLayout_1.0.0.595.swz 文件，如果不可用，那么就会在 SWF 文件相同的目录下查找并加载该文件。

视频讲解

4.2.4 实战范例：串接文本容器

TLF 文本框中的文本可以按顺序排列在多个 TLF 文本容器中，这些容器称为串接文本容器或链接文本容器。下面通过一个范例介绍一些串接文本容器的应用方法。

(1) 新建一个 Flash 文档，保存文档属性的默认设置。

(2) 选择"文本工具"，在"属性"面板的"字符"栏中设置"大小"为 18 点。

(3) 在舞台上拖曳鼠标创建一个文本框，在文本框中输入需要的文本。也可以通过复制、粘贴的方法将外部文本文件中的文字复制到文本框中，如图 4-26 所示。

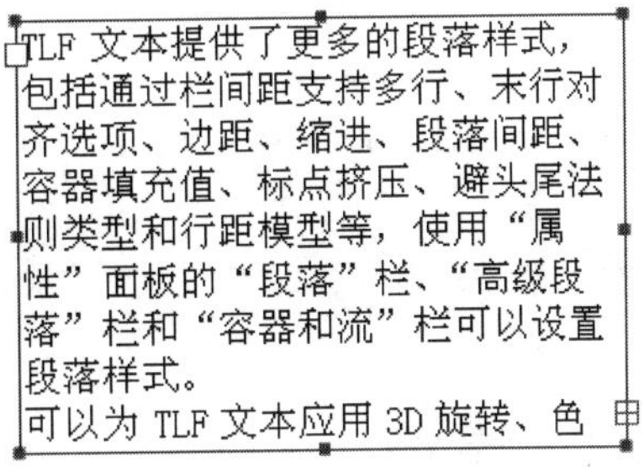

TLF 文本提供了更多的段落样式，包括通过栏间距支持多行、末行对齐选项、边距、缩进、段落间距、容器填充值、标点挤压、避头尾法则类型和行距模型等，使用"属性"面板的"段落"栏、"高级段落"栏和"容器和流"栏可以设置段落样式。
可以为 TLF 文本应用 3D 旋转、色

图 4-26 创建文本

(4) 用"选择工具"选择文本框，然后单击"进"端口，这时，鼠标指针会变成已加载文本的图标。

(5) 在舞台空白处单击，就可以创建一个新的文本容器，该文本容器与原始的文本框大小和形状相同。这时，如果原有容器中的文本无法容纳，这些文本会自动"流"到所链接的另一个容器中。

(6) 适当调整两个文本容器的尺寸和位置，它们之间的串接关系不会改变，文字会根据情况自动"流动"。效果如图 4-27 所示。两个文本容器间有一个浅蓝色细线表示它们之间的关系，并且"进"或"出"端口的箭头方向表明了文本的"流"向。

专家点拨 可以事先创建几个 TLF 文本框，然后将它们串接起来。要链接到现有文本容器，首先使用"选择工具"选择一个文本容器；然后单击选中文本容器的"进"或"出"端口，这时鼠标指针会变成已加载文本的图标；再将指针定位在目标文本容器上，单击该文本容器以链接这两个容器。

(7) 要取消两个文本容器之间的链接，只需将容器至于编辑模式，然后双击要取消链接的"进"或"出"端口，或删除其中一个链接的文本容器。

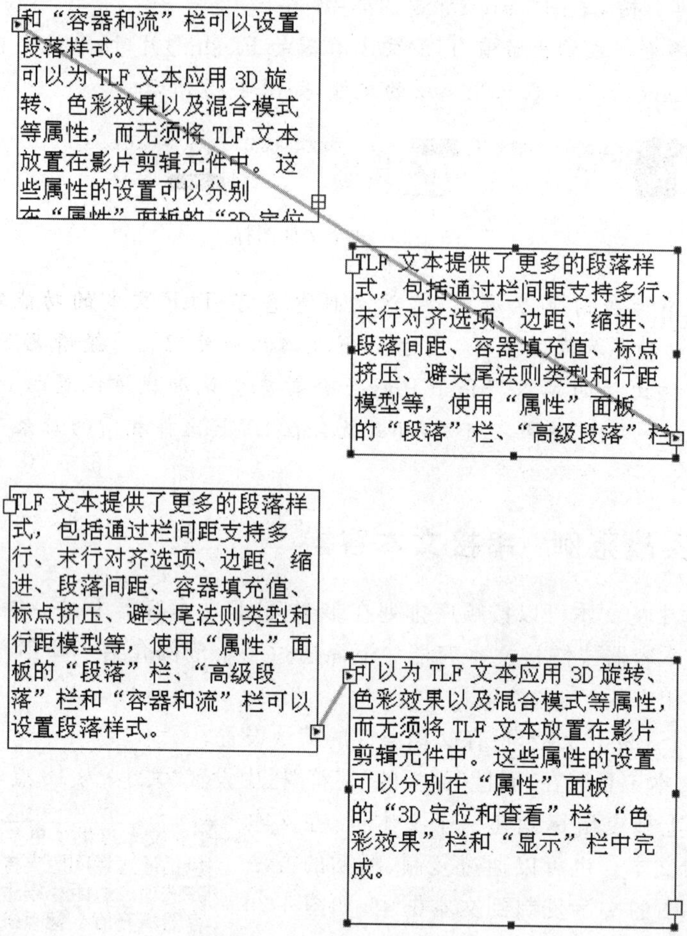

和"容器和流"栏可以设置段落样式。

可以为TLF文本应用3D旋转、色彩效果以及混合模式等属性，而无须将TLF文本放置在影片剪辑元件中。这些属性的设置可以分别在"属性"面板的"3D定位...

TLF文本提供了更多的段落样式，包括通过栏间距支持多行、末行对齐选项、边距、缩进、段落间距、容器填充值、标点挤压、避头尾法则类型和行距模型等，使用"属性"面板的"段落"栏、"高级段落"栏...

TLF文本提供了更多的段落样式，包括通过栏间距支持多行、末行对齐选项、边距、缩进、段落间距、容器填充值、标点挤压、避头尾法则类型和行距模型等，使用"属性"面板的"段落"栏、"高级段落"栏和"容器和流"栏可以设置段落样式。

可以为TLF文本应用3D旋转、色彩效果以及混合模式等属性，而无须将TLF文本放置在影片剪辑元件中。这些属性的设置可以分别在"属性"面板的"3D定位和查看"栏、"色彩效果"栏和"显示"栏中完成。

图4-27　串接文本容器

4.3　滤镜

在Flash中，滤镜是一种对对象的像素进行处理以生成特定效果的工具，使用滤镜可以创建各种充满想象力的文字效果。Flash CS6中滤镜的使用十分方便，使用它可以方便地为文本添加阴影、模糊、发光等效果。

4.3.1　滤镜的基本操作

Flash CS6的滤镜可以应用于文本、影片剪辑和按钮。为对象添加滤镜，可以通过"属性"面板的"滤镜"栏来进行添加和设置。在"滤镜"栏中，可以对滤镜进行添加、复制、粘贴、启用、禁用等操作，还可以对滤镜的参数进行修改。

视频讲解

在舞台上选择对象，在"属性"面板中展开"滤镜"栏，单击"添加滤镜"按钮📄，在打开的菜单中单击需要使用的滤镜即可，如图4-28所示。针对一个对象，可以添加多个滤镜，效果叠加。添加的滤镜以列表方式显示在"滤镜"栏。

专家点拨 这里，选择"删除全部"命令，将删除"滤镜"栏列表中所有滤镜。选择"禁用全部"命令，列表中滤镜将存在，但对象将禁用滤镜效果。选择"启用全部"命令，将启用列表中的全部滤镜效果。

如果需要将应用于一个对象的滤镜，应用到另一个对象，可以使用复制粘贴的方法。在"属性"栏列表中选择一个滤镜，单击列表下的"复制"按钮 。如果需要复制所有的滤镜效果，则选择"复制全部"命令。如果只是需要复制选择的滤镜，选择"复制所选"命令，如图 4-29 所示。选择另一个对象后，单击"复制"按钮 ，选择菜单中的"粘贴"命令，滤镜效果即可应用到选择的对象。

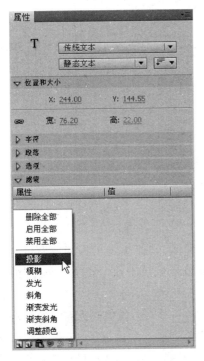

图 4-28 选择需要使用的滤镜

图 4-29 单击"复制"按钮选择命令

专家点拨 在"滤镜"栏的列表中选择滤镜，单击"删除滤镜"按钮 ，选择的滤镜将删除。单击"启用或禁用滤镜"按钮 ，将禁用或重新启用选择的滤镜。单击"重置滤镜"按钮 ，将能够使滤镜的参数回复到初始值。

4.3.2 滤镜详解

Flash 包括投影、模糊、发光、斜角、渐变发光、渐变斜角和调整颜色 7 种滤镜特效，图 4-30 所示是添加各种滤镜后的文字效果。

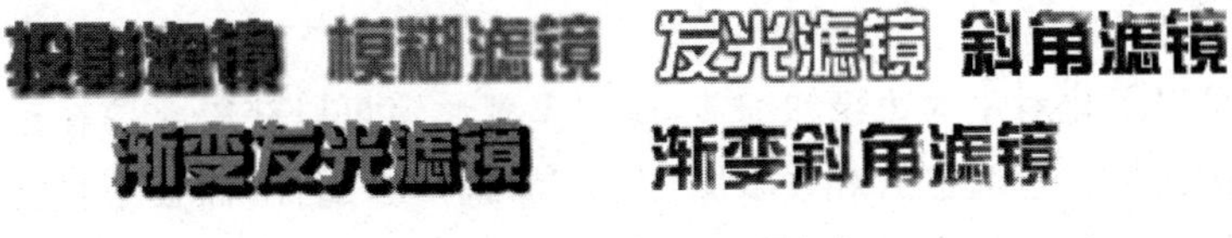

视频讲解

投影滤镜 模糊滤镜 发光滤镜 斜角滤镜
渐变发光滤镜 渐变斜角滤镜

图 4-30 各种文字滤镜效果

　　下面分别对这些滤镜的应用和参数设置进行介绍。

1. 投影滤镜

　　投影滤镜可以模拟光线照射到一个对象上产生的阴影效果,或在背景中剪出一个形似对象的孔洞来模拟对象的外观。在舞台上选择文本,在"属性"面板中展开"滤镜"栏,为文本添加投影效果。在"滤镜"栏的滤镜列表中单击"投影"左侧的 ▶ 按钮将滤镜展开,此时即可对滤镜的参数进行修改,如图 4-31 所示。

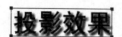

图 4-31　应用"投影"滤镜

　　投影滤镜的各个参数的含义介绍如下。

- "模糊 X"和"模糊 Y":用于设置投影的模糊程度,其值决定了投影的宽度和高度。取值为 0~255,可以通过直接在数值上拖曳鼠标或单击数值在文本框中输入数值来进行调整。
- "强度":用于设置投影的强烈程度,其取值为 0~25500,数值越大,投影就越强。
- "品质":用于设置投影的品质。在其下拉列表框中有 3 个设置项,它们是高、中和低,品质设置得越高,投影就越清晰。建议将"品质"设置为低,以实现最佳的播放性能。
- "角度":用于设置投影的角度,其值为 0~360。
- "距离":用于设置投影与对象之间的距离,其值为 −255~255。
- "挖空":选中该复选框,将获得挖空效果。这种效果是以投影作为对象的背景,从视觉上隐藏源对象。
- "内阴影":选中该复选框,将获得内阴影效果。这种效果是将投影效果应用到对象的内侧。
- "隐藏对象":选中该复选框,将隐藏对象只显示阴影。
- "颜色":单击该按钮,将打开调色板选择投影的颜色。

2. 模糊滤镜

　　模糊滤镜可以柔化对象的边缘和细节,使用模糊滤镜可以获得对象在运动或对象位于其他对象后面的效果。为选定的对象添加"模糊"滤镜,在"属性"面板中将滤镜的设置选项展开可以对滤镜的效果进行设置,如图 4-32 所示。

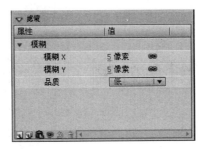

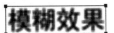

图 4-32　应用"模糊"滤镜

模糊滤镜的各个参数的意义介绍如下。

- "模糊 X"和"模糊 Y"：用于设置模糊的宽度和高度。
- "品质"：用于设置模糊的品质。其有 3 个选项，它们是低、中和高，设置为高时类似于 Photoshop 的高斯模糊效果。

3．发光滤镜

发光滤镜可以在对象的边缘应用颜色获得类似于发光的效果。为选择对象添加滤镜，在"属性"面板中将滤镜的设置项展开即可对滤镜效果进行设置，如图 4-33 所示。

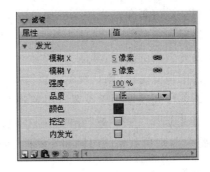

图 4-33　应用"发光"滤镜

发光滤镜各个参数的含义介绍如下。

- "模糊 X"和"模糊 Y"：用于设置发光的宽度和高度，其值为 0～255。
- "强度"：用于设置发光效果的强烈程度，其值为 0～25 500，数值越大，发光越清晰。
- "品质"：设置发光的品质，其有高、中和低 3 个选项供选择，品质越高则发光就越清晰。
- "颜色"：单击该按钮，可以打开调色板拾取发光颜色。
- "挖空"：选中该复选框，从视觉上隐藏源对象，以发光效果作为对象背景。
- "内发光"：选中该复选框，将在对象边界内部应用发光。

4．斜角滤镜

斜角滤镜是向对象应用加亮效果，使其看上去是突出于背景的表面。斜角滤镜可以产生内斜角、外斜角和完全斜角 3 种效果。为选择的对象添加滤镜时，在"属性"面板中将滤镜设置项展开可以对滤镜参数进行设置，如图 4-34 所示。

图 4-34　应用"斜角"滤镜

斜角滤镜的各个参数含义介绍如下。

- "模糊 X"和"模糊 Y"：用于设置斜角的宽度和高度，其值为 0～255。
- "强度"：用于设置斜角的不透明度，其值为 0～25 500，其值越大，斜角效果越明显，但值的大小不会影响其宽度。
- "品质"：设置斜角的品质，其有高、中和低 3 个选项供选择，品质越高则斜角就越明显。
- "颜色"：单击该按钮，可以打开调色板拾取斜角颜色。
- "加亮显示"：设置斜角高光加亮的颜色。
- "角度"：设置斜角的角度，其值为 0～360。
- "距离"：设置斜角的宽度，其值为-255～255。
- "挖空"：选中该复选框，则从视觉上将隐藏源对象，只显示对象上的斜角。
- "类型"：该下拉列表框用于设置应用到对象的斜角类型，其选项包括"内侧""外侧""整个"。如果选择"内侧"或"外侧"，则在对象的内侧或者是外侧应用斜角效果；如果选择"整个"，则在对象的内侧和外侧都应用斜角效果。

5. 渐变发光滤镜

渐变发光滤镜与发光滤镜一样可以为对象添加发光效果，只是发光表面产生的是渐变颜色。为选择的对象添加滤镜，在"属性"面板中将滤镜的设置项展开可以对滤镜进行设置，如图 4-35 所示。

图 4-35　应用"渐变发光"滤镜

单击"渐变"按钮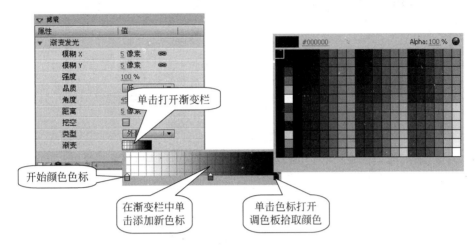打开渐变栏，在栏中选择一个色标可以打开调色板选择颜色，在渐变栏上单击可以创建新的色标，将色标拖离渐变栏可以删除色标。发光效果渐变的开始颜色的 Alpha 值固定为 0，用户可以改变其颜色但无法通过移动色标改变其位置，如图 4-36 所示。

图 4-36　设置渐变

渐变发光滤镜的各个参数含义介绍如下。

- "模糊 X"和"模糊 Y"：用于设置斜角的宽度和高度，其值为 0～255。
- "强度"：用于设置斜角的不透明度，其值为 0～25 500，其值越大，斜角效果越明显，但值的大小不会影响其宽度。
- "品质"：设置斜角的品质，其有"高""中""低"3 个选项供选择，品质越高则斜角就越明显。
- "角度"：设置斜角的角度，其值为 0～360。
- "距离"：设置斜角的宽度，其值为 -255～255。
- "挖空"：选中该复选框，则从视觉上将隐藏源对象，只显示对象上的斜角。
- "类型"：该下拉列表框用于设置应用到对象的斜角类型，其选项包括"内侧""外侧""整个"。如果选择"内侧"或"外侧"，则在对象的内侧或者是外侧应用斜角效果；如果选择"整个"，则在对象的内侧和外侧都应用斜角效果。
- "渐变"：用于设置发光的渐变颜色。

6. 渐变斜角滤镜

应用渐变斜角滤镜可以产生一种凸起的效果，同时凸起的斜角表面可以有渐变颜色。为选择的对象添加滤镜，在"属性"面板中将滤镜的设置项展开对滤镜进行设置，如图 4-37 所示。"渐变斜角"滤镜的参数设置和"渐变发光"滤镜的参数设置基本相同。

7. 调整颜色滤镜

调整颜色滤镜用于对文字、影片剪辑或按钮的亮度、对比度、饱和度和色相进行调整，以获得不同的颜色效果。在舞台上创建红色的文字(颜色值为"♯FF0000")，选择该文字后对

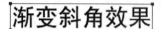

图 4-37　应用"渐变斜角"滤镜

其添加"调整颜色"滤镜。在"属性"面板中调整滤镜参数,文字的颜色发生改变,如图 4-38 所示。

图 4-38　改变文字颜色

调整颜色滤镜的各个参数的含义介绍如下。

- "亮度":调整对象的亮度,其值范围为-100~100。
- "对比度":调整对象的对比度,其值范围为-100~100。
- "饱和度":调整对象颜色的饱和度,其值范围为-100~100。
- "色相":调整颜色的色相,其值范围为-100~100。

4.3.3　实战范例:公益广告

文字在 Flash 动画作品中应用非常广泛,本小节应用文字特效制作一幅公益广告。效果如图 4-39 所示。

视频讲解

图 4-39　公益广告画

1．新建影片文档和导入位图

（1）新建一个 Flash 影片文档。设置舞台尺寸为 400 像素×200 像素，其他参数保持默认。

（2）选择"文件"|"导入"|"导入到库"命令，弹出"导入到库"对话框，在其中选择所需要的图像文件（背景.jpg 和鸽子.jpg）。单击"打开"按钮，将图像文件导入到"库"面板中。

2．处理位图

（1）将"库"面板中的"背景"位图拖放到舞台上，将"图层 1"重新命名为"背景"。隐藏"背景"图层。

（2）新建一个图层，重新命名为"鸽子"。将"库"面板中的"鸽子"位图拖放到舞台上。

（3）使用"选择工具"选中鸽子图像，按 Ctrl＋B 键分离位图。被分离的图像呈点状显示，如图 4-40 所示。

（4）选择绘图工具箱中的"套索"工具 ，单击选项栏中的"魔术棒设置"按钮 ，打开"魔术棒设置"对话框，在"阈值"文本框中输入 30，在"平滑"下拉列表框中选择"平滑"选项，如图 4-41 所示。单击"确定"按钮。

图 4-40　分离位图　　　　　　图 4-41　"魔术棒设置"对话框

（5）选择绘图工具箱中的"魔术棒"工具 ，单击选中图像背景，按 Del 键，删除选中的背景。

（6）放大舞台显示比例，选择"橡皮擦工具"，在"橡皮擦形状"下拉列表框中，选择一个合适的圆形橡皮擦，将不需要的色块小心地擦除。

（7）使用绘图工具箱中的"任意变形工具"选中鸽子，缩小它的尺寸。然后将其放置在舞台左上方。效果如图 4-42 所示。

图 4-42　背景效果

3．编辑第一组文字

（1）新建一个图层，重新命名为"和谐"。锁定其他两个图层。

（2）选择"文本工具"，展开"属性"面板，从"文本引擎"下拉列表框中选择"传统文本"。设置"系列"为"行楷"，"大小"为40，"颜色"为黄色。其他文本属性采用默认设置，如图4-43所示。

（3）在舞台上输入第一组文字"和谐"，选中文字，在"属性"面板中展开"滤镜"栏，单击"添加滤镜"按钮，在弹出的菜单中选择"模糊"滤镜。设置"模糊"值为3×3像素，品质为"低"，如图4-44所示。

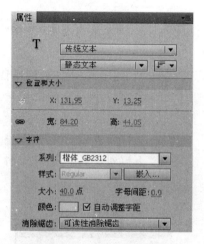

图4-43 设置文本属性

图4-44 设置"模糊"滤镜

（4）继续单击"添加滤镜"按钮，在弹出的菜单中选择"发光"滤镜。设置"模糊"值为10像素×10像素，强度为650%，品质为"低"，颜色为白色，选中"挖空"复选框，如图4-45所示。

（5）这时舞台上的文字产生了发光效果，如图4-46所示。

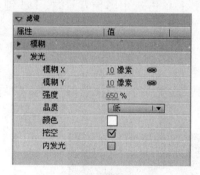

图4-45 设置"发光"滤镜

图4-46 文字滤镜效果

4. 编辑第二组文字

（1）新建一个图层，重新命名为"中国"。

（2）选择"文本工具"，在"属性"面板中设置"系列"为"综艺"，"大小"为50，"颜色"为黑色。其他文本属性保持默认设置。

（3）在舞台中单击，输入第二组文字"中国"。

（4）选中文字，连续按Ctrl+B键两次将文字分离成形状。

（5）选择绘图工具箱中的"墨水瓶工具"，将"笔触颜色"设置为黄色，单击文字边框，勾勒文字轮廓。绘制过程如图4-47所示。

图4-47 绘制过程

（6）展开"颜色"面板，设置填充颜色类型为"位图填充"。

（7）将鼠标指针移动到"颜色"面板下方的位图缩略图上，光标变成了"滴管"状，如图4-48所示。

（8）单击需要的位图缩略图。然后选择"颜料桶工具"，将鼠标指针移到舞台上为文字形状填充颜色。

（9）选择绘图工具箱中的"渐变变形工具"，单击文字，拖曳变形手柄调整填充效果，如图4-49所示。

图4-48 选择填充图片   图4-49 填充位图颜色

（10）至此，公益广告制作完成。测试并观察影片效果。

4.4 本章习题

1. 选择题

（1）文本工具用来创建3种类型的传统文本，包括（   ）、动态文本和输入文本。

　　A. 静态文本　　　　　B. 宋体　　　　　　　C. 黑体　　　　　　　D. 楷体

（2）在"属性"面板的"段落"栏中，下面（   ）选项用于设置段落的结束边距。

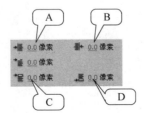

（3）丰富的字体能为动画增添色彩，但如果制作好的动画文档在没有安装该字体的机器上运行时，Flash动画就不能正常显示文本，以致带来不必要的麻烦。解决这个问题最好的办法就是(　　)。

  A. 分离文本   B. 复制字库文件 C. 使用常用字体 D. 使用图片

（4）在"斜角"滤镜的各个设置项中，(　　)设置项决定斜角应用到对象的内侧还是外侧。

  A. 强度   B. 品质   C. 角度   D. 类型

2. 填空题

（1）Flash CS6将要输入的传统文本框的一角会显示一个手柄，用以标识该文本框的类型。对于_____的静态文本框，会在其右上角出现一个圆形手柄。对于_____的静态文本框，会在该文本块的右上角出现一个方形手柄。

（2）Flash CS6有5种字体呈现方法，它们分别是_____、位图文本（未消除锯齿）、_____、可读性消除锯齿和自定义消除锯齿。

（3）TLF文本包括3种类型的文本块，它们是只读、可选和可编辑。在文档中，文本有两种排列方向，它们是_____和_____。

（4）在"属性"面板的"容器和流"下拉列表框中，"密码"选项只有在"文本类型"下拉列表框中选择了_____选项后才可见。在该下拉列表框中选择_____后，文本框中的文本将按照段落分行，但段落中的文字将只在一行排列。

（5）在"属性"面板的"滤镜"栏中选择一个滤镜，单击按钮 将_____，单击按钮 将_____或重新启用滤镜，单击按钮 将使滤镜参数恢复到初始值。

第 5 章

基础动画

Flash 具备强大的动画设计能力，可以制作丰富多彩的动画效果。本章首先介绍 Flash 的基础动画功能，主要包括逐帧动画、形状补间、传统补间等动画类型。

本章主要内容：

- 帧；
- 逐帧动画；
- 形状补间动画；
- 传统补间动画；
- 基于传统补间的路径动画；
- 自定义缓入缓出动画。

5.1 帧

帧就是影像动画中最小单位的单幅影像画面，相当于电影胶片上的每一个镜头。一帧就是一幅静止的画面，连续的帧就形成动画。按照视觉暂留的原理每一帧都是静止的图像，快速连续地显示帧便形成了运动的假象。本节将要从帧的基本概念入手，学习帧的基本操作，从而深入理解动画的原理。

5.1.1 帧的基本概念

在 Flash 文档中，帧表现在"时间轴面板"上，外在特征是一个个小方格。它是播放时间的具体化表现，也是动画播放的最小时间单位，可以用来设置动画运动的方式、播放的顺序及时间等。每 5 帧有个"帧序号"标识

视频讲解

（呈灰色显示，其他的呈白色显示）。根据性质的不同，可以把"帧"分为"关键帧"和"普通帧"。

1. 关键帧

关键帧定义了动画的变化环节，逐帧动画的每一帧都是关键帧。传统补间动画在动画的重要点上创建关键帧，再由 Flash 自动创建关键帧之间的内容。黑色实心圆点 是有内容的关键帧，即实关键帧。无内容的关键帧（即空白关键帧）则用空心圆点 表示。

2. 普通帧

普通帧显示为一个个普通的单元格。空白的单元格是无内容的帧，有内容的帧显示一

定的颜色。不同的颜色代表不同类型的动画,如传统补间动画的帧显示为浅紫色,形状补间动画的帧显示为浅绿色。关键帧后的普通帧显示为灰色。关键帧后面的普通帧将继承和延伸该关键帧的内容。

3．播放头

播放头指示当前显示在舞台中的帧,将播放头沿着时间轴移动,可以轻易地定位当前帧。用红色矩形█表示,红色矩形下面的红色细线所经过的帧表示该帧目前正处于"播放帧"。

5.1.2　帧操作

Flash 动画的制作过程离不开对帧的操作,掌握对帧的各种操作方法是很重要的。

视频讲解

1．选择帧

动画中的帧有很多,在操作中首先要准确定位和选择相应的帧,然后才能对帧进行其他操作。如果选择某单帧来操作,可以直接单击该帧;如果要选择很多连续的帧,无论正在使用的是哪种绘图工具,都可以在要选择的帧的起始位置处单击,然后拖曳光标到要选择的帧的终点位置,此时所有被选中的帧都显示为黑色的背景,那么下面的操作就是针对这些帧了,如图 5-1 所示。

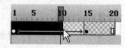

图 5-1　选择帧

专家点拨　在同时选择连续的多个帧时,还可以先单击起点帧,按住 Shift 键再单击需要选取的连续帧的最后一帧。另外,按住 Ctrl 键单击时间轴上的帧,可以选取多个不连续的帧。

2．翻转帧

在创作动画时,一般是把动画按顺序从头播放,但有时也会把动画再反过来播放,创造另外一种效果。这可以利用"翻转帧"命令来实现。它是指将整个动画从后往前播放,即原来的第一帧变成最后一帧,原来的最后一帧变成第一帧,整体调换位置。

具体操作步骤是,首先选定需要翻转的所有帧,然后在帧格上右击,在弹出的快捷菜单中选择"翻转帧"命令即可,如图 5-2 所示。

3．移动播放头

使用播放头可以观察正在编辑的帧内容以及选择要处理的帧,并且通过移动播放头能观看影片的播放。例如,向后移动播放头,可以从前到后按正常顺序来观看影片,如果由后到前移动播放头,那么看到的就是动画的回放内容。

播放头的红色垂直线一直延伸到底层,选择时间轴标尺上的一个帧并单击,就把播放头移到了指定的帧,或单击层上的任意一帧,也会在标尺上跳转到与该帧相对应的帧数目位置。所有层在这一帧的共同内容就是在工作区当前所看到的内容。

如果要拖曳播放头,可以在时间轴表示帧数目的背景上单击并左右拉动播放头。

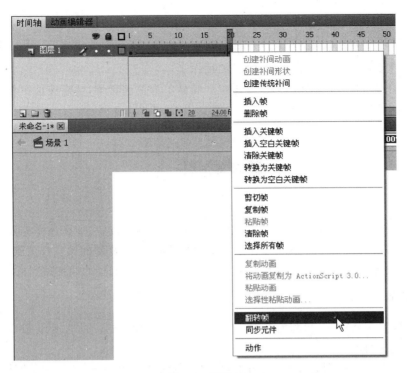

图 5-2 翻转帧

4．添加帧

制作动画时，根据需要常常要添加帧。例如，作为背景的帧，如果只存在一帧，那么从第二帧开始的动画就没有了背景。要为作为背景的帧继续添加相同的帧，那么在要添加的帧处右击，在弹出的快捷菜单中选择"插入帧"命令（也可以选择"插入"|"时间轴"|"帧"命令），这样就可以将该帧持续一定的显示时间了。

除了普通帧，可以根据不同的需求创建不同类型的帧，主要有两种：关键帧和空白关键帧。系统默认第一帧为空白关键帧，也就是没有任何内容的关键帧，它的外观是白色方格中间显示一个空心小圆圈。当在空白关键帧对应的舞台上创建对象后，这个空白关键帧就变成了关键帧，这时帧的外观是灰色方格中出现一个黑色小圆圈。

如果要在关键帧后面再建立一个关键帧，可以在时间轴面板所需插入的位置上右击，这时会弹出一个快捷菜单，选择其中的"插入关键帧"命令即可；也可以选择"插入"|"时间轴"|"关键帧"命令。如果要同时创建多个关键帧，只要用鼠标选择多个帧的单元格，右击，在弹出的快捷菜单中选择"插入关键帧"命令即可。

如果要创建空白关键帧，可以在时间轴面板所需插入的位置上选择一个单元格，右击，在弹出的快捷菜单中选择"插入空白关键帧"命令即可。也可以选择"插入"|"时间轴"|"插入空白关键帧"命令来完成。

专家点拨 创建关键帧和普通帧是在动画制作过程中频繁进行的操作，因此一般使用快捷键进行操作。插入普通帧按 F5 键，插入关键帧按 F6 键，插入空白关键帧按 F7 键。

5. 移动和复制帧

在制作动画过程中,有时会将某一帧的位置进行调整,也有可能是多个帧甚至一层上的所有帧整体移动,此时就要用到"移动帧"的操作了。

首先使用选取这些要移动的帧,被选中的帧显示为黑色背景,然后按住鼠标左键拖曳到需要移动到的新位置,释放左键,帧的位置就变化了,如图5-3所示。

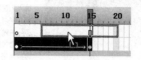

图5-3　移动帧

如果既要插入帧又要把编辑制作完成的帧直接复制到新位置,那么还是先要选中这些需要复制的帧,右击,在弹出的快捷菜单中选择"复制帧"命令,被复制的帧已经放到了剪贴板上,右击新位置,在弹出的菜单中选择"粘贴帧"命令,就可以将所选择的帧粘贴到指定位置。

6. 删除帧

当某些帧已经无用了,可将它删除。由于 Flash 中帧的类型不同,所以删除的方法也不同。下面分别进行介绍。

如果只是将关键帧变为普通帧,右击,在弹出的快捷菜单中选择"清除关键帧"命令。或选择需要清除的关键帧,选择"插入"|"时间轴"|"清除关键帧"命令即可。在时间轴上,关键帧清除前后的变化,如图5-4所示。

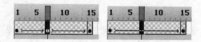

图5-4　清除关键帧的前后对比

如果要删除帧(不管是什么类型的帧),将要删除的帧选中,右击,在弹出的快捷菜单中选择"删除帧"命令就可以了。

5.2　逐帧动画

逐帧动画是一种常见的动画形式,其原理是在"连续的关键帧"中分解动画动作,也就是在时间轴的每帧上逐帧绘制不同的画面,使其连续播放而成动画。

5.2.1　逐帧动画的制作方法

逐帧动画是最传统的动画方式,是通过细微差别的连续帧画面来完成动画作品。相当于在一本书的连续若干页的页脚都画上图形,快速地翻动书页,就会出现连续的动画一样。

视频讲解

逐帧动画的制作方法包括两个要点,一是添加若干个连续的关键帧;二是在关键帧中创建不同的,但有一定关联的画面。下面通过一个"火柴小人"的简单动画介绍逐帧动画的制作方法。

（1）新建一个 Flash 影片文档，保持文档参数的默认设置。

（2）选择"椭圆工具"，设置"笔触颜色"为无，"填充颜色"为黑色。在舞台绘制一个圆形，作为小人的头部。

（3）选择"线条工具"，在"属性"面板中设置"笔触颜色"为黑色，"笔触高度"为 5。在舞台上绘制几个线条，作为小人的四肢，如图 5-5 所示。

（4）选择第 5 帧，按 F6 键插入一个关键帧，将这个帧上的小人图形进行修改。修改过程如图 5-6 所示。具体方法是，用一个红色线条分割代表手臂的线条，删除不需要的线条后再绘制一个黑色斜线。

图 5-5　第 1 帧上的小人图形

图 5-6　第 5 帧上的小人图形的修改过程

（5）选择第 10 帧，按 F6 键插入一个关键帧，将这个帧上的小人图形进行修改。最后效果如图 5-7 所示。修改方法和步骤（4）类似。

（6）分别在第 15、第 20、第 25、第 30 和第 35 帧插入关键帧，并且分别修改相应的小人图形，效果如图 5-8 所示。

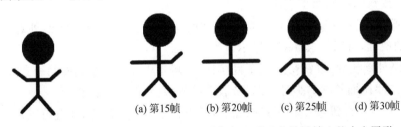

(a) 第15帧　　(b) 第20帧　　(c) 第25帧　　(d) 第30帧　　(e) 第35帧

图 5-7　第 10 帧上的小人图形　　　　图 5-8　后 5 个关键帧上的小人图形

（7）选择第 39 帧，按 F5 键插入帧。

（8）这样，逐帧动画的效果就完成了。按下 Ctrl＋Enter 键测试动画，可以看到火柴小人手臂舞动的效果。

5.2.2　绘图纸功能

绘图纸是一个帮助定位和编辑动画的辅助功能，这个功能对制作逐帧动画特别有用。通常情况下，Flash 在舞台中一次只能显示动画序列的单个帧。使用绘图纸功能后，就可以在舞台中一次查看两个或多个帧了。

视频讲解

因为逐帧动画的各帧画面有相似之处，所以如果要一帧一帧绘制，工作量不但大，而且定位会非常困难。这时如果用绘图纸功能，一次查看和编辑多个帧，对制作细腻的逐帧动画将有很大的帮助。图 5-9 所示是使用了绘图纸功能后的场景。可以看出，当前帧中的画面用全彩色显示，其他帧的画面以半透明显示，这样看起来好像所有帧内容是画在一张半透明的绘图纸上,这些内容相互层叠在一起。当然,这时只能编辑当前帧的画面内容。但是其他帧的画面可以作为参考,对当前帧的画面的编辑起到辅助功能。

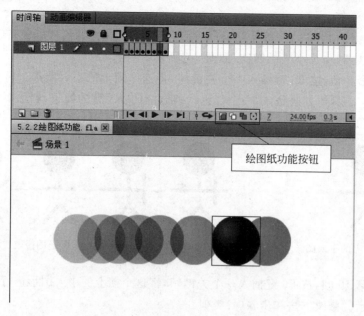

图 5-9　同时显示多帧内容的变化

绘图纸各个按钮的功能如下所述。

(1)"绘图纸外观"按钮█:按下此按钮后,在时间轴的上方,出现绘图纸外观标记██。拉动外观标记的两端,可以扩大或缩小显示范围。

(2)"绘图纸外观轮廓"按钮█:按下此按钮后,场景中显示各帧画面的轮廓线,填充色消失,特别适合观察画面轮廓。另外,可以节省系统资源,加快显示过程。

(3)"编辑多个帧"按钮█:按下此按钮后,可以显示全部帧内容,并且可以进行多帧同时编辑。

(4)"修改标记"按钮█:按下此按钮后,弹出下拉菜单,菜单中有以下选项。

- "始终显示标记"选项:会在时间轴标题中显示绘图纸外观标记,无论绘图纸外观是否打开。
- "锚定标记"选项:会将绘图纸外观标记锁定在它们在时间轴标题中的当前位置。通常情况下,绘图纸外观范围是和当前帧的指针以及绘图纸外观标记相关的。通过锚定绘图纸外观标记,可以防止它们随当前帧的指针移动。
- "标记范围2"选项:会在当前帧的两边显示两个帧。
- "标记范围5"选项:会在当前帧的两边显示5个帧。
- "标记整个范围"选项:会在当前帧的两边显示全部帧。

专家点拨　绘图纸就像洋葱皮那样是一层套一层的显示方式,在编辑动画时能够一次性看到多个帧的画面。需要注意的是,绘图纸功能不能使用在已经被锁定的图层上,若要在该图层使用绘图纸功能,应该首先解除对图层的锁定。

5.2.3　实战范例：人物行走动画

视频讲解

下面利用逐帧动画制作一个人物原地行走的动画效果，范例效果如图 5-10 所示。这里之所以制作人物原地行走的动画效果，是为了简化本范例制作技术的目的。在本范例动画效果的基础上，如果想实现人物真实行走的动画效果，还要使用 Flash 的补间动画技术，这些技术将在后面的章节中介绍。

本范例的具体制作步骤如下所述。

（1）新建一个 Flash 影片文档。保持影片文档的默认设置。

（2）选择"文件"|"导入"|"导入到库"命令，打开"导入到库"对话框，在其中选择需要导入的图像素材（共 12 张人物行走动作图像），如图 5-11 所示。单击"打开"按钮，即可将图像素材导入到"库"面板中。

图 5-10　人物走路动画

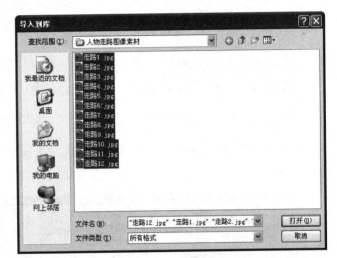

图 5-11　"导入到库"对话框

专家点拨　在 Flash 中制作人物行走动画时，通常都是通过逐帧动画来完成。在每个关键帧中创建人物行走动作的细微变化，可以用绘图工具直接在每个关键帧上绘制卡通人物的动作，但是这需要制作者具备很高的绘图能力，为了简化本范例的制作过程，这里直接提供了卡通人物行走动作的图像素材。

（3）打开"库"面板，将其中的"走路 1.jpg"位图拖放到舞台中央。

（4）选择第 2 帧，按 F6 键插入关键帧。选中第 2 帧上的卡通人物图像，在"属性"面板中单击"交换"按钮，打开"交换位图"对话框，在其中选择"走路 2.jpg"位图，如图 5-12 所示。单击"确定"按钮。这样，第 2 帧上的卡通人物图像就被更换为需要的人物行走动作图像了。

（5）按照先插入关键帧再交换位图的类似方法，从第 3 帧开始进行操作，一直到第 12 帧为止。完成后的图层结构如图 5-13 所示。

（6）按 Enter 键观看动画效果，可以看到人物原地行走的动画效果。但是行走的速度太快，下面把行走速度降低一些。

（7）单击选中第 1 帧，连续按 F5 键 4 次。此时的图层结构如图 5-14 所示。

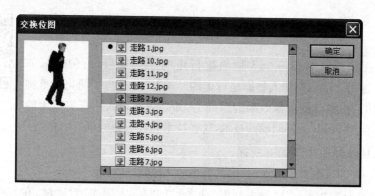

图 5-12　"交换位图"对话框

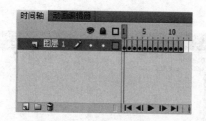

图 5-13　创建 12 个关键帧

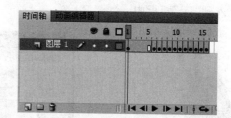

图 5-14　添加 4 个普通帧

（8）按照同样的方法，在每个关键帧后面插入 4 个普通帧。完成操作后的图层结构如图 5-15 所示。

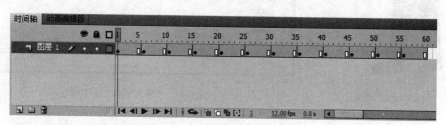

图 5-15　图层结构

（9）按 Ctrl＋Enter 键测试影片，观看动画效果。

专家点拨　本范例是利用导入外部图像素材的方式进行制作的，其实人物行走动画通常都是利用鼠绘的方法制作的。本书配套光盘上提供了一个人物行走动画源文件"人物行走（鼠绘）.fla"，请读者自行打开研究。

5.3　形状补间动画

通过形状补间可以创建类似于形变的动画效果，使一个形状逐渐变成另一个形状。利用形状补间动画可以制作人物头发飘动、人物衣服摆动、窗帘飘动等动画效果。

5.3.1 形状补间动画的制作方法

形状补间动画的基本制作方法是,在一个关键帧上绘制一个形状,然后在另一个关键帧更改该形状或绘制另一个形状。定义形状补间动画后,Flash 自动补上中间的形状渐变过程。

视频讲解

下面制作一个圆形变成矩形的动画效果。

(1)新建一个 Flash 影片文档,保持文档属性默认设置。

(2)选择"多角星形工具",在舞台上绘制一个无边框红色填充的五边形,如图 5-16 所示。

(3)在"图层 1"的第 20 帧,按 F7 键插入一个空白关键帧。用"多角星形工具"绘制一个无边框红色填充的五角星,如图 5-17 所示。

图 5-16 绘制一个五边形

图 5-17 绘制一个五角星

专家点拨 绘制五边形和五角星时,一定要保证"绘图"面板中的"对象绘制"按钮不被按下,这样才能绘制出需要的形状。

(4)选择第 1 帧,右击,在弹出的快捷菜单中选择"创建补间形状"命令。这时,"图层 1"第 1～第 20 帧之间出现了一条带箭头的实线,并且第 1～第 20 帧之间帧格的灰底发生改变,如图 5-18 所示。

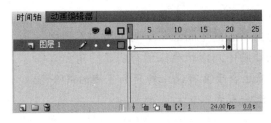

图 5-18 形状补间动画的时间轴面板

(5)这样就制作完成了一个形状补间动画。按 Enter 键,可以看到一个五边形逐渐变化为五角星的动画效果。

(6)形状补间动画除了可以制作形状的变形动画,也可以制作形状的位置、大小、颜色变化的动画效果。选择第 20 帧上的五角星,将它的填充颜色更改为黄色。

(7)再按 Enter 键,可以看到一个五边形逐渐变化为五角星,并且同时图形颜色由红色逐渐过渡为黄色。

5.3.2 形状补间动画的参数设置

定义了形状补间动画后,在"属性"面板的"补间"栏可以进一步设置相应的参数,以使得动画效果更丰富,如图5-19所示。

视频讲解

图5-19 "属性"面板

1. "缓动"选项

将鼠标指针指向"缓动"右边的缓动值,会出现小手标志,拖曳即可设置参数值。也可以直接单击缓动值,然后在文本框中输入具体的数值,设置完后,动画效果会作出相应的变化。具体情况如下所述。

* 在-1~-100的负值之间,动画的速度从慢到快,朝动画结束的方向加速补间。
* 在1~100的正值之间,动画的速度从快到慢,朝动画结束的方向减慢补间。
* 默认情况下,补间帧之间的变化速率是不变的。

2. "混合"选项

这个选项的下拉列表框中有两个选项:
* "分布式":创建的动画的中间形状更为平滑和不规则。
* "角形":创建的动画中间形状会保留有明显的角和直线。

专家点拨 "角形"只适合于具有锐化转角和直线的混合形状。如果选择的形状没有角,Flash会还原到分布式形状补间动画。

5.3.3 添加形状提示

要控制更加复杂或特殊的形状变化,可以使用形状提示。形状提示会标识起始形状和结束形状中相对应的点。例如,如果要通过补间形状制作一个改变人物脸部表情的动画时,可以使用形状提示来标记每只眼睛。这样在形状发生变化时,脸部就不会乱成一团,每只眼睛还都可以辨认。

下面用一个简单的数字转换效果,来说明形状提示的妙用。

(1)新建一个Flash影片文档,保持文档属性默认设置。

(2)选择"文本工具"。在"属性"面板中设置字体为Arial Black,字体大小为150,文本颜色为黑色。

（3）在舞台上单击，输入数字 1。选择"修改"｜"分离"命令，将数字分离成形状，如图 5-20 所示。

（4）选择"图层 1"第 20 帧，按 F7 插入一个空白关键帧。选择"文本工具"，输入数字 2。

（5）同样把这个数字 2 分离成形状，如图 5-21 所示。

图 5-20　将数字分离成形状　　　　　图 5-21　第 20 帧上的数字形状

（6）选择第 1 帧，右击，在弹出的快捷菜单中选择"创建补间形状"命令定义形状补间动画。

（7）按 Enter 键，可以观察到数字 1 变形为数字 2 的动画效果。但是这个变形过程很乱，不太符合需要的效果。下面添加变形提示以改进动画效果。

（8）选择"图层 1"的第 1 帧，选择"修改"｜"形状"｜"添加形状提示"命令两次。这时舞台上会连续出现两个红色的变形提示点（重叠在一起），如图 5-22 所示。

（9）在主工具栏中，确认"贴紧至对象"按钮 处于被按下状态，调整第 1 和第 20 帧处的形状提示，如图 5-23 所示。

(a) 第1帧　　　(b) 第20帧

图 5-22　添加两个变形提示点　　　　图 5-23　调整提示点

（10）调整好后在旁边空白处单击，提示点的颜色会发生变化。第 1 帧上的变为黄色，第 20 帧上的变为绿色。

（11）再次按 Enter 键，可以观察到数字 1 变形为数字 2 的动画效果已经比较美观了。数字转换的过程是按照添加的提示点进行的。

专家点拨　在 Flash 中形状提示点的编号从 a～z 共有 26 个。在使用形状提示时，并不是提示点越多效果越好。有时，过多的提示点反而会使补间形状动画异常。在添加提示点时，应首先预览动画效果，只在动画不太自然的位置添加提示点。

5.3.4　实战范例：摇曳的烛光

本节利用形状补间动画制作一个动画范例——摇曳的烛光。夜晚，烛光在欢快地燃烧和跳动，泛着美丽的光晕，十分漂亮。范例效果如图 5-24 所示。

视频讲解

图 5-24　摇曳的烛光

本范例的制作步骤如下。

1．制作蜡烛杆

（1）新建一个 Flash 影片文档，设置舞台背景为黑色，其他参数保持默认设置。

（2）将"图层1"改名为"蜡烛杆"。在这个图层用椭圆工具绘制一个"笔触颜色"为白色、无填充色的椭圆。按下 Ctrl 键向下拖曳椭圆，得到一个椭圆副本。用线条工具绘制两条直线连接两个椭圆。最后删除下面椭圆内侧的一个圆弧。这样就得到一个圆柱体图形。制作示意图如图 5-25 所示。

（3）选择颜料桶工具，在"颜色"面板中设置填充颜色为"径向渐变"，4 个渐变色块从左到右的颜色值依次为＃FDA682、＃FC6525、＃DA4303、＃8E2C02。用"颜料桶工具"单击填充圆柱体的侧面，并且用"渐变变形工具"将变形中心点调整到圆柱体侧面的顶部，如图 5-26 所示。

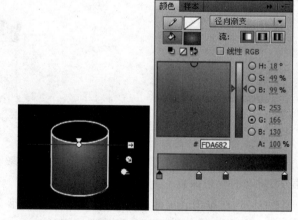

图 5-25　圆柱体图形的制作示意图　　　　图 5-26　填充圆柱体侧面

（4）下面设置圆柱体顶面的填充色。在"颜色"面板中设置填充颜色为"径向渐变"，6 个渐变色块从左到右的颜色值依次为＃FCA783、＃FCB347、＃FC8958、＃FDC48A、＃DA4303、＃8E2C02。用"颜料桶工具"单击填充圆柱体的顶面，并且用"渐变变形工具"进行调整，如图 5-27 所示。

（5）将蜡烛图形原来的白色笔触删除。至此，一个蜡烛杆就制作完成了。效果如图 5-28 所示。

（6）新插入一个图层，改名为"蜡烛芯"。在这个图层上，用刷子工具绘制一个如图 5-29 所示的蜡烛芯。蜡烛芯的填充颜色值为＃541101。

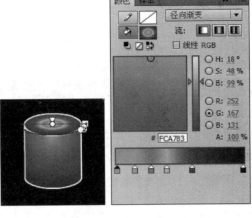

图 5-27 填充圆柱体顶面

图 5-28 蜡烛杆

图 5-29 添上蜡烛芯

2. 用形状补间动画制作蜡烛火焰效果

（1）新插入一个图层，改名为"蜡烛火焰"。选择椭圆工具，打开"颜色"面板，在其中设置"笔触颜色"为无，设置"填充颜色"为线性渐变。两个渐变色块的颜色值从左到右依次是♯FFFF99、♯9E8E03，两个渐变色块的 Alpha 值从左到右依次是 100％、30％。设置完成后，在舞台上绘制一个椭圆，并且用"渐变变形工具"进行调整，如图 5-30 所示。

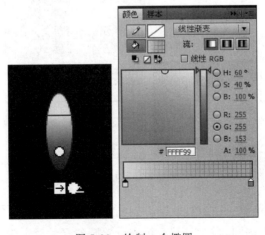

图 5-30 绘制一个椭圆

（2）在"蜡烛火焰"图层的第5、第9、第13、第17、第21、第25和第29帧分别插入关键帧。

（3）用选择工具分别调整各个关键帧上的椭圆形状，将它们调整成火焰燃烧的形状，如图5-31所示。

图5-31　各个关键帧上的火焰形状

专家点拨　在调整时，注意不要将形状幅度调整得太大，否则可能会出现变形混乱的现象。

（4）选择第1帧，右击，在弹出的快捷菜单中选择"创建补间形状"命令，这样就定义了第1～第5帧的形状补间动画。按照同样的方法依次定义每两个关键帧之间的形状补间动画。

（5）按Enter键观看动画效果。如果发现有变形混乱的现象出现，说明某个关键帧上火焰形状调整的幅度太大。可以重新对这个火焰形状进行调整，直到符合要求为止。

3. 用形状补间制作光晕效果

（1）新插入一个图层，改名为"光晕"。选择椭圆工具，打开"颜色"面板，在其中设置"笔触颜色"为无，设置"填充颜色"为"径向渐变"。3个渐变色块的颜色值从左到右依次是♯F4F402、♯FCE725、♯FCF08B，3个渐变色块的Alpha值从左到右依次是100%、70%、0。在舞台上绘制一个圆，让它代表蜡烛燃烧的光晕，如图5-32所示。

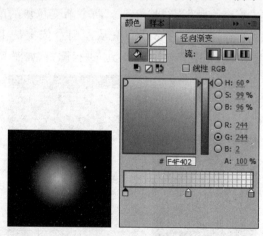

图5-32　绘制光晕

（2）在"光晕"图层的第15和第29帧分别插入关键帧。

（3）选择第15帧上的圆，在"变形"面板中设置圆的尺寸放大到150%。

（4）选择第 1 帧，右击，在弹出的快捷菜单中选择"创建补间形状"命令，这样就定义了第 1～第 15 帧的形状补间动画。按照同样的方法定义第 15～第 29 帧的形状补间动画。

（5）至此，本范例制作完成。图层结构如图 5-33 所示。

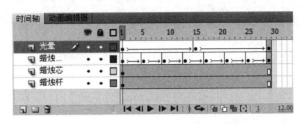

图 5-33　图层结构

5.4　传统补间动画

在某一个时间点（也就是一个关键帧）可以设置实例、组或文本等对象的位置、尺寸和旋转等属性，在另一个时间点（也就是另一个关键帧）可以改变对象的这些属性。在这两个关键帧间定义了传统补间，Flash 就会自动补上中间的动画过程。

5.4.1　传统补间动画的创建方法

构成传统补间动画的对象包括元件（影片剪辑元件、图形元件、按钮元件）、文字、位图、组等，但不能是形状，只有把形状组合成"组"或转换成"元件"后才可以成为传统补间动画中的"演员"。

视频讲解

下面制作一个飞机飞行的动画效果。

（1）新建一个 Flash 影片文档，设置舞台背景色为蓝色，其他保持默认。

（2）选择"文本工具"。在"属性"面板中设置"文本引擎"为传统文本，"系列"为 Webdings，"大小"为 100 点，"颜色"为白色。

（3）在舞台上单击，然后按 J 键，这样舞台上就出现一个飞机符号。将这个飞机符号拖曳到舞台的右上角，如图 5-34 所示。

（4）选择"图层 1"的第 35 帧，按 F6 键插入一个关键帧。

（5）把第 35 帧上的飞机移动到舞台的左下角，如图 5-35 所示。

图 5-34　输入飞机符号

图 5-35　第 35 帧上的飞机位置

(6) 选择第 1～第 35 帧的任意一帧,右击,在弹出的快捷菜单中选择"创建传统补间"命令,如图 5-36 所示。

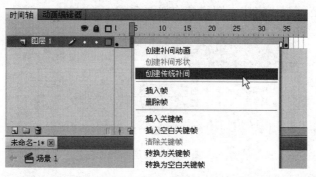

图 5-36　定义传统补间

(7) 这时,"图层 1"第 1～第 35 帧出现了一条带箭头的实线,并且第 1～第 35 帧的帧格变成淡紫色,如图 5-37 所示。

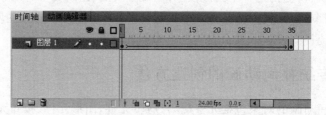

图 5-37　传统补间动画的时间轴面板

(8) 这样就完成了一个传统补间动画的制作。按 Enter 键,可以看到飞机从舞台右上角飞行到舞台左下角的动画效果。

专家点拨　创建传统补间动画,还可以在起始关键帧和终止关键帧间的任意一帧上单击,然后执行"插入"|"传统补间"菜单命令。当需要取消创建的传统补间动画时,可以任选一帧右击,在弹出的快捷菜单中选择"删除补间"命令。

5.4.2　传统补间的参数设置

定义了传统补间后,在"属性"面板的"补间"栏中可以进一步设置相应的参数,以使动画效果更丰富,如图 5-38 所示。

图 5-38　"属性"面板

1．"缓动"选项

鼠标指向缓动值直接拖曳或在缓动值上单击输入，可以设置缓动值。设置完后，传统补间会以下面的设置作出相应的变化。

- 在－1～－100 的负值中，动画运动的速度从慢到快，朝运动结束的方向加速补间。
- 在 1～100 的正值中，动画运动的速度从快到慢，朝运动结束的方向减慢补间。
- 默认情况下，补间帧之间的变化速率是不变的。

在"缓动"选项右边有一个"编辑缓动"按钮 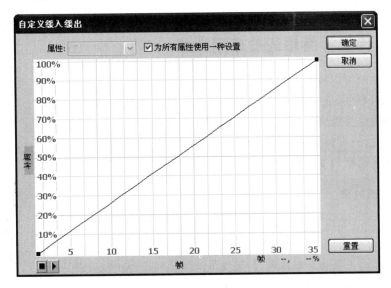，单击它，弹出"自定义缓入缓出"对话框，如图 5-39 所示。利用这个功能，可以制作更加丰富的动画效果。

图 5-39 "自定义缓入缓出"对话框

2．"旋转"选项

"旋转"下拉列表框中包括 4 个选项。选择"无"（默认设置）可禁止元件旋转；选择"自动"可使元件在需要最小动作的方向上旋转对象一次；选择"顺时针"（CW）或"逆时针"（CCW），并在后面输入数字，可使元件在运动时顺时针或逆时针旋转相应的圈数。

3．"贴紧"复选框

选中此复选框，可以根据注册点将补间对象附加到运动路径，此项功能主要用于引导路径动画。

4．"调整到路径"复选框

将补间对象的基线调整到运动路径，此项功能主要用于引导路径动画。在定义引导路径动画时，选中这个复选框，动画对象会根据路径调整身姿，动画也会更逼真。

5."同步"复选框

选中此复选框,使图形元件的动画和主时间轴同步。

6."缩放"复选框

在制作传统补间动画时,如果在终点关键帧上更改了动画对象的大小,那么这个"缩放"复选框选中与否就影响动画的效果。

如果选中了这个复选框,那么就可以将大小变化的动画效果补出来。也就是说,可以看到动画对象从大逐渐变小(或从小逐渐变大)的效果。

如果没有选中这个复选框,那么大小变化的动画效果就补不出来。默认情况下,"缩放"选项自动被选中。

5.4.3 传统补间动画的应用分析

视频讲解

传统补间动画可以将动画对象各种属性的变化效果补出来,这些属性包括位置、大小、颜色、透明度、旋转、倾斜、滤镜参数等。但是,这并不是说针对任何一种对象类型都能把这些属性的变化呈现出来。例如,对于透明度这个属性来说,只有传统补间动画的"演员"是图形元件或影片剪辑元件时,才能在传统补间动画中定义透明度的变化效果。

1. 缩放动画效果

(1)新建一个 Flash 影片文档,文档属性保持默认。

(2)选择"多角星形工具",在绘图工具箱的下边选中"对象绘制"功能。在"属性"面板中设置笔触色为无,填充颜色为红色。接着单击"选项"按钮,在弹出的对话框中设置"类型"为"星形",边数为 5。

视频讲解

(3)在舞台上绘制一个五角星,这是一个绘制对象,如图 5-40 所示。

(4)选择"图层 1"的第 30 帧,按 F6 键插入一个关键帧。

(5)选中第 30 帧上的五角星,打开"变形"面板,约束宽和高的比例,在"缩放宽度"文本框中输入 200%,"缩放高度"文本框中也自动变为 200%,如图 5-41 所示。

图 5-40 绘制五角形

图 5-41 "变形"面板

（6）选择第 1～第 30 帧间的任意一帧，右击，在弹出的快捷菜单中选择"创建传统补间"命令。

（7）这样就完成了一个形状缩放动画的制作，按 Enter 键观看动画效果。

2．颜色变化效果

下面制作五角星从红色逐渐变为黄色的动画效果。接着上面的步骤继续操作。

（1）选中第 30 帧上的五角星，在"属性"面板中单击"填充颜色"按钮，在弹出的调色板中设置颜色为黄色。

（2）按 Enter 键观看动画效果，看到五角星从小逐渐变化到大。但是颜色并没有从红色逐渐过渡为黄色，没有达到期望的目标。这说明对于绘制对象这种类型的"演员"，在传统补间动画中不能直接实现颜色属性的变化。如果想实现颜色变化的动画效果，必须改变"演员"的类型。

（3）新建一个 Flash 影片文档。选择"多角星形工具"，在舞台上绘制一个红色没有边框的五角星。选中这个五角星，选择"编辑"|"转换为元件"命令，弹出"转换为元件"对话框，在"名称"文本框中输入一个元件名称，选择"类型"为"图形"，如图 5-42 所示。单击"确定"按钮，这样舞台上的五角星就变成了图形元件的一个实例。

图 5-42　"转换为元件"对话框

（4）选择"图层 1"的第 30 帧，按 F6 键插入一个关键帧。选中第 30 帧上的五角星，打开"变形"面板，将五角星的尺寸放大到 200％。选择第 1～第 30 帧之间的任意一帧，右击，在弹出的快捷菜单中选择"创建传统补间"命令。

（5）选中第 30 帧上的五角星实例，在"属性"面板中的"色彩效果"栏选择"样式"下拉列表框中的"色调"选项，然后单击"色调"右侧的色块按钮，在弹出的调色板中选择黄色，如图 5-43 所示。

（6）按 Enter 键观看动画效果，看到五角星从小逐渐变化到大，并且颜色从红色逐渐过渡为黄色。

3．旋转动画效果

下面制作五角星旋转的动画效果。接着上面的步骤继续操作。

（1）选择第 1 帧，在"属性"面板中的"补间"栏选择"旋转"下拉列表框中的"顺时针"选项。

（2）在"旋转"选项后面的文本框中输入 2，如图 5-44 所示。

（3）按 Enter 键观看动画效果，可以看到五角星顺时针旋转两圈的动画效果。

图 5-43　设置色调

图 5-44　设置旋转参数

4. 淡入淡出效果

（1）新建一个 Flash 影片文档，文档属性保持默认。

（2）选择"文本工具"，在"属性"面板中设置"文本引擎"为传统文本，"系列"为黑体，"大小"为 38 点，"颜色"为黑色。

（3）在舞台上单击，然后输入文字"淡入淡出效果"。选中这个文本，选择"修改"|"转换为元件"命令，将这个文本对象转换为图形元件。

（4）选择"图层 1"的第 20 帧，按 F6 键插入一个关键帧。

（5）选择第 1 帧上的实例，在"属性"面板的"色彩效果"栏中选择"样式"下拉列表框中的 Alpha 选项，设置 Alpha 值为 2%，如图 5-45 所示。

（6）选择第 1～第 20 帧之间的任意一帧，右击，在弹出的快捷菜单中选择"创建传统补间"命令。

（7）这样就完成了一个文字淡入的动画效果，按 Enter 键观看动画效果。

（8）下面制作文字淡出的动画效果。右击第 1 帧，在弹出的快捷菜单中选择"复制帧"命令。

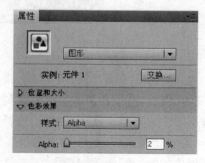

图 5-45　设置 Alpha 值

（9）右击第 40 帧，在弹出的快捷菜单中选择"粘贴帧"命令。

（10）选择第 20～第 40 帧之间的任意一帧，右击，在弹出的快捷菜单中选择"创建传统补间"命令。

（11）再按 Enter 键观看动画效果，可以看到了文字淡入淡出的动画效果。

专家点拨　对于"组"对象，在定义它的传统补间动画时，只能将它的位置、大小、旋转、倾斜等属性的变化效果补出来。但是由于"组"对象没有透明度（Alpha）属性，所以就不能制作"组"对象的透明度补间动画效果。如果要制作透明度补间动画效果（如淡入淡出动画），就必须使用元件。

5. 逐渐模糊的动画效果

（1）新建一个 Flash 影片文档,文档属性保持默认。

（2）选择"文本工具",在"属性"面板中设置"文本引擎"为传统文本,"系列"为黑体,"大小"为 30 点,"颜色"为黑色。在舞台上单击,然后输入文字"模糊效果演示"。

（3）选择"图层 1"的第 30 帧,按 F6 键插入一个关键帧。

（4）选择第 1 帧上的文字,打开"属性"面板,在"滤镜"栏添加一个"模糊"滤镜,并设置"模糊 X"和"模糊 Y"为 2,如图 5-46 所示。

（5）选择第 30 帧上的文字,在"滤镜"栏添加一个"模糊"滤镜,并设置"模糊 X"和"模糊 Y"为 10,如图 5-47 所示。

图 5-46　第 1 帧上的文字模糊滤镜设置　　　　图 5-47　第 30 帧上的文字模糊滤镜设置

（6）选择第 1～第 30 帧中的任意一帧,右击,在弹出的快捷菜单中选择"创建传统补间"命令。

（7）按 Enter 键观看动画效果,可以看到了文字逐渐模糊的动画效果。

专家点拨　补间动画可以将滤镜参数的变化效果呈现出来,这样为制作丰富多彩的动画提供了更广阔的空间。有关滤镜的详细内容请参阅第 4 章的相关内容。

5.4.4　实战范例:网络广告

视频讲解

传统补间动画是 Flash 动画类型中最基础的一种动画类型,是很多动画作品的基石,用途十分广泛。下面利用传统补间动画制作一个网络广告动画范例,效果如图 5-48 所示。这个动画主要使用的就是传统补间动画技术,由若干个传统补间动画效果连接和叠加而成。

本范例的制作步骤如下所述。

1. 新建文档和制作动画背景

（1）新建一个 Flash 影片文档,设置舞台尺寸为 250 像素×200 像素,其他参数保持默认设置。

（2）将"图层 1"改名为"背景"。在这个图层上用"矩

图 5-48　网络广告

形工具"绘制一个没有边框、填充色为深蓝色到浅蓝色的线性渐变色、尺寸为 250 像素×200 像素的矩形。在"属性"面板中设置这个矩形的坐标为(0,0),使之和背景完全重合。

（3）选择"文件"|"导入"|"导入到库"命令,将 3 个图像文件"封面 1.jpg""封面 2.jpg"

"封面3.jpg"导入到"库"面板中。

2. 制作气球

(1)选择"插入"|"新建元件"命令,打开"创建新元件"对话框,在其中的"名称"文本框中输入"红气球",在"类型"下拉列表框中选择"图形",如图5-49所示。

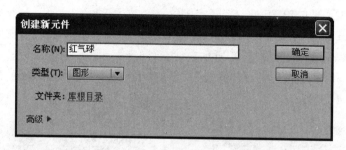

图5-49 "创建新元件"对话框

(2)单击"确定"按钮,进入到这个元件的编辑场景中。将"图层1"改名为"气球",在这个图层上用"椭圆工具"绘制一个椭圆形状,这个椭圆没有边框、填充色为浅红色到深红色的径向渐变色。再用"选择工具"将椭圆适当调整,使之更符合气球的形状。

(3)在"气球"图层上新插入一个图层,并改名为"绳子"。在这个图层上,用"钢笔工具"绘制一个紫色的曲线,用来表示捆绑气球的绳子。

(4)再插入一个图层,改名为"文字"。在这个图层上输入一个文字"课",这个文字的大小为25、颜色为白色、字体为"华文彩云"。最终效果如图5-50所示。

(5)按照同样的方法,再制作一个"紫气球"图形元件和一个"绿气球"图形元件,效果如图5-51所示。

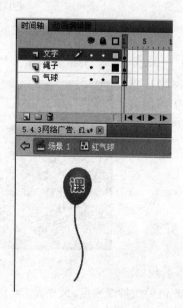

图5-50 "红气球"图形元件

图5-51 "紫气球"图形元件和
"绿气球"图形元件

3．制作动画中的其他"演员"

（1）新建一个名字为"箭"的图形元件，在这个元件的编辑场景中，利用合适的绘图工具创建一个箭图形。将来在动画中要制作这个箭射到气球上的动画片段。

（2）新建一个名字为"免费"的图形元件，在这个元件的编辑场景中，绘制一个红色的星形，并且在图形上创建"免费"这个文字，文字颜色为黄色。

（3）新建一个名字为"送书"的图形元件，在这个元件的编辑场景中，绘制一个橘黄色的星形，并且在图形上创建"送书"这个文字，文字颜色为白色。以上3个元件的效果如图5-52所示。

（4）新建一个名字为"横幅"的图形元件，在这个元件的编辑场景中，创建两个气球撑起一个广告横幅的图形，如图5-53所示。

(a) "箭"图形元件　　(b) "免费"图形元件　　(c) "送书"图形元件

图 5-52　3个元件的效果

图 5-53　"横幅"图形元件

4．制作第一段动画

（1）返回到"场景1"。在"背景"图层上新建3个图层，分别改名为"红气球""绿气球""紫气球"。

（2）打开"库"面板，分别将"红气球"图形元件、"绿气球"图形元件和"紫气球"图形元件拖放到这3个图层对应的舞台上。效果如图5-54所示。

图 5-54　将3个气球放置在舞台上

（3）新建一个图层，改名为"射箭"。将"库"面板中"箭"图形元件拖曳到舞台右下角外边，如图5-55所示。

（4）因为整个动画要延续80帧，所以这里先选择"背景"图层的第80帧，按F5键插入帧。

（5）选择"紫气球"图层的第20帧，按F5键插入帧。

（6）选择"射箭"图层的第20帧，按F6键插入一个关键帧。将第20帧上的箭移动到舞台中间的紫色气球上，如图5-56所示。

图5-55 "射箭"图层第1帧

图5-56 "射箭"图层第20帧

（7）选择第1～第20帧之间的任意一帧，右击，在弹出的快捷菜单中选择"创建传统补间"命令。这样定义了第1～第20帧的传统补间动画。

（8）按Enter键，可以看到箭移动并射中紫色气球的动画效果。箭射中紫色气球后，接下来要制作的动画效果是，紫色气球消失，另外两个气球分别向左下角和右下角移动。

（9）选择"绿气球"图层的第20和第30帧，按F6键分别插入关键帧。将第30帧上的绿色气球移动到右下角舞台的外边。选择第20～第30帧之间的任意一帧，右击，在弹出的快捷菜单中选择"创建传统补间"命令。

（10）选择"红气球"图层的第20和第30帧，按F6键分别插入关键帧。将第30帧上的红色气球移动到左下角舞台的外边。选择第20～第30帧之间的任意一帧，右击，在弹出的快捷菜单中选择"创建传统补间"命令。第30帧上绿色气球和红色气球的位置如图5-57所示。

（11）按Enter键观看动画效果。接下来制作广告词出现、旋转一圈后逐渐消失的动画效果。

（12）新建两个图层，并分别改名为"免费"和"送书"。在这两个图层的第21帧分别插入空白关键帧，将"库"面板中的"免费"图形元件和"送书"图形元件分别拖曳到对应的舞台上，如图5-58所示。

图5-57 第30帧上绿色气球和红色气球的位置

图5-58 在舞台上放置广告词

（13）为了让别人可以看清楚这两个广告词，不能马上让它们旋转，先让它们在舞台上停留片刻。所以在"免费"图层和"送书"图层的第 29 帧分别插入关键帧。这样延伸几帧，就可以让广告词停留片刻。

（14）接下来制作广告词旋转动画。在"免费"图层的第 40 帧插入关键帧，选择第 29～第 40 帧之间的任意一帧，右击，在弹出的快捷菜单中选择"创建传统补间"命令。然后在"属性"面板的"补间"栏中选择"旋转"下拉列表框中的"顺时针"，旋转次数保持默认的 1 次。按照同样的方法，定义"送书"图层第 29～第 40 帧之间的广告词逆时针旋转一次的传统补间动画。

（15）在"免费"图层和"送书"图层的第 50 帧分别插入关键帧。这样操作是为了让广告词旋转后再在舞台上停留片刻。

（16）接下来制作广告词逐渐消失的动画效果。在"免费"图层的第 60 帧插入关键帧，选中第 60 帧上的广告词，在"属性"面板中设置它的 Alpha 为 0。选择第 50～第 60 帧之间的任意一帧，右击，在弹出的快捷菜单中选择"创建传统补间"命令。按照同样的方法，定义"送书"图层第 50～第 60 帧的广告词逐渐消失的传统补间动画。

（17）至此，第一段动画就制作完成了，此时的图层结构如图 5-59 所示。

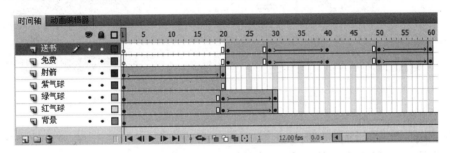

图 5-59　第一段动画完成后的图层结构

5．制作第二段动画

（1）新建一个图层，改名为"横幅"。在这个图层的第 50 帧插入一个空白关键帧。在第 50 帧上，将"库"面板中的"横幅"图形元件拖放到舞台下方的外边，如图 5-60 所示。

（2）在"横幅"图层第 80 帧插入一个关键帧。将第 80 帧上的"横幅"实例向上垂直移动到舞台上，如图 5-61 所示。

图 5-60　"横幅"图层第 50 帧

图 5-61　"横幅"图层第 80 帧

（3）选择第50～第80帧之间的任意一帧，右击，在弹出的快捷菜单中选择"创建传统补间"命令。这样就制作了一个横幅从下向上垂直移动的动画效果。

（4）在横幅开始移动的同时，3本图书分别从舞台外的上方、左方、右方旋转飞向舞台，并且图书尺寸逐渐缩小。下面来制作这个动画效果。

（5）新建一个图层，改名为"图书1"。在这个图层的第50帧插入一个空白关键帧。在第50帧上，将"库"面板中的"封面1"位图拖放到舞台右方的外边，如图5-62所示。

（6）在"图书1"图层第80帧插入一个关键帧。将第80帧上的图书移动到舞台上，并且在"变形"面板中将其尺寸缩小到30％，如图5-63所示。

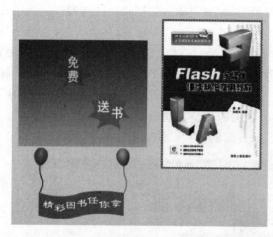

图 5-62 "图书1"图层第50帧

图 5-63 "图书1"图层第80帧

（7）选择"图书1"图层的第50～第80帧之间的任意一帧，右击，在弹出的快捷菜单中选择"创建传统补间"命令。然后在"属性"面板的"补间"栏中选择"旋转"下拉列表框中的"顺时针"，旋转次数设置为2次。

（8）再新建两个图层，分别改名为"图书2"和"图书3"。按照步骤(5)～步骤(7)同样的方法，制作另外两本图书分别从舞台左方、上方旋转飞入舞台的动画效果。

（9）最后分别在"背景"图层、"横幅"图层、"图书1"图层、"图书2"图层、"图书3"图层的第100帧添加帧。这样可以在动画播放完让对象在舞台上停留片刻。

（10）至此，整个范例制作完成，这时的图层结构如图5-64所示。

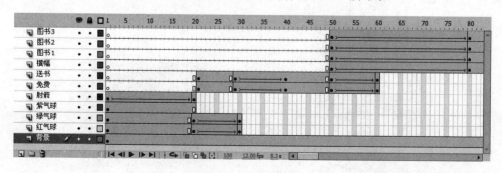

图 5-64 图层结构

专家点拨 本范例这个动画的制作方法,从技术上讲并不太复杂,主要是多次使用传统补间动画这种动画类型。但是从图层结构上讲,却比复制复杂。此类动画的制作要点是,动画片段之间的衔接和叠加要自然。在制作过程中,要不断测试动画效果,随时调整动画设计方案。

5.5 基于传统补间的路径动画

利用传统补间动画制作的位置移动动画是沿着直线进行的,可是在生活中,有很多运动路径是弧线或不规则的,如月亮围绕地球旋转、鱼儿在大海里遨游等,在 Flash 中利用"基于传统补间的路径动画"就可以制作这样的效果。将一个或多个图层链接到一个引导图层,使一个或多个对象沿同一条路径运动的动画形式被称为"路径动画"。这种动画可以使一个或多个对象完成曲线或不规则运动。

视频讲解

5.5.1 制作路径动画的方法

一个最简单的"路径动画"由两个图层组成,上面一层是"引导层",它的图层图标为 ,下面一层是"被引导层",图标为 ,同普通图层一样。

下面通过制作一个飞机沿圆周飞行的动画,讲解制作路径动画的方法。

(1)新建一个 Flash 影片文档,设置舞台背景色为蓝色,其他保持默认。

(2)选择"文本工具"。在"属性"面板中设置"文本引擎"为传统文本,"系列"为 Webdings,"大小"为 100 点,"颜色"为白色。

(3)在舞台上单击,然后按 J 键,这样舞台上就出现一个飞机符号,如图 5-65 所示。

(4)在"图层 1"的第 50 帧按 F6 键插入一个关键帧,将飞机移动到其他位置。

图 5-65 输入飞机符号

(5)选择第 1~第 50 帧之间的任意一帧,右击,在弹出的快捷菜单中选择"创建传统补间"命令。这样就定义从第 1~第 50 帧的传统补间动画。这时的动画效果是飞机直线飞行。

(6)选择"图层 1"右击,在弹出的快捷菜单中选择"添加传统运动引导层"命令,这样"图层 1"上面就出现一个引导层,并且"图层 1"自动缩进,如图 5-66 所示。

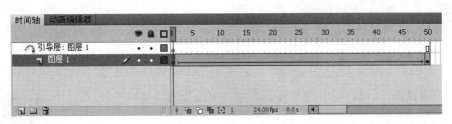

图 5-66 添加运动引导层

(7)选择"椭圆工具",设置"笔触颜色"为黑色,"填充颜色"为无。在舞台上绘制一个大圆。

（8）选择"橡皮擦工具"，在选项中选择一个小一些的橡皮擦形状。将舞台上的圆擦一个小缺口，如图 5-67 所示。

专家点拨　这里之所以将圆擦一个小缺口，是因为在引导层上绘制的路径不能是封闭的曲线，路径曲线必须有两个端点，这样才能进行后续的操作。

（9）切换到"选择工具"。确认"贴紧至对象"按钮 🔟 处于被按下状态。选择第 1 帧上的飞机，拖曳它到圆缺口左端点，如图 5-68 所示。注意，在拖曳过程中，当飞机快接近端点时，会自动吸附到上面。

图 5-67　擦一个小缺口的圆

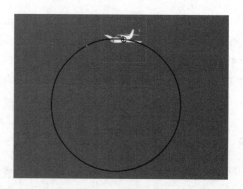

图 5-68　飞机吸附到右端点

（10）按照同样的方法，选择第 50 帧上的飞机，拖曳它到圆缺口右端点，如图 5-69 所示。

（11）按 Enter 键，可以观察到飞机沿着圆周在飞行，但是飞机的飞行姿态不符合实际情况，可通过下面的操作步骤进行改进。

（12）选择"图层 1"第 1 帧，在"属性"面板的"补间"栏中选中"调整到路径"复选框，如图 5-70 所示。

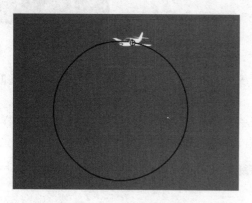

图 5-69　飞机吸附到左端点

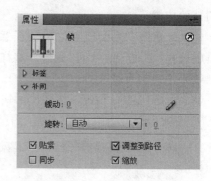

图 5-70　调整到路径

（13）测试影片，可以观察到飞机姿态优美地沿着圆周飞行。

5.5.2　实战范例：台风模拟演示动画

本范例是有关台风知识的一个模拟演示动画。范例运行时，三股台风按照不同的路径从海面向大陆移动，通过演示，可以使人们直观、生动的观

视频讲解

察和理解台风移动的主要路径。动画效果如图 5-71 所示。图层结构如图 5-72 所示。

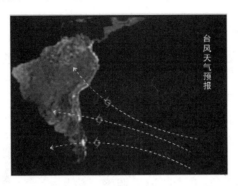

图 5-71 台风模拟动画效果

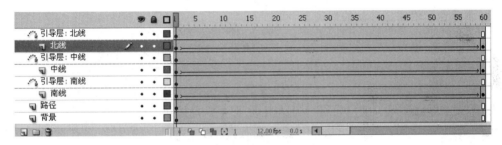

图 5-72 图层结构

下面详细讲解动画的制作步骤。

1. 创建动画背景

（1）新建一个 Flash 影片文档，设置舞台背景颜色为深蓝色，其他参数保持默认。

（2）将"图层 1"重新命名为"背景"。把事先准备好的外部图像文件"海洋和陆地.gif"导入到舞台上。选择"修改"|"分离"命令，将位图打散为形状。

（3）用"套索工具"和"橡皮擦工具"将图像的背景去掉。然后将其转换为名字为"背景"的图形元件。适当放大图像的尺寸，并将其放置在舞台的左侧。

（4）用"文本工具"在舞台右侧输入动画的标题，如图 5-73 所示。

图 5-73 创建动画背景

2. 创建"台风"图形元件

(1) 新建一个名字为"台风"的图形元件。下面在这个元件的编辑场景中进行操作。

(2) 在"颜色"面板中设置"笔触颜色"为无色,设置"填充颜色"为红色到浅红色的径向渐变色。选择"基本椭圆工具",在场景中绘制一个圆。

(3) 用"渐变变形工具"对圆的填充色进行适当调整。

(4) 在"属性"面板中将圆的"内径"设置为50,这样得到一个圆环。

(5) 选择"修改"|"分离"命令将圆环转变为形状。

(6) 将显示比例放大到400%,按住 Alt 键,用鼠标在圆环的合适位置向外拉出两个尖角,并进行适当调整,得到一个台风的图形。制作过程如图 5-74 所示。

图 5-74　"台风"图形元件

3. 创建台风沿路径移动的动画

(1) 返回到"场景 1"。在"背景"图层上新插入一个图层,并改名为"南线"。将"库"面板中"台风"图形元件拖放到舞台的右下方。

(2) 选择"南线"图层右击,在弹出的快捷菜单中选择"添加传统运动引导层"命令,这样"南线"图层上面就出现一个引导层,并且"南线"图层自动缩进。

(3) 选中"引导层:南线"图层,用"线条工具"绘制一条白色的虚线。用"选择工具"将这条虚线调整成弧状,如图 5-75 所示。

(4) 在"背景"图层和"引导层:南线"图层的第 60 帧插入普通帧。在"南线"图层的第 60 帧插入关键帧。

(5) 选择"南线"图层的第 1 帧右击,在弹出的快捷菜单中选择"创建传统补间"命令。这样定义了从第 1~第 60 帧的传统补间动画。

(6) 确认"贴紧至对象"按钮 <img> 处于被按下状态。选择第 1 帧上的台风,拖曳它使其吸附到弧线的右端点。选择第 60 帧上的台风,拖曳它使其吸附到弧线的左端点。

(7) 至此,南线台风沿路径的动画制作完成。按 Enter 键预览动画效果,可以看到台风沿弧线路径移动的效果。

(8) 按照以上同样的步骤,再制作中线和北线台风沿路径的动画。中线和北线的路径效果如图 5-76 所示。

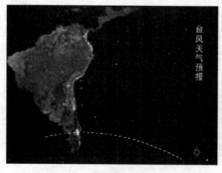

图 5-75　绘制并调整虚线

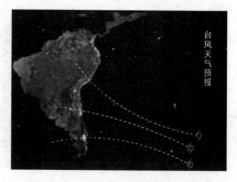

图 5-76　3 条路径效果

4．将路径在动画中显示出来

（1）按 Ctrl＋Enter 键测试影片，可以看到 3 条线路的台风移动效果，但是路径本身并不显示出来。这是因为路径在引导层，而引导层上的对象都不在最终发布的播放影片中显示。如果想让路径显示出来，必须将它们复制到普通图层上。

（2）在"背景"图层上新插入一个图层，并改名为"路径"。选择"引导层：南线"图层上的弧线，选择"编辑"|"复制"命令，然后选择"路径"图层，选择"编辑"|"粘贴到当前位置"命令。

（3）按照同样的方法，将"引导层：中线"图层上的弧线和"引导层：北线"图层上的弧线都复制到"路径"图层上。

（4）在"路径"图层上用"线条工具"在 3 条弧线左端分别绘制一个箭头。

至此，本范例基本制作完成。

5．增强动画效果

（1）选择"插入"|"新建元件"命令，弹出"创建新元件"对话框，在"名称"文本框中输入"旋转台风"，在"类型"下拉列表框中选择"影片剪辑"，如图 5-77 所示。单击"确定"按钮进入到元件的编辑场景中。

图 5-77　"创建新元件"对话框

（2）将"库"面板中的"台风"图形元件拖放到场景中心。在第 10 帧插入一个关键帧。

（3）选择第 1 帧右击，在弹出的快捷菜单中选择"创建传统补间"命令。在"属性"面板的"旋转"列表框中选择"顺时针"。这样就定义了一个台风旋转一圈的动画效果。

（4）返回"场景 1"。选择"南线"图层第 1 帧上的"台风"图形实例，在"属性"面板中单击"交换"按钮，弹出"交换元件"对话框，在其中的列表框中选择"旋转台风"影片剪辑元件，如图 5-78 所示。

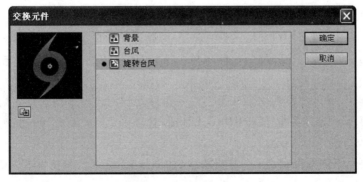

图 5-78　"交换元件"对话框

（5）单击"确定"按钮，返回"属性"面板，在"实例行为"下拉列表框中选择"影片剪辑"。这样，舞台上的"台风"图形实例就变成了"旋转台风"影片剪辑实例。

（6）按照以上同样的步骤，将"南线"图层第60帧、"中线"图层第1和第60帧、"北线"图层第1和第60帧上的"台风"图形实例交换成"旋转台风"影片剪辑实例。

（7）按Ctrl+Enter键测试影片，可以看到一个旋转的台风图形在沿着3条路径移动。

专家点拨 这里创建了一个影片剪辑元件，让它作为引导路径动画的"演员"，从而使这个范例更加逼真。有关影片剪辑元件的相关知识，读者可以查看6.3节的相关内容。

5.6 自定义缓入缓出动画

视频讲解

5.4节介绍了传统补间动画的制作方法。在"属性"面板中，利用"自定义缓入缓出"功能可以准确地模拟对象运动速度等属性的各种变化，使其更能符合对象的运动特性。本节详细介绍自定义缓入缓出动画的制作方法和技巧。

5.6.1 制作自定义缓入缓出动画的方法

定义传统补间动画后，在"属性"面板中单击"缓动"选项右边的"编辑"按钮（如图5-79所示），就可以进入"自定义缓入缓出动画"对话框。

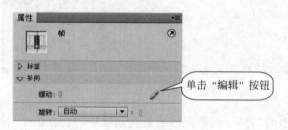

图5-79 单击"编辑"按钮

下面先通过实际操作讲解一下自定义缓入缓出动画的制作方法。

（1）新建一个Flash影片文档，文档属性默认。

（2）新建一个图形元件，在这个元件的编辑场景中，用文本工具输入"课件吧网站"文字。

（3）返回"场景1"，从"库"中将元件拖放在舞台的左上角。

（4）在"图层1"的第50帧插入一个关键帧，并将这帧上的文字拖放到舞台的右下角。

（5）选择第1帧右击，在弹出的快捷菜单中选择"创建传统补间"命令，定义一个传统补间动画。

（6）测试影片，可以观察到文字从舞台左上角移动到舞台右下角的动画效果。

（7）选择第1帧，在"属性"面板中单击"缓动"选项右边的"编辑"按钮，弹出"自定义缓入缓出"对话框，如图5-80所示。

（8）在斜线上添加两个节点，并调整曲线，如图5-81所示。单击"自定义缓入缓出"对

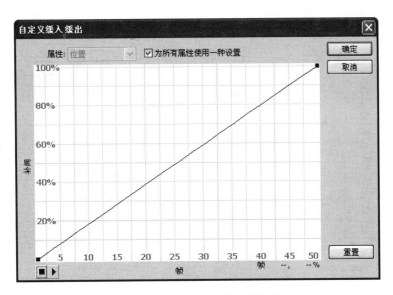

图 5-80 "自定义缓入缓出"对话框

话框左下角的"播放"按钮,可以看到舞台上的文字来回移动的动画效果。单击"停止"按钮
停止动画的播放。

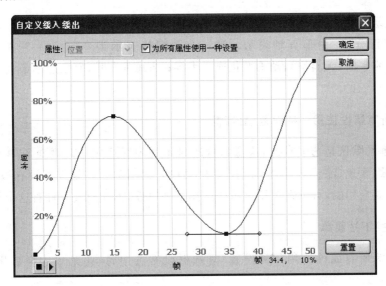

图 5-81 调整曲线

(9)再增加几个节点,调整曲线,如图 5-82 所示。单击"确定"按钮返回到编辑场景。
按 Ctrl+Enter 键测试影片,可以看到文字忽远忽近的移动效果。

(10)如果不满意调整的效果,可以在"自定义缓入缓出"对话框中单击"重置"按钮,恢
复到原始的状况。

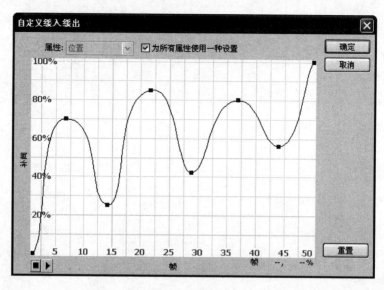

图 5-82　增加节点

5.6.2　自定义缓入缓出动画的参数详解

"自定义缓入缓出"对话框用曲线表示动画随时间变化的规律。帧由水平轴表示,动画变化的速率(百分比)由垂直轴表示。第一个关键帧表示为 0,最后一个关键帧表示为 100%。曲线水平时(无斜率),动画变化速率为零;曲线垂直时,变化速率最大,一瞬间完成变化。

1."为所有属性使用一种设置"复选框

该复选框的默认是选中状态,这意味着所显示的曲线适用于动画对象的所有属性(位置、旋转、缩放、颜色、滤镜),并且"属性"下拉菜单是禁用的。该复选框没有被选中时,"属性"下拉菜单是启用的,可以在下拉菜单中选择某种属性,当前曲线只针对这个属性起作用。

2."属性"下拉菜单

只有当"为所有属性使用一种设置"复选框没有选中时,此菜单才会启用,如图 5-83 所示。

启用后,该菜单中显示的 5 个属性都会各自对应一条独立的曲线。在此菜单中选择一个属性,则会显示该属性的曲线。

- "位置":为舞台上动画对象的位置指定自定义缓入缓出设置。
- "旋转":为动画对象的旋转指定自定义缓入缓出设置。
- "缩放":为动画对象的缩放指定自定义缓入缓出设置。例如,可以更轻松地制作渐进渐远的动画效果。
- "颜色":为应用于动画对象的颜色转变指定自定义缓入缓出设置。
- "滤镜":为应用于动画对象的滤镜指定自定义缓入缓出设置。

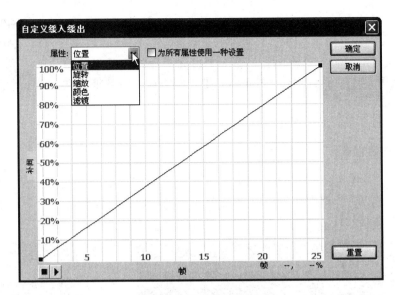

图 5-83 "属性"下拉菜单

3．"播放""停止""重置"按钮

单击"播放"按钮可以使用"自定义缓入缓出"对话框中定义的当前曲线，预览舞台上的动画效果。

单击"停止"按钮停止动画的播放。

单击"重置"按钮可以将曲线重置成默认的斜线状态。

4．编辑控制点的方法

1）添加控制点

要在曲线上添加控制点，在控制点之外的曲线上单击即可。

2）选择控制点

单击曲线上控制点的手柄（黑色方形手柄），可选择该控制点，此时会同时显示两侧的正切点（空心圆）。若要取消对控制点的选择，在曲线外的区域单击即可。

当选择曲线上的控制点时，在"自定义缓入缓出"对话框的右下角会显示一对数值，表示所选控制点的帧数和速率值。如果没有选择控制点，则不显示这对数值。

3）编辑曲线

拖曳控制点的黑色方形手柄，可以移动控制点的位置，这样曲线的形状也会随之改变。选择某个控制点后，使用键盘的方向键可以移动控制手柄，这样可以对曲线形状进行微调，更为精确绘制曲线。拖曳控制点两侧的正切点，也可以调整曲线的形状。

5．复制曲线

"自定义缓入缓出"对话框中的曲线可以复制和粘贴。具体方法是，按 Ctrl＋C 键，复制当前"自定义缓入缓出"对话框中的曲线，在另一个"自定义缓入缓出"对话框中按 Ctrl＋V 键将已复制的曲线进行粘贴。在退出 Flash 软件前，复制的曲线一直可用于粘贴。

5.6.3 实战范例：由远及近的弹跳小球

本节利用自定义缓入缓出功能制作一个由远及近的弹跳小球的动画效果，这个范例充分展示了 Flash 在立体三维动画方面逼真的模拟性。动画效果如图 5-84 所示。

视频讲解

本范例的制作步骤如下所述。

1. 创建动画背景

（1）为了方便本范例的制作，笔者已经事先制作好了一些图形元件。直接打开配套光盘上的原始文件"弹跳球（原始）.fla"，在这个文件的基础上进行操作。图 5-85 所示是事先制作好的 3 个图形元件。

图 5-84　由远及近的弹跳小球　　　　　图 5-85　事先制作的图形元件

（2）设置舞台背景色为暗红色（#990000），其他参数保持默认。

（3）将"图层 1"重新命名为"舞台"。将"库"面板中的"舞台"图形元件拖放到舞台上，放置在舞台下方。在第 65 帧添加帧。

2. 制作圆球动画

（1）新建一个图层，并重新命名为"圆球跳动"。将"库"面板中的"圆球"图形元件拖放到舞台上，设置"圆球"实例尺寸为 40 像素×40 像素，并将它放置在舞台正上方。在这个图层的第 45 帧插入一个关键帧，将"圆球"实例尺寸更改为 65 像素×65 像素，垂直向下移动到舞台图形的中心位置。

（2）选择第 1 帧右击，在弹出的快捷菜单中选择"创建传统补间"命令，定义从第 1～第 45 帧的传统补间动画。

（3）在"属性"面板中，单击"缓动"右边的"编辑"按钮，弹出"自定义缓入缓出"对话框。取消对"为所有属性使用一种设置"复选框的选中，并在"属性"下拉列表框中选择"位置"。为了表现圆球上下跳动的动画效果，在对话框中设置控制曲线，如图 5-86 所示。单击"确定"按钮即可。

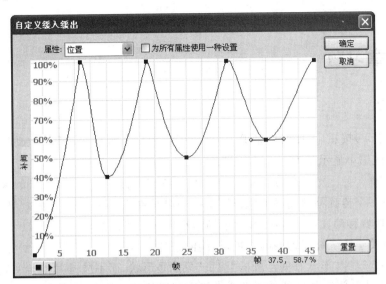

图 5-86 "自定义缓入缓出"对话框

（4）在第 65 帧插入关键帧，将这个帧上的"圆球"实例尺寸设置为 120 像素×120 像素，并将其向下移动到舞台图形的下部。定义从第 45～第 65 帧的传统补间动画。

（5）在"舞台"图层上新建一个图层，并重新命名为"圆球阴影"。选中"圆球跳动"图层第 1～第 65 帧的所有帧，右击，在弹出的快捷菜单中选择"复制帧"命令。右击"圆球阴影"图层第 1 帧，在弹出的快捷菜单中选择"粘贴帧"命令。

（6）在"圆球阴影"图层上，分别修改每个关键帧上的"圆球"实例的 Alpha 值均为 50%，并根据透视关系修改"圆球"实例的位置。最终的时间轴图层效果如图 5-87 所示。

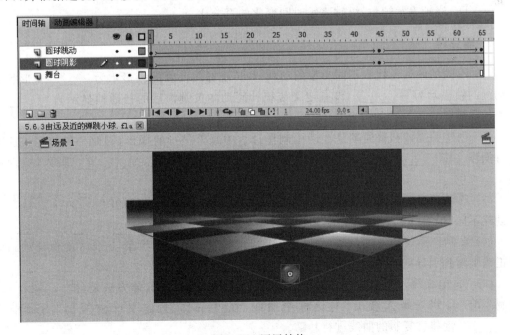

图 5-87 图层结构

（7）至此，本范例制作完成。按 Ctrl＋Enter 键测试动画，可以看到圆球由远及近的弹跳动画效果。

5.7　本章习题

1. 选择题

（1）按（　　）按钮后，在时间轴的上方，出现绘图纸外观标记 。拉动外观标记的两端，可以扩大或缩小显示范围。

　　A.　　　　　　　　B.　　　　　　　　C.　　　　　　　　D.

（2）假设一个传统补间动画的"演员"是一个组对象，下面（　　）动画效果不能够实现。

　　A. 位置移动　　　　B. 尺寸逐渐缩小　　C. 淡入淡出　　　　D. 尺寸逐渐放大

（3）下面关于传统补间动画的叙述，错误的是（　　）。

　　A. 直接参与形状补间动画的"演员"只能是形状，而不能是其他类型的对象

　　B. 形状补间动画这种动画类型只能实现形状变形效果，不能实现动画对象的颜色和位置的变化效果

　　C. 在 Flash 中形状提示点的编号从 a～z 共有 26 个

　　D. 如果想制作一个红色的圆逐渐变成绿色的圆的动画效果，既可以用传统补间动画来实现，也可以用形状补间动画来实现

（4）在"自定义缓入缓出"对话框中，坐标系的横轴和纵轴分别表示（　　）。

　　A. 横轴表示时间，纵轴表示动画变化的百分比

　　B. 横轴表示帧数，纵轴表示动画变化的百分比

　　C. 横轴表示对象间的距离，纵轴表示动画变化的百分比

　　D. 横轴表示帧数，纵轴表示时间变化的百分比

2. 填空题

（1）不同的帧颜色代表不同类型的动画，如传统补间动画的帧显示为＿＿＿＿，形状补间动画的帧显示为＿＿＿＿。没有定义传统补间动画关键帧后的普通帧显示为＿＿＿＿，它继承和延伸该关键帧的内容。

（2）创建关键帧和普通帧是在动画制作过程中频繁进行的操作，因此一般使用快捷键进行操作。按＿＿＿＿键插入普通帧，按＿＿＿＿键插入关键帧，按＿＿＿＿键插入空白关键帧。

（3）逐帧动画的制作方法包括两个要点，一是添加若干个连续的＿＿＿＿；二是在其中创建不同、但有一定＿＿＿＿的画面。

（4）在制作路径动画时，一定要保证＿＿＿＿按钮处于按下状态，这样才能保证动画对象正确吸附到引导路径的两个端点。

（5）"自定义缓入缓出"对话框中的曲线可以复制和粘贴。具体方法是，按＿＿＿＿键，复制当前"自定义缓入缓出"对话框中曲线，在另一个"自定义缓入缓出"对话框中按＿＿＿＿键将已复制的曲线进行粘贴。

元件和实例

在 Flash 动画的大舞台上,最主要的"演员"就是"元件"。元件包括 3 种类型,即图形元件、按钮元件和影片剪辑元件。不同的元件类型具备不同的特点,合理地使用元件是制作 Flash 动画的关键。登上舞台表演的元件就是"实例",它是元件在舞台上的具体表现。因此,元件从"库"中进入舞台就被称为该元件的实例。

本章主要内容:

- 认识元件和实例;
- 元件的类型和创建元件的方法;
- 影片剪辑元件;
- 按钮元件;
- 使用"库"面板管理元件。

6.1 认识元件和实例

视频讲解

元件是指可以重复利用的图形、动画片段或按钮,它们被保存在"库"面板中。在制作动画的过程中,将需要的元件从"库"面板中拖放到场景上,场景中的对象称为该元件的一个实例。如果库中的元件发生改变(如对元件重新编辑),则元件的实例也会随之变化。同时,实例可以具备自己的个性,它的更改不会影响库中的元件本身。

6.1.1 元件

下面先做个具体操作试验,用"椭圆工具"在舞台上随便画个椭圆。那么,这个图形在舞台上算是一种什么元素?确切地说,它仅仅是一个"形状",它还不是 Flash 管理中的最基本单元——元件。

现在,选择这个圆,看看它的"属性"面板,可以发现它被 Flash 叫做"形状",它的属性也只有"宽""高"和坐标值,如图 6-1 所示。

要使这个椭圆得到有效管理并发挥更大作用,就必须把它转换为"元件"。选中这个椭圆形状,选择"修改"|"转换为元件"命令(或按 F8 键),弹出"转换为元件"对话框,如图 6-2 所示。

其中"名称"默认为"元件 1",这里选择"类型"为"图形",单击"确定"按钮,即把"形状"转换为图形元件。

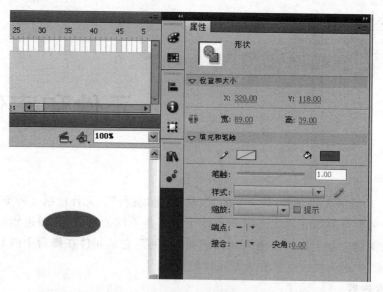

图 6-1　形状的属性

图 6-2　"转换为元件"对话框

选择"窗口"|"库"命令(或按 Ctrl＋L 键),打开"库"面板,发现"库"中有了第一个项目——元件 1,如图 6-3 所示。

专家点拨　每一个 Flash 文档均有自己的一个库。当新建一个 Flash 影片文档后,因为没有创建任何一个元件也没有导入外部的文件,所以"库"面板是空白的,没有一个项目。当创建元件后,一个个项目就陆续在"库"面板中"安家"了。

接着,选择"舞台"上的椭圆对象,发现这个对象已经不像先前的"离散状"了,而是变成了一个"整体"(被选中后,周围会出现一个蓝色矩形框),它的"属性"面板也丰富了很多,如图 6-4 所示。

这个对象除了具备"宽""高"和坐标值属性外,还包括颜色设置等更多的属性。目前舞台上的椭圆就是一个图形元件的实例。

说到元件,就离不开"库",因为元件仅存在于"库"中,可以

图 6-3　"库"面板

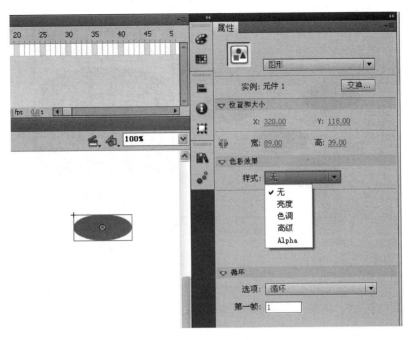

图 6-4 "属性"面板

把"库"比喻为后台的"演员休息室"。"休息室"中的演员随时可进入"舞台"演出,无论该演员出场多少次甚至在"舞台"中扮演不同角色,动画发布时,其播放文件仅占有"一名演员"的空间,节省了大量资源。

6.1.2 实例

前面讲到元件仅存于"库"中,那么什么是实例呢? 在话剧演出时,演员从"休息室"走上"舞台"就是演出。同理,元件从"库"中进入"舞台"就被称为该元件的实例。

不过,这个比喻与现实中的情况有点不同。元件从"库"中走上"舞台"时,"库"中的元件还会存在。下面通过具体操作进行介绍。

(1) 从"库"面板中把"元件 1"向舞台拖放 3 次,这样,舞台中就有了"元件 1"的 4 个实例(包括原来舞台上的一个实例),如图 6-5 所示。

(2) 分别把各个实例的颜色、方向、大小设置成不同样式,效果如图 6-6 所示。

专家点拨 舞台上的实例的位置、外形、旋转、倾斜等属性均可直接进行编辑。可使用"任意变形工具"直接用鼠标进行操作或在"属性"面板和"变形"面板中通过参数设置进行精确设置。对于各个实例的颜色,可在"属性"面板中选择"样式"下拉列表框中"色调"选项,然后在调色板中进行颜色的设置。

(3) 分别选择 4 个实例,观看它们的"属性"面板,发现它们的身份始终没变,都是"元件 1 的实例"。也就是说,一个演员(元件),它们的"副本演员"(实例)在舞台上可以穿上不同服装,扮演不同角色。这是 Flash 的一个极其优秀的特性,Flash 动画制作者一定要掌握并运用好这个特性。

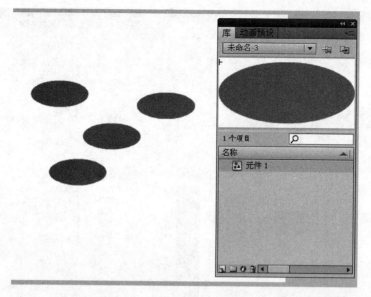

图 6-5　元件和 4 个实例

图 6-6　更改 4 个实例的样式

6.2　元件的类型和创建元件的方法

　　元件是 Flash 动画中的基本构成要素之一,除了可以重复利用、便于大量制作之外,还有助于减少影片文件的大小。在应用脚本制作交互式影片时,某些元件(如按钮和影片剪辑元件)更是不可缺少的一部分。本节学习元件的类型和创建元件的方法。

视频讲解

6.2.1 元件的类型

元件存放在 Flash 影片文件的"库"面板中,"库"面板具备强大的元件管理功能,在制作动画时,可以随时调用"库"面板中的元件。

依照功能和类型的不同,元件可分成以下 3 种。

1. 影片剪辑元件

影片剪辑元件是一个独立的动画片段,具备自己独立的时间轴。它可以包含交互控制、音效,甚至能包含其他的影片剪辑实例。它能创建丰富的动画效果,能将制作者的创作想法变为现实。

2. 按钮元件

按钮元件是对鼠标事件(如单击和滑过)做出响应的交互按钮。它无可替代的优点在于使观众与动画更贴近,也就是利用它可以实现交互动画。

3. 图形元件

图形元件通常用于存放静态的图像,也用来创建动画,在动画中可以包含其他元件实例,但不能添加交互控制和声音效果。

在一个包含各种元件类型的 Flash 影片文件中,选择"窗口"|"库"命令,可以在"库"面板中找到各种类型的元件,如图 6-7 所示。在"库"面板中除了可以存储元件对象以外,还可以存放从影片文件外部导入的位图、声音、视频等类型的对象。

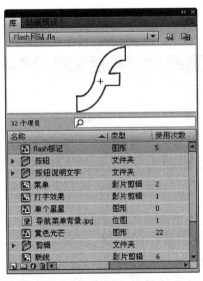

图 6-7 "库"面板中的元件

6.2.2 元件的创建方法

元件的创建方法一般有两种,一种方法是新建元件;另一种方法是将舞台上的对象转换为元件。下面就具体进行讲解。

1. 新建元件

选择"插入"|"新建元件"命令,弹出"创建新元件"对话框,如图 6-8 所示。在"名称"文本框中输入元件的名称,默认名称是"元件 1"。"类型"下拉列表框中包括 3 个选项,分别对应 3 种元件的类型。

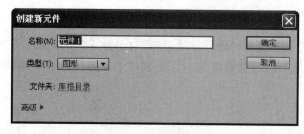

图 6-8　"创建新元件"对话框

单击"确定"按钮,就新建了一个元件。Flash 会将该元件添加到库中,并切换到元件编辑模式。在元件编辑模式下,元件的名称将出现在舞台左上角的上面,并在编辑场景中由一个十字光标表明该元件的注册点。

2. 转换为元件

除了新建元件以外,还可以直接将场景中已有的对象转换为元件。选择场景中的对象,选择"修改"|"转换为元件"命令(或按 F8 键),则弹出"转换为元件"对话框,如图 6-9 所示。"名称"文本框中可以输入元件的名称,默认名称是"元件 1"。"类型"下拉列表框中包括 3 个选项,分别对应 3 种元件的类型。"对齐"选项右边是对齐网格,在对齐网格中单击,以确定元件的注册点。

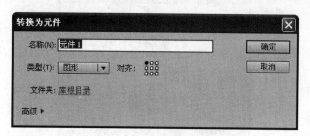

图 6-9　"转换为元件"对话框

单击"确定"按钮,就将场景中选择的对象转换为元件。Flash 会将该元件添加到库中。舞台上选定的元素此时就变成了该元件的一个实例。

专家点拨　在使用"转换为元件"对话框将对象转换为元件时,可指定对象在元件场景中的位置,这个位置以元件中心点为基准。如果选择"对齐网格"左上角的方块,在转换为元件后,对象将被放置在左上角与元件的中心点对齐的位置。

6.2.3　编辑元件

编辑元件时,Flash 会更新文档中该元件的所有实例。Flash 提供了 3 种方式来编辑元件。可以使用"在当前位置编辑"命令在该元件和其他对象在一起的舞台上编辑它。其他对象以灰显方式出现,从而将它们和正在编辑的元件区别开。正在编辑的元件名称显示在舞台上方的编辑栏内,位于当前场景名称的右侧,也可以使用"在新窗口中编辑"命令在一个单独的窗口中编辑元件。在单独的窗口中编辑元件可以同时看到该元件和主时间轴。正在编辑的元件名称会显示在舞台上方的编辑栏内。使用元件编辑模式,可将窗口从舞台视图更改为只显示该元件的单独视图。正在编辑的元件名称会显示在舞台上方的编辑栏内,位于当前场景名称的右侧。

1．在当前位置编辑元件

具体操作步骤如下所述。

（1）执行以下操作之一：

- 在舞台上双击该元件的一个实例。
- 在舞台上选择该元件的一个实例,右击,然后在弹出的快捷菜单中选择"在当前位置编辑"命令。
- 在舞台上选择该元件的一个实例,然后选择"编辑"|"在当前位置编辑"命令。

（2）根据需要编辑该元件。

（3）要更改注册点,请在舞台上拖曳该元件。十字光标会表明注册点的位置。

（4）要退出"在当前位置编辑"模式并返回到文档编辑模式,可执行以下操作之一：

- 单击舞台上方编辑栏左侧的"返回"按钮 ⇦ 。
- 单击舞台上方编辑栏上的场景名称。
- 在舞台上方编辑栏的"场景"弹出菜单中选择当前场景的名称。
- 选择"编辑"|"编辑文档"命令。

2．在新窗口编辑元件

具体操作步骤如下所述。

（1）在舞台上选择该元件的一个实例,右击,然后在弹出的快捷菜单中选择"在新窗口中编辑"命令。

（2）根据需要编辑该元件。

（3）要更改注册点,请在舞台上拖曳该元件。十字光标会表明注册点的位置。

（4）单击右上角的关闭框来关闭新窗口,然后在主文档窗口内单击以返回到编辑主文档状态下。

3．在元件编辑模式下编辑元件

具体操作步骤如下所述。

（1）执行以下操作之一来选择元件：

- 双击"库"面板中的元件图标。
- 在舞台上选择该元件的一个实例,右击,然后在弹出的快捷菜单中选择"编辑"命令。
- 在舞台上选择该元件的一个实例,然后选择"编辑"|"编辑元件"命令。
- 在"库"面板中选择该元件,然后从库选项菜单中选择"编辑"命令；或右击,然后在弹出的快捷菜单中选择"编辑"命令。

（2）根据需要在舞台上编辑该元件。

（3）要更改注册点，请在舞台上拖曳该元件。十字光标会表明注册点的位置。

（4）要退出元件编辑模式并返回到文档编辑状态，可执行以下操作之一：

- 单击舞台顶部编辑栏左侧的"返回"按钮。
- 选择"编辑"|"编辑文档"命令。
- 单击舞台上方编辑栏上的场景名称。

6.3　影片剪辑元件

使用影片剪辑元件可以创建可重用的动画片段。影片剪辑拥有独立于主时间轴的多帧时间轴。可以将影片剪辑看作是主时间轴内的嵌套时间轴，它们可以包含交互式控件、声音甚至其他影片剪辑实例；也可以将影片剪辑实例放在按钮元件的时间轴内，以创建动画按钮。

6.3.1　认识影片剪辑元件

影片剪辑元件是使用最频繁的元件类型，它功能强大，利用它可以制作效果丰富的动画效果。本节通过制作一个骏马飞奔的动画范例初步认识和理解影片剪辑元件。

视频讲解

（1）新建一个 Flash 影片文档，保持文档属性默认设置。

（2）选择"文件"|"导入"|"导入到舞台"命令，将外部的一张骏马素材图像（7-1. gif）导入到舞台。

（3）选中舞台上的骏马图像，选择"修改"|"转换为元件"命令，将其转换为名字为"骏马"的图形元件，如图 6-10 所示。

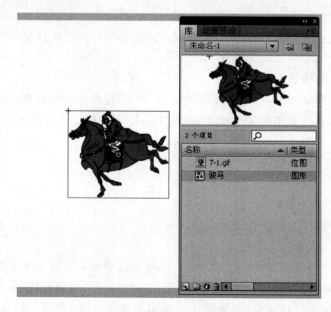

图 6-10　转换为图形元件

（4）将舞台上的实例放置在舞台的右边。在"图层1"第20帧插入一个关键帧,将这个帧上的实例水平移动到舞台的左边。

（5）定义从第1～第20帧的传统补间动画。

（6）测试影片,可以看到骏马图片位置移动的动画效果。但是这个效果绝对不是骏马飞奔的效果。

专家点拨 由于传统补间动画的动画主角是一个静态的图形实例,所以目前制作出来的动画也仅仅是一张骏马图片的位置移动。要想制作比较逼真的骏马飞奔的动画效果,需要将传统补间动画的动画主角换成一个动画片段。这可以利用影片剪辑元件来完成。接着上面的步骤进行操作。

（7）选择"插入"|"新建元件"命令,弹出"创建新元件"对话框。定义元件名称为"骏马奔跑",选择"类型"为"影片剪辑",如图6-11所示。单击"确定"按钮后进入元件的编辑场景中。

图6-11 "创建新元件"对话框

（8）选择"文件"|"导入"|"导入到舞台"命令,在弹出的"导入"对话框中选择7-1.gif,单击"打开"按钮后,弹出如图6-12所示的对话框,单击"是"按钮,由于前面已经导入了一张图像(7-1.gif),所以会出现如图6-13所示的"解决库冲突"对话框。直接单击"确定"按钮即可。

图6-12 导入序列中的所有图像

图6-13 "解决库冲突"对话框

专家点拨 当需导入文档中的对象与"库"中存在的某个对象具有完全相同的名称时，Flash会打开"解决库冲突"对话框。此时，如果选择"替换现有项目"，Flash会使用同名的新对象替换"库"中已有的对象。如果选择"不替换现有项目"，则Flash会将新对象的名称后自动增加"副本"字样后添加到"库"中。注意，一旦进行了替换，替换将无法撤销。

（9）导入的图像会自动分布在"骏马奔跑"影片剪辑元件的7个关键帧上，如图6-14所示。这是一个动画片段，按Enter键，会看到骏马在原地奔跑。

图 6-14　"骏马奔跑"影片剪辑元件

（10）返回到"场景1"。选择舞台上的实例（原来的图形实例），打开"属性"面板，单击其中的"交换"按钮，弹出"交换元件"对话框，如图6-15所示。在其中选择"骏马奔跑"影片剪辑元件，单击"确定"按钮。

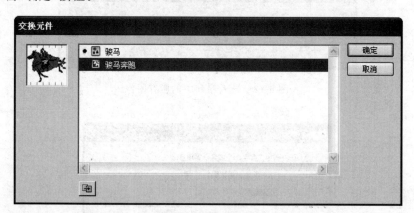

图 6-15　交换元件

（11）分别选择第1和第20帧上的实例，在"属性"面板的"实例行为"下拉列表框中选择"影片剪辑"命令。这时，舞台上的实例就换成了"骏马奔跑"影片剪辑实例，它是一个动画片段。

（12）测试影片，可以看到骏马飞奔的动画效果。这个动画效果实现的原理是，一个影片剪辑元件的实例作为传统补间动画的"演员"，影片剪辑元件是一个骏马原地奔跑的动画片段，传统补间动画是位置移动的效果，这样合在一起就形成骏马飞奔的动画效果了。

6.3.2 实战范例：焰火特效

视频讲解

通过前面的学习已经知道，影片剪辑元件可以用来制作动画片段，它具有自己独立的时间轴。在影片剪辑元件中可以嵌套其他的影片剪辑实例，利用这个技术可以制作效果丰富的动画叠加效果。

下面制作一个焰火特效范例，动画模拟节日夜空焰火绽放的效果，如图 6-16 所示。

图 6-16　焰火特效

本范例的制作步骤如下所述。

1．创建影片文档和动画背景

（1）新建一个 Flash 文档，在"属性"面板中设置舞台背景为黑灰色，其他保持影片文档的默认设置。

（2）选择"文件"|"导入"|"导入到库"命令，打开"导入到库"对话框，在其中选择"礼花.png"和"背景.jpg"这两个图像文件，单击"打开"按钮将其导入到"库"面板中。

2．制作元件

（1）新建一个名字为"花"的图形元件。在这个元件的编辑场景中，将"库"面板中的位图拖放到场景中，图像离场景中心点的位置如图 6-17 所示。

（2）新建一个名字叫"礼花 1"的影片剪辑元件，在这个元件的编辑场景中，将"库"面板中的"花"图形元件

图 6-17　"花"图形元件

拖放到场景的中心位置,然后分别在第 50 和第 100 帧分别添加一个关键帧。将第 50 帧上的实例放大,并且在"属性"面板中更改它的颜色,如图 6-18 所示。

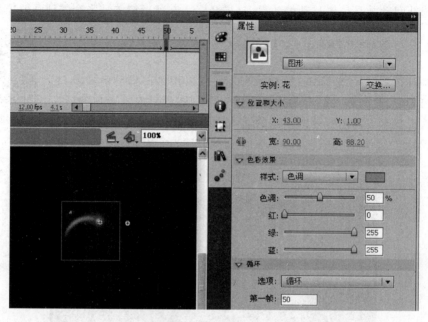

图 6-18　第 50 帧上图形

（3）分别定义第 1～第 50 帧、第 50～第 100 帧的传统补间动画。这时的图层结构如图 6-19 所示。

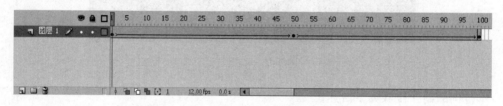

图 6-19　图层结构

（4）为了达到旋转和变速的效果,选择第 1 帧,在"属性"面板中设置"缓动"为－60,设置"旋转"为顺时针旋转 4 次,如图 6-20 所示。

（5）选择第 50 帧,在"属性"面板中设置"缓动"为 60,如图 6-21 所示。选择第 100 帧,在"属性"面板中设置"缓动"为－60,如图 6-22 所示。

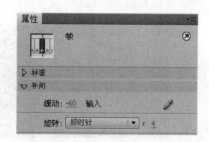

图 6-20　第 1 帧的属性设置

图 6-21　第 50 帧的属性设置

（6）新建一个名字叫"礼花2"的影片剪辑元件，在这个元件的编辑场景中，将"库"面板中的"礼花1"元件拖放到场景的中心位置，然后分别在第50和第100帧分别添加一个关键帧。将第50帧上的实例适当放大，并且在"属性"面板中更改它的颜色（颜色可以任意设置，尽量和前一个关键帧上的实例颜色反差大一些）。将第100帧上的实例更改颜色。分别定义第1～第50帧和第50～第100帧的传统补间动画。

图6-22 第100帧的属性设置

（7）新建一个名字叫"礼花3"的影片剪辑元件，在这个元件的编辑场景中，将"库"面板中的"礼花2"元件拖放到场景的中心位置。利用"任意变形工具"移动实例的中心点，位置如图6-23所示。

（8）保持实例处在选中状态，打开"变形"面板，在"旋转"文本框中输入30，然后连续单击"变形"面板右下角的"重置选区和变形"按钮 🖭 11次，得到如图6-24所示的形状。

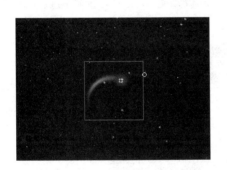

图6-23 移动中心点

图6-24 "礼花3"影片剪辑元件

3．创建主动画

（1）返回到"场景1"，新建一个图层。打开"库"面板，将其中的背景位图拖放到舞台上，按F8键将其转换为影片剪辑元件，并设置实例的大小为舞台的尺寸，坐标为(0,0)。打开"属性"面板，设置实例的Alpha为50%。

（2）将"库"中的"礼花3"影片剪辑元件拖放到"图层2"的舞台中间。

（3）按Ctrl＋Enter键测试影片，可以看到变化多样的动画效果。

视频讲解

6.3.3 影片剪辑的"9切片缩放"

当对图形对象做任何缩放操作时，都将正常缩放整个显示对象。通常，缩放显示对象时，引起的扭曲在整个对象是均匀分布的，因此各部分的伸展量是相同的。例如，用"矩形工具"绘制一个圆角矩形，然后对其进行缩放变形，矩形的角半径会随着整个图形大小的调整而改变，如图6-25所示。

如果想实现缩放某个对象时，使其某些部分伸展，某些部分不变，那么可以利用"9切片缩放"功能来实现。影片

图6-25 图形的伸展量相同

剪辑可以应用"9 切片缩放",其他元件不能使用"9 切片缩放"。例如,新建一个影片剪辑元件,在这个元件的编辑场景中用"矩形工具"绘制一个圆角矩形。在"库"面板中右击这个元件,在弹出的快捷菜单中选择"属性"命令,弹出"元件属性"对话框,展开"高级"选项,选中"启用 9 切片缩放比例辅助线"复选框,如图 6-26 所示。

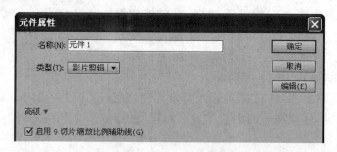

图 6-26　"元件属性"对话框

这样,影片剪辑元件应用 9 切片缩放后,在"库"面板预览中显示为带辅助线。此时,在编辑影片剪辑时就会出现辅助线,如图 6-27 所示。

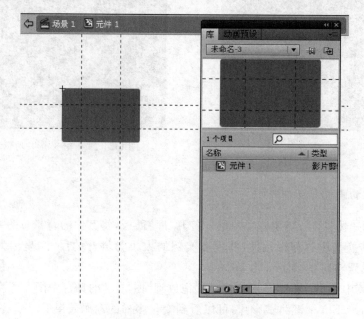

图 6-27　9 切片缩放比例辅助线

"9 切片缩放"辅助线是 4 条虚线,在输出影片文档时不会呈现,仅在创作环境中呈现。通过这 4 条虚线,显示对象被分割到以"9 切片缩放"矩形为基础的具有 9 个区域的网格中,就像中文的"井"字。"9 切片缩放"矩形定义网格的中心区域。网格的其他 8 个区域如下:

- 矩形外的左上角;
- 矩形上方的区域;
- 矩形外的右上角;
- 矩形左侧的区域;
- 矩形右侧的区域;

- 矩形外的左下角；
- 矩形下方的区域；
- 矩形外的右下角。

可以移动辅助线来编辑"9切片缩放"的每个区域，默认情况下，切片辅助线位于距元件的宽度和高度边缘的 25%（或 1/4）处。

专家点拨 元件实例被放在舞台上时，辅助线不会显示。只有在编辑影片剪辑元件时，才显示辅助线。另外，不能在舞台当前位置对启用"9切片缩放"的影片剪辑元件进行编辑，必须在元件编辑模式中对其进行编辑。

影片剪辑元件设置了"9切片缩放"功能，在对其实例进行缩放操作时，将应用以下规则：
- 中心矩形中的内容既进行水平缩放又进行垂直缩放。
- 4个转角矩形中的任何内容（如圆角矩形的圆角）不进行任何缩放。
- 上中矩形和下中矩形将进行水平缩放，但不进行垂直缩放；而左中矩形和右中矩形将进行垂直缩放，但不进行水平缩放。
- 拉伸所有填充（包括位图、视频和渐变）以适应其形状的改变。
- 如果旋转了显示对象，则所有后续缩放都是正常的，不再受"9切片缩放"功能的限制。

6.4 按钮元件

按钮元件是实现 Flash 动画和用户进行交互的灵魂，能够响应鼠标事件（单击或滑过等），执行指定的动作。按钮元件可以拥有灵活多样的外观，可以是位图，也可以是绘制的形状；可以是一根线条，也可以是一个线框；可以是文字，甚至还可以是看不见的"透明按钮"。

6.4.1 认识按钮元件

新建一个影片文档，选择"插入"|"新建元件"命令，弹出一个"创建新元件"对话框，在"名称"文本框中输入"五边形"，在"类型"下拉列表框中选择"按钮"选项，如图 6-28 所示。单击"确定"按钮，进入到按钮元件的编辑场景中，如图 6-29 所示。

视频讲解

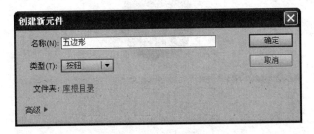

图 6-28 新建按钮元件

按钮元件拥有和影片剪辑元件、图形元件不同的编辑场景，它的时间轴上只有 4 个帧，通过这 4 个帧可以指定不同的按钮状态。

图 6-29 按钮元件的时间轴

- "弹起"帧：表示鼠标指针不在按钮上时的状态。
- "指针经过"帧：表示鼠标指针在按钮上时的状态。
- "按下"帧：表示鼠标单击按钮时的状态。
- "点击"帧：定义对鼠标做出反应的区域，这个反应区域在影片播放时是看不到的。这个帧上的图形必须是一个实心图形，该图形区域必须足够大，以包含前面三帧中的所有图形元素。运行时，只有在这个范围内操作鼠标才能被播放器认定为事件发生。如果该帧为空，则默认以"弹起"帧内的图形作为响应范围。

6.4.2 实战范例：变色按钮

本节制作一个变色按钮范例，按钮是一个蓝色到黑色的径向渐变色的椭圆形，当鼠标指向按钮时，椭圆变为黄色到黑色的径向渐变色，当鼠标单击按钮时，椭圆变为绿色到黑色的径向渐变色，如图 6-30 所示。

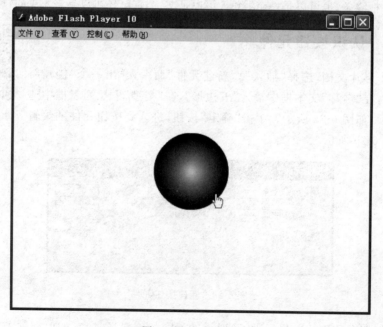

图 6-30 变色按钮

具体的制作步骤如下所述。

（1）新建一个影片文档，选择"插入"|"新建元件"命令，弹出"创建新元件"对话框，在"名称"文本框中输入"椭圆"，选择"类型"为"按钮"，如图6-31所示。

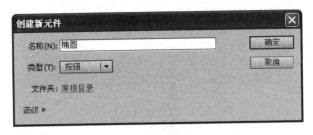

图6-31　新建按钮元件

（2）单击"确定"按钮，进入到按钮元件的编辑场景中，选择"椭圆工具"，设置"笔触颜色"为无，设置"填充色"为样本色中的"蓝色球形"，如图6-32所示。然后在场景中绘制一个如图6-33所示的椭圆。

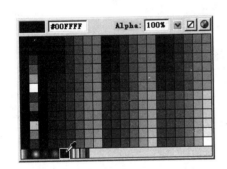

图6-32　选择填充色

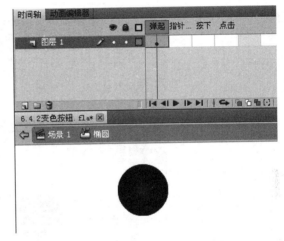

图6-33　绘制椭圆

（3）选择"指针经过"帧，按F6键插入一个关键帧。把该帧上的图形重新填充为黄色到黑色的径向渐变色，效果如图6-34所示。

（4）选择"按下"帧，按F6键插入一个关键帧。把该帧上的图形重新填充为绿色到黑色的径向渐变色，效果如图6-35所示。

（5）选择"点击"帧，按F6键插入一个关键帧，定义鼠标的响应区为椭圆。

（6）至此，这个按钮元件就制作好了。现在返回"场景1"，并从"库"面板中将"椭圆"按钮元件拖放到舞台上，然后按Ctrl＋Enter键测试，将鼠标指针移动到按钮上，按钮就会变色。

专家点拨　在Flash影片文档编辑状态下，舞台上的按钮实例默认的是禁用状态，无法直接测试按钮的效果。为了能在影片编辑状态下直接测试按钮，可以选择"控制"|"启用简单按钮"命令，此时鼠标滑过按钮可看到"指针经过"帧的效果，单击按钮显示"按下"帧的效果。

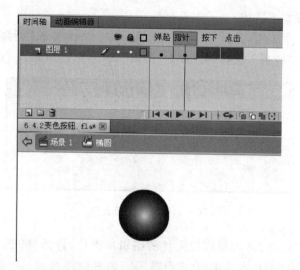

图 6-34　"指针经过"帧上的图形

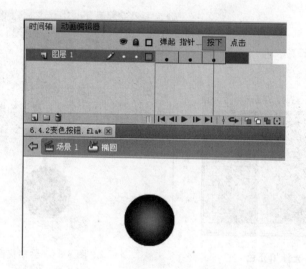

图 6-35　"按下"帧上的图形

6.4.3　实战范例：文字按钮

文字按钮是导航菜单中经常使用的元素。图 6-36 所示是一个网站导航菜单，里面包括 5 个文字按钮。

视频讲解

图 6-36　导航菜单

下面制作这个包括 5 个文字按钮的导航菜单。

（1）新建一个 Flash 影片文档。设置舞台尺寸为 480 像素×80 像素,背景颜色为蓝色。

（2）选择"插入"|"新建元件"命令,弹出"创建新元件"对话框,在"名称"文本框中输入"首页按钮",选择"类型"为"按钮",单击"确定"按钮,进入到按钮元件的编辑场景中。

（3）选择"文本工具",在"属性"面板中设置"文本类型"为静态文本,"字体"为楷体,"字体大小"为 40,"文本颜色"为白色。在场景中输入"首页"文字,如图 6-37 所示。

图 6-37 制作"弹起"帧上的文字

（4）选择"指针经过"帧,按 F6 键插入一个关键帧。把该帧上的文字颜色重新设置为黄色。

（5）选择"按下"帧,按 F6 键插入一个关键帧。把该帧上的文字颜色重新设置为红色。

（6）选择"点击"帧,按 F7 键插入一个空白关键帧。单击"编辑多个帧"按钮,如图 6-38 所示。这样可以使文字显示出来,辅助创建"点击"帧上的感应区。

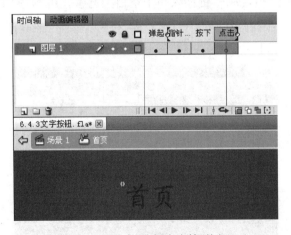

图 6-38 单击"编辑多个帧"按钮

（7）选择"矩形工具",绘制一个刚好覆盖着文字的矩形,如图 6-39 所示。这个矩形是文字按钮的鼠标感应区域。

图 6-39　绘制矩形(1)

(8) 返回"场景 1",并从"库"面板中将"首页"按钮元件拖放到舞台上,然后按 Ctrl+
Enter 键测试。

(9) 其他 4 个文字按钮的制作方法类似。制作完成以后,整齐排列在舞台上即可。

6.4.4　实战范例：透明按钮

透明按钮是一种特殊的按钮,利用透明按钮制作 6.4.3 节的导航菜
单,方法会变得更简便。下面是具体的制作步骤。

(1) 新建一个 Flash 影片文档。设置舞台尺寸为 480 像素×80 像素,
背景颜色为蓝色。

视频讲解

(2) 选择"插入"|"新建元件"命令,新建一个名字为"透明"的按钮元件。在这个元件的
编辑场景中,选择"点击"帧,按 F7 键插入一个空白关键帧。用"矩形工具"绘制一个大小合
适的矩形,如图 6-40 所示。这样就制作了一个透明按钮。这个按钮只有一个矩形鼠标响应
区,没有按钮图形。

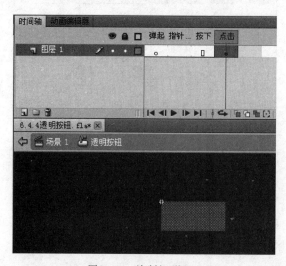

图 6-40　绘制矩形(2)

（3）返回"场景1"，用"文本工具"在舞台上输入5组文字，如图6-41所示。

首页 新闻 下载 论坛 留言

图 6-41 输入文字

（4）打开"库"面板，拖放5个"透明"按钮元件的实例放置到5组文字上，如图6-42所示。这样每组文字上都覆盖一个透明按钮，因此文字也就具备按钮的功能了。

首页 新闻 下载 论坛 留言

图 6-42 添加透明按钮实例后的效果

6.4.5 实战范例：动态按钮

视频讲解

在按钮元件中，可以使用影片剪辑和图形元件，但不能嵌套其他的按钮元件。如果需要制作动态按钮，即在按钮中获得动画效果，可以在按钮元件中使用影片剪辑来实现。本节制作一个动态按钮元件，当鼠标指针移动到按钮上时，出现箭头向外扩散移动的动画效果，当鼠标指针移出按钮时，动画效果消失，如图6-43所示。

制作步骤如下所述。

1. 创建"立体框"图形元件

（1）新建一个Flash影片文档，保持默认参数设置。

（2）新建一个名字为"立体框"的图形元件。在这个元件的编辑场景中，将"图层1"改名为"大圆"。

（3）选择"椭圆工具"，在"属性"面板中设置"笔触颜色"为黑色，"笔触高度"为5。在"颜色"面板中，将填充颜色的"颜色类型"设置为"线性渐变"，将渐变颜色条左侧的色块设置为黑色，将渐变颜色条右侧的色块设置为白色。

图 6-43 动态按钮

（4）在场景中心绘制一个大小合适的圆形。用"渐变变形工具"选择这个圆形，拖曳"旋转手柄"改变渐变角度，如图6-44所示。

（5）在"大圆"图层上新建一个图层，改名为"小圆"。选中"大圆"图层上的填充形状（不包括边框），选择"编辑"|"复制"命令，然后选择"小圆"图层第1帧，选择"编辑"|"粘贴到当前位置"命令，在当前位置得到一个一模一样的圆形。保持这个圆形处于选中状态，打开"变形"面板，将这个圆形缩小到80％。用"渐变变形工具"选择这个缩小的圆形，拖曳"旋转手柄"向反方向改变渐变角度，如图6-45所示。通过以上的操作步骤，就制作了一个立体效果的圆形。

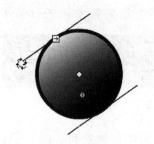

图 6-44　改变大圆的渐变角度　　　　图 6-45　改变小圆的渐变角度

2. 创建"动态箭头"影片剪辑元件

（1）新建一个名字为"箭头"的图形元件,在这个元件的编辑场景中绘制一个蓝色填充、没有边框的箭头形状。具体绘制方法是,先用"矩形工具"绘制一个没有边框的蓝色矩形,然后用"任意变形工具"将矩形变形为平行四边形,接着复制这个平行四边形并将副本垂直翻转,最后组合成箭头图形。图 6-46 所示为箭头图形的制作示意图。

图 6-46　箭头图形的制作过程

（2）新建一个名字为"动态箭头"的影片剪辑元件。下面在这个元件的编辑场景中创建一个箭头动画效果。

（3）将"库"面板中的"箭头"图形元件拖放到场景中心,在第 15 帧插入一个关键帧。选择第 15 帧上的箭头实例,将其向右水平移动合适的距离,并且在"变形"面板中将其放大到 160%,接着在"属性"面板中设置其 Alpha 值为 0。

（4）选择"图层 1"第 1 帧,定义从第 1～第 15 帧的传统补间动画。这样就创建了一个箭头向右水平移动并且逐渐消失的动画效果。

（5）在"图层 1"上新建一个图层,在这个图层的第 5 帧插入空白关键帧。将"库"面板中的"箭头"图形元件拖放到场景中心,在第 20 帧插入一个关键帧。选择第 20 帧上的箭头实例,将其向右水平移动合适的距离,并且在"变形"面板中将其放大到 120%,接着在"属性"面板中设置其 Alpha 值为 0。

（6）选择"图层 2"第 5 帧,定义第 5～第 20 帧的传统补间动画。这样就又创建了一个箭头向右水平移动并且逐渐消失的动画效果。

（7）按 Enter 键观看动画效果,可以看到两个箭头动画叠加在一起的动画效果。

3. 创建动态按钮

（1）新建一个名字为"动态按钮"的按钮元件。下面在这个元件的编辑场景中创建一个动态按钮。

（2）将"图层 1"改名为"立体框"。将"库"面板中的"立体框"图形元件拖放到场景中心,选择"点击"帧,按 F5 键插入帧。

（3）新建一个图层,将其改名为"圆球"。用椭圆工具在"立体框"图形实例中心绘制一个圆,这个圆是没有边框、填充色为白色到浅蓝色的径向渐变色。选择"指针经过"帧,按 F6

键插入一个关键帧,将这个关键帧上的椭圆的填充色更改为白色到深蓝色的径向渐变色。这时,"弹起"帧和"指针经过"帧上的效果如图 6-47 所示。

(4)新建一个图层,将其改名为"动态箭头"。在这个图层的"指针经过"帧上插入一个空白关键帧,将"库"面板中的"动态箭头"影片剪辑元件拖放到场景中,放置在按钮图形的右侧。再从"库"面板中拖放 3 个"动态箭头"影片剪辑实例到场景中,并分别将这 3 个实例以 90°为单位进行旋转,然后将它们分别放置在按钮的上、下、左侧,如图 6-48 所示。

(a) "弹起" 帧   (b) "指针经过" 帧

图 6-47 按钮效果   图 6-48 放置 4 个"动态箭头"实例

(5)选择"动态箭头"的"按下"帧,按 F7 键添加空白关键帧。制作完成后的按钮元件的图层结构如图 6-49 所示。

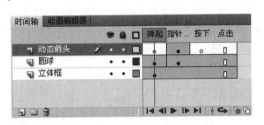

图 6-49 按钮元件的图层结构

(6)返回到"场景 1"。将"库"面板中"动态按钮"按钮元件拖放到场景中。按 Ctrl+Enter 键测试影片,测试按钮的效果。

6.5 使用"库"面板管理元件

在 Flash 中,"库"面板就是一个储存元件的仓库,所创建的图形元件、按钮元件、影片剪辑元件以及导入的位图、声音、视频等对象都在这里待命,等待在场景中调用它们。

6.5.1 "库"面板

每一个 Flash 影片文档对应包含一个"库"面板。在新建这个 Flash 影片文档时,"库"面板是空白的,随着元件的创建以及外部媒体文件的导入,"库"面板中的对象会越来越丰富。选择"窗口"|"库"命令,即可打开"库"面板,在其中可以对元件进行各种管理操作。"库"面板的界面如图 6-50 所示。

下面对"库"面板中的各个部件进行简单介绍。

视频讲解

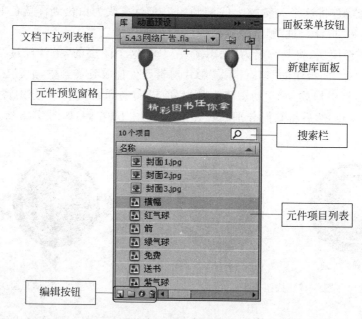

图 6-50 "库"面板

- 文档下拉列表框：当用户打开多个 Flash 文档时，在该下拉列表框中将显示这些文档名，选择后即可切换到该文档的库。单击该列表右侧的"固定当前库"按钮 将锁定当前的库。单击"新建库面板"按钮 将能够新建一个库面板。
- 面板菜单：单击"库"面板左上角的面板菜单按钮即可打开面板菜单，使用菜单中的命令可以对面板中的各个项目进行删除、复制、播放等操作。
- 元件预览窗格：在元件项目列表中选择一个项目后，可以在预览窗格中查看项目的内容。如果选择的项目中包含多帧动画，则在窗格右上角会出现"播放" 和"停止"按钮 。单击"播放"按钮将能够在预览窗格中播放动画，动画播放时单击"停止"按钮将停止动画的播放。
- 搜索栏：当"库"面板中有很多的元件时，为了快速找到需要的项目，可以在搜索栏中输入要搜索的项目名称后按 Enter 键，元件项目列表中将只显示找到的内容。
- 元件项目列表栏：该栏列出库中包含的所有项目，项目名称旁的图标表示该项目的类型。使用列表栏，用户可以方便地查看和组织动画中的各种元素。
- 编辑按钮：在"库"面板的左下角有 4 个按钮，分别是"新建元件" 、"新建文件夹" 、"属性" 和"删除" 按钮。

6.5.2 管理元件

本节介绍如何在"库"面板中对元件进行常规的管理，包括分类保存元件、清理元件、重命名元件、复制元件、排序元件等。

1. 在"库"面板中分类保存元件

当"库"面板中的元件众多时，将元件按照一定的方式分成类别管理是一个好习惯，可以让"库"面板更醒目,提高创作速度和工作效率。

将"库"面板中的元件分类存放的具体操作步骤如下。

（1）单击"库"面板上的"新建文件夹"按钮 ，创建一个新文件夹 。

（2）默认情况下,新文件名称为"未命名文件夹 1",可以根据元件分类的需要重新命名文件夹。

（3）将要保存在这个文件夹下的元件拖放到这个文件夹图标上松手即可,此时文件夹的图标变成 ，表明这个文件夹中已有元件。

2．清理"库"面板中的元件

在创作 Flash 动画时,常会有创建了元件又不用的情况。这些废弃的元件会增大动画文件的体积。在动画制作完毕时,应该及时清理"库"面板中不需要的元件。具体操作步骤如下。

（1）单击"库"面板上的"面板菜单"按钮 ，在弹出菜单中选择"选择未用选项"命令,Flash 会自动检查"库"面板中没有应用的元件,并对查到的元件加蓝高亮显示。

（2）如果确认这些元件是无用的,可按 Del 键删除或单击"库"面板上的删除按钮 ，即可删除这些元件。

3．元件重新命名

一个含义清楚的元件名称,可以更容易被搜寻到,并能读懂元件中的内容。在"库"面板中,可以对元件进行重新命名。最简单的方法是双击元件名称,然后输入一个新的名称,按下 Enter 键确认即可。或在要重新命名的元件上右击,在弹出的快捷菜单中选择"重命名"命令,也可以为元件重新命名。

4．直接复制元件

直接复制元件是一个很重要的功能。如果新创建的元件和"库"面板中的某一元件类似,那么就没有必要再重新制作这个元件了,用直接复制元件的方法可以极大地提高工作效率。

在"库"面板中,右击要直接复制的元件,在弹出的快捷菜单中选择"直接复制"命令,弹出"直接复制元件"对话框,如图 6-51 所示。在其中的"名称"文本框中重新输入元件的名称,根据需要也可以重新选择元件的类型,最后单击"确定"按钮,即可得到一个元件副本。

图 6-51　"直接复制元件"对话框

5. 对"库"面板中的元件进行排序

"库"面板的"元件项目"列表框中列出了元件的名称、AS链接(如果该项目与共享库相关联或被导出用于 ActionScript 时,会显示链接标识符)、使用次数、修改日期和类型。可以通过用鼠标拖曳"库"面板下边的滚动条来查看。如果要对"库"面板中的所有元件进行排序,可以分别按照名称、AS链、使用次数、修改日期和类型进行排序。例如,按照修改日期对所有元件进行排序,可以单击"元件项目列表"最上边的"修改日期",如图 6-52 所示。这时"修改日期"的右侧会出现一个小三角按钮,代表目前是按照"修改日期"进行排序,小三角箭头向上,代表是升序,小三角箭头向下,代表是降序。

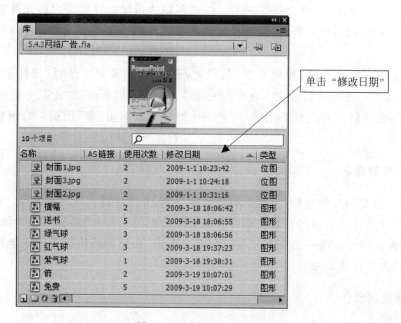

单击"修改日期"

图 6-52　对所有元件排序

6.5.3　外部库

在制作动画时,用户能使用已经制作完成的影片文档中的元件,这样可以简化动画制作的工作量、节省制作事件并提高制作效率。要使用外部库,可以采用下面的方法操作。

视频讲解

选择"文件"|"导入"|"打开外部库"命令,打开"作为库打开"对话框,在其中选择需要打开的源文件,如图 6-53 所示。单击"打开"按钮,即可打开该文档的"库"面板,如图 6-54 所示。此时,只需在"库"面板中将需要使用的元件拖放到舞台,该元件即成为当前文件的实例,同时该元件将出现在当前文档的"库"面板中。

专家点拨　在使用外部库时,也可以将元件直接拖放到需要使用的文档的"库"面板中。注意,外部库的"库"面板下方的"新建元件""新建文件夹""属性""删除"按钮不可用。

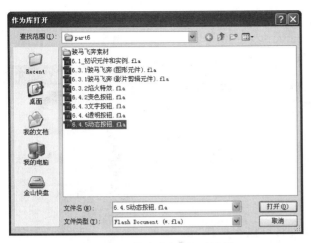

图 6-53 "作为库打开"对话框

图 6-54 打开文档的"库"面板

6.5.4 公用库

在 Flash 中,库实际上分为专用库和共用库。专用库,就是当前文档使用的库。共用库是 Flash 的内置库,不能进行修改和相应的管理操作。在"窗口"菜单的"共用库"子菜单中有 3 个选项,它们是"声音""按钮""类",分别对应 Flash 中的 3 种共用库。

1. 声音库

选择"窗口"|"公用库"|"声音"命令,打开声音库,在"库"面板中将列出所有可用的声音。选择某个声音后,在"预览"窗格中单击"播放"按钮可以试听声音的效果,如图 6-55 所示。

2. 按钮库

选择"窗口"|"公用库"|"按钮"命令,打开按钮库,库中列出了大量的文件夹,展开文件夹后可以看到其中包含的按钮,如图 6-56 所示。

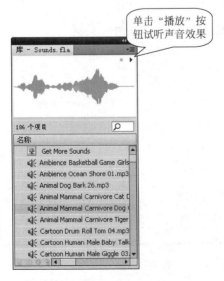

图 6-55 声音库

图 6-56 按钮库

3. 类库

选择"窗口"|"公用库"|"类"命令,打开类库,如图 6-57 所示。库中包含 3 个选项,分别是 DataBingdingClasses(即数据绑定类)、UtilsClasses(即组件类)和 WebServiceClasses(即网络服务)类。

在任何一个 Flash 影片文档中,都可以使用"公用库"中的元件。被调用的元件将会加入到当前影片文件的"库"面板中。

4. 扩充公共库

"公用库"的强大功能是不言而喻的,可以在任何 Flash 文档中使用"公共库"中的元件。内置的"公用库"元件类型和数量毕竟有限,要想得到更多的公用元件,可以扩充"公用库"。具体操作步骤如下:

(1)创建 Flash 影片文档,在该文档的"库"面板中存储想要公用的元件。这些元件可以自己制作,也可以共享其他 Flash 文档中的元件。

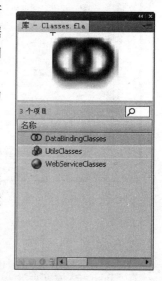

图 6-57 类库

(2)将该 Flash 文件放在硬盘上 Flash 应用程序文件夹中的 Libraries 文件夹下。这个文件夹的路径一般是\Program Files\Adobe\Adobe Flash CS6\zh_CN\Configuration\Libraries,如图 6-58 所示。

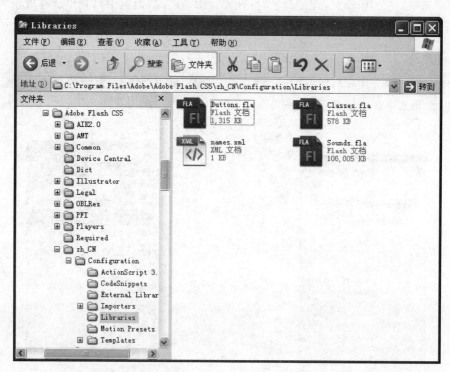

图 6-58 Libraries 文件夹

（3）将 Flash 源文件放在 Libraries 文件夹下后，当再次启动 Flash 软件时，将会发现"公用库"得到了扩充。

6.6　本章习题

1．选择题

（1）关于元件和实例，下列说法中错误的是（　　　）。

    A．元件是可以重复利用的图形、动画片段或按钮

    B．如果库中的元件发生改变（如对元件重新编辑），则元件的实例也会随之变化

    C．将需要的元件从"库"面板拖放到舞台上，舞台上的对象称为该元件的一个实例

    D．实例可以具备自己的个性，如果对实例进行更改，则会影响库中的元件本身

（2）按钮元件中，下面（　　　）帧定义了按钮的响应范围。

    A．"弹起"帧　　　　　B．"指针经过"帧　　　　C．"点击"帧　　　　　D．"按下"帧

（3）在进行（　　　）操作时，可能会出现如图 6-59 所示的"解决库冲突"对话框。

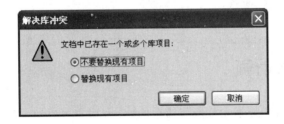

图 6-59　"解决库冲突"对话框

    A．复制帧　　　　　　　　　　　　　　B．导入外部图像文件

    C．给"库"中元件重命名　　　　　　　　D．将舞台上的图形转换为元件

（4）如果想实现缩放某个对象时，使其某些部分伸展，某些部分不变，那么可以利用"9 切片缩放"功能来实现。可以应用"9 切片缩放"功能的对象类型可以是（　　　）。

    A．图形元件　　　　　B．按钮元件　　　　　C．影片剪辑元件　　　　　D．位图

2．填空题

（1）依照功能和类型不同，Flash 元件分为＿＿＿＿＿、＿＿＿＿＿和＿＿＿＿＿三种类型。

（2）元件的创建方法一般有两种，一种方法是＿＿＿＿＿；另一种方法是＿＿＿＿＿。

（3）在 Flash 影片文档的编辑状态下，舞台上的按钮实例默认的是禁用状态，无法直接测试按钮的效果。为了能在影片编辑状态下直接测试按钮，可以选择＿＿＿＿＿命令，此时鼠标滑过按钮可看到"指针经过"帧的效果，单击按钮显示"按下"帧的效果。

（4）"9 切片缩放"辅助线是 4 条＿＿＿＿＿，在输出影片文档时不会呈现，仅在创作环境中呈现。

第7章

基于对象的补间动画

前面学习了传统补间动画,这是 Flash 最基础的一种补间动画类型,它将补间应用于关键帧。从 Flash CS4 开始,引入了一种基于对象的补间动画类型,这种动画可以对舞台上的对象的某些动画属性实现全面控制,由于它将补间直接应用于对象而不是关键帧,所以这也被称为对象补间。本章学习对象补间动画的制作方法和技巧。

本章主要内容:

- 对象补间动画;
- 使用"动画编辑器"面板;
- 动画预设。

7.1 对象补间动画

对象补间动画具有功能强大且操作简单的特点,用户可以对动画中的补间进行最大程度的控制。能够应用对象补间的元素包括影片剪辑元件实例、图形元件实例、按钮元件实例以及文本。另外,对象补间总是有一个运动路径,这个路径就是一条曲线,使用贝塞尔手柄可以轻松更改运动路径。

7.1.1 制作对象补间动画的方法

下面通过制作一个飞机由远及近的飞行动画介绍对象补间动画的制作方法。

视频讲解

(1) 新建一个 Flash 文档,设置舞台背景颜色为蓝色,其他保持默认设置。

(2) 选择"文本工具"。在"属性"面板中设置"文本引擎"为传统文本,"系列"为 Webdings,"大小"为 100 点,"颜色"为白色。

(3) 在舞台上单击,然后按 J 键,这样舞台上就出现一个飞机符号。将这个飞机符号拖放到舞台的右上角,如图 7-1 所示。

(4) 选择第 40 帧,按 F5 键插入帧。选择第 1～第 40 帧之间的任意一帧,右击,在弹出的快捷菜单中选择"创建补间动画"命令,这时第 1～第 40 帧之间的帧颜色变成淡蓝色,如图 7-2 所示。

图 7-1 输入飞机符号

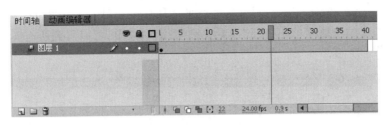

图 7-2　创建补间动画

专家点拨　在创建补间动画时,也可以右击文本对象,在弹出的快捷菜单中选择"创建补间动画"命令。

(5) 将播放头移动到第 40 帧,然后移动舞台上的飞机到舞台的左下角。这样就在第 40 帧创建了一个属性关键帧,同时可以发现舞台上出现一个路径线条,线条上有很多节点,每个节点对应一个帧,如图 7-3 所示。

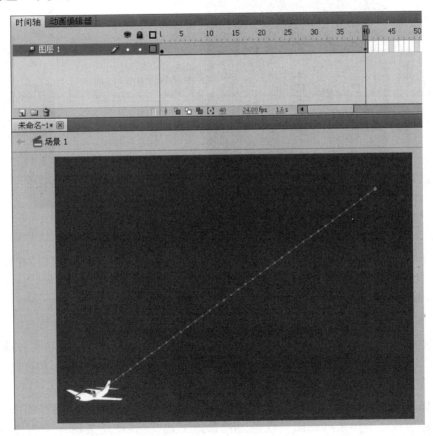

图 7-3　创建属性关键帧

专家点拨　第 40 帧不是普通的关键帧,而被称为属性关键帧。注意属性关键帧和普通关键帧的不同,属性关键帧在补间范围中显示为小菱形。对象补间的第 1 帧始终是属性关键帧,显示为圆点。

(6) 按 Enter 键,可以看到飞机从舞台右上角飞行到舞台左下角的动画效果。

(7) 默认情况下,时间轴显示所有属性类型的属性关键帧。右击第 1～第 40 帧之间的任意一帧,在弹出的快捷菜单中打开"查看关键帧"级联菜单,可以看到所有 6 个属性类型都被勾选,如图 7-4 所示。

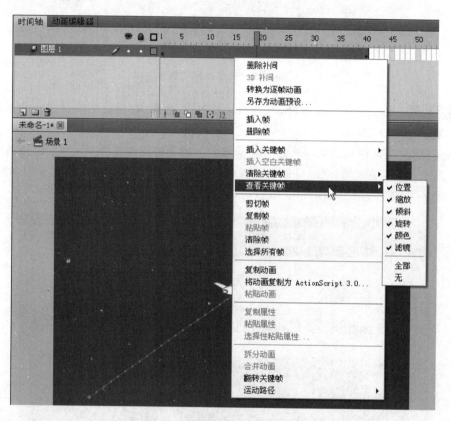

图 7-4　"查看关键帧"级联菜单

(8) 如果不想在时间轴上显示某一属性类型的属性关键帧,那么只需在"查看关键帧"级联菜单中取消对某种属性类型的勾选即可。例如,这里取消对"位置"属性的选中,就可以看到第 40 帧不再显示菱形,如图 7-5 所示。虽然这里取消了第 40 帧上的菱形显示,但是并不影响对象补间动画的效果。

专家点拨　属性关键帧上的菱形只是一个符号,表示在该关键帧上"对象的属性"有了变化。这里第 40 帧上改变了飞机的 X 和 Y 两个位置属性,因此在该帧中为 X 和 Y 添加了属性关键帧。

(9) 现在观察动画效果,飞机是沿着直线飞行的,这是因为舞台上的路径线条目前还是一条默认的直线。下面来编辑路径线条,用"选择工具"将路径线条调整为曲线,如图 7-6 所示。

专家点拨　除了用"选择工具"对路径线条进行调整外,还可以使用"部分选取工具"像使用贝塞尔手柄那样调整路径线条。另外,可以将路径线条复制到普通图层上,也可以将普通图层上的曲线复制到补间图层以替换原来的路径线条。

(10) 按 Enter 键,可以看到飞机沿着一条抛物线飞行的动画效果。

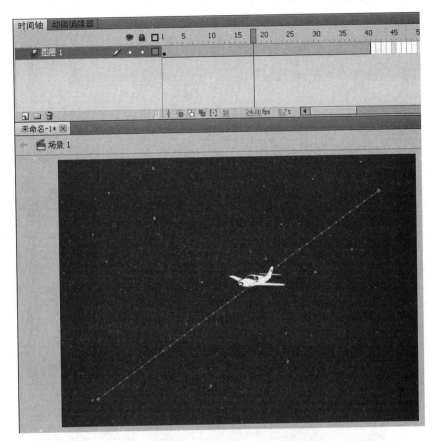

图 7-5 取消显示第 40 帧上的菱形

图 7-6 调整路径线条

（11）移动播放头到第20帧，然后选择对应舞台上的飞机，将其移动位置。这样在第20帧就创建了一个新的属性关键帧，如图7-7所示。

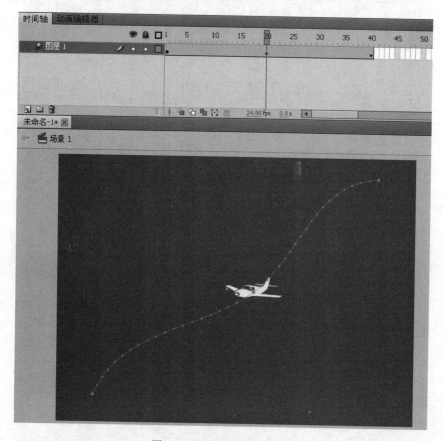

图 7-7　创建新属性关键帧

（12）移动播放头到第40帧，选中舞台上对应的飞机，在"属性"面板中更改其"宽"，以放大飞机的尺寸。这样等于在第40帧又更改了飞机的"缩放"属性。

（13）再次按 Enter 键，可以看到飞机由远及近逐渐放大的飞行动画。

（14）如果想调整飞机沿路径飞行的姿势，可以单击第1～第40帧之间的任意一帧，打开"属性"面板，选中"旋转"栏下面的"调整到路径"复选框，如图7-8所示。这时，第1～第40帧之间的所有帧都变成了属性关键帧。用"部分选取工具"调整路径线条，如图7-9所示。

（15）再次按 Enter 键，可以看到飞机沿着曲线路径飞行的动画效果，并且飞机的飞行姿势也是沿着路径曲线进行调整的。

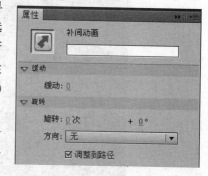

图 7-8　选中"调整到路径"复选框

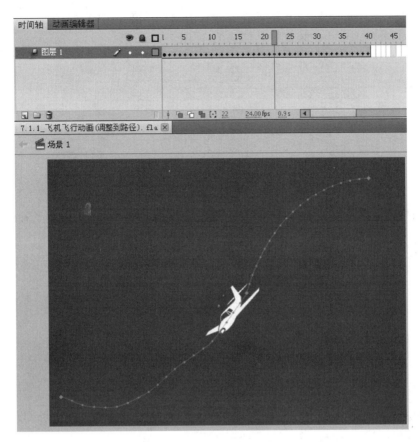

图 7-9 调整到路径

7.1.2 补间范围和目标对象

补间范围是时间轴中的一组帧,其中的某个对象具有一个或多个随时间变化的属性。补间范围在时间轴中显示为具有蓝色背景的单个图层中的一组帧,可将这些补间范围作为单个对象进行选择,并从时间轴中的一个位置拖曳到另一个位置,包括拖曳到另一个图层。在每个补间范围中,只能对舞台上的一个对象进行动画处理,此对象称为补间范围的目标对象。

视频讲解

视频讲解

1. 补间范围的选择

(1)新建一个 Flash 文档,保持默认设置。在舞台上绘制一个圆形,并将其转换为图形元件。

(2)在第 30 帧插入帧。选择第 1~第 30 帧之间的任意一帧,右击,在弹出的快捷菜单中选择"创建补间动画"命令,这样就创建了一个对象补间。这时"图层 1"名称前面的图标发生了变化,说明这个图层由普通图层变成了补间图层。

(3)将播放头拖放在第 30 帧,选中舞台上的圆,在"变形"面板中放大它的尺寸。这样就形成了一个圆逐渐放大的动画效果。

（4）第1～第30帧就是一个补间范围。双击第1～第30帧之间的任意一帧（或按下Shift键单击），补间范围内的帧就被全部选中，如图7-10所示。

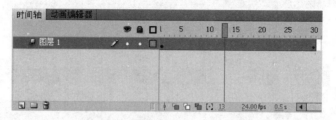

图7-10　选中补间范围内的全部帧

（5）如果要选择补间范围内的单个帧，可以单击该范围内的帧，选中了补间范围内的第15帧，如图7-11所示。

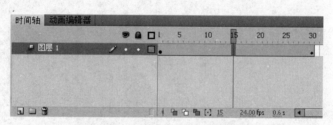

图7-11　选中补间范围内的第15帧

（6）如果要选择补间范围内的多个连续帧，可以按住Ctrl键的同时在补间范围内拖曳，如图7-12所示。

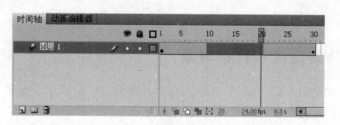

图7-12　选中补间范围内的多个连续帧

（7）下面在"图层1"上再创建一段对象补间动画。选择第31帧，按F7键插入空白关键帧，在第31帧上绘制一个矩形，并将其转换为影片剪辑元件。

（8）在第50帧插入帧。选择第31～第50帧之间的任意一帧，右击，在弹出的快捷菜单中选择"创建补间动画"命令，这样就创建了一个对象补间。

（9）将播放头拖放在第50帧，选中舞台上的矩形，在"属性"面板中设置它的Alpha值为0。这样就形成了一个矩形渐隐的动画效果。

（10）第31～第50帧是一个新的补间范围，在这个补间范围内只有一个独立的对象——矩形影片剪辑实例。

（11）如果要同时选中时间轴上两个补间范围，可以双击选中第一个补间范围，然后按下Shift键的同时再单击第二个补间范围。

2．补间范围的操作

（1）接着上面的步骤继续操作。前面创建的两个补间范围之间有一个分割线，向右拖曳这个分割线。这样可以调整两个补间范围的长度，重新计算每个补间。

专家点拨 要更改动画的长度，可拖曳补间范围的右边缘或左边缘。若将一个范围的边缘拖到另一个范围的帧中，将会替换第二个范围的帧。

（2）选中第一个补间范围，将其拖曳到第二个补间范围的右边，如图 7-13 所示。这样，动画播放的先后次序就会发生改变。

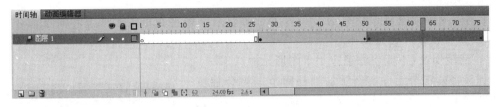

图 7-13　移动补间范围

专家点拨 对补间图层进行了锁定并不影响移动补间范围。另外，将某个补间范围移到另一个补间范围之上会占用第二个补间范围的重叠帧。

（3）新建一个图层，选中"图层 1"上的一个补间范围，将其拖曳到"图层 2"上，如图 7-14 所示。"图层 2"也由普通图层变为补间图层。

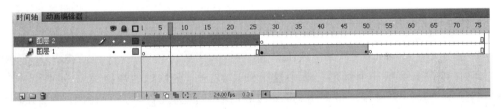

图 7-14　将补间范围移动到新图层

（4）如果要复制补间范围，可以按住 Alt 键的同时将该补间范围拖曳到时间轴中的新位置；也可以通过执行"复制帧"和"粘贴帧"命令进行补间范围的复制。

（5）如果要删除补间范围，可以选中补间范围后，右击，在弹出的快捷菜单中执行"删除帧"或"清除帧"命令。

专家点拨 选择某一个补间范围，右击，在弹出的快捷菜单中选择"转换为逐帧动画"命令，可以将补间动画范围转换为逐帧动画。逐帧动画中的每个帧都包含单独的关键帧（而非属性关键帧），其中的每个关键帧都包含单独的元件实例。

3．关于目标对象

补间图层中的每个补间范围只能包含一个目标对象，目标对象的类型可以是影片剪辑实例、图形元件实例、按钮元件实例和文本。可补间的目标对象的属性包括：

- 2D：X 和 Y 位置。
- 3D：Z 位置（仅限影片剪辑）。

- 2D：旋转（围绕 Z 轴）。
- 3D：X、Y 和 Z 旋转（仅限影片剪辑）。

专家点拨 3D 动画要求 FLA 文件在发布设置中面向 ActionScript 3.0 和 Flash Player 10 或更高版本。

- 倾斜 X 和 Y。
- 缩放 X 和 Y。
- 色彩效果。

专家点拨 色彩效果包括 Alpha（透明）、亮度、色调和高级颜色设置。色彩效果只能在元件和 TLF 文件上进行补间。通过补间这些属性，可以赋予对象淡入某种颜色或从一种颜色逐渐淡化为另一种颜色的效果。若要在传统文本上补间颜色效果，请将文本转换为元件。

- 滤镜属性（不能将滤镜应用于图形元件）。

如果将第二个元件实例添加到补间范围将会替换补间范围中的原始元件实例。这个功能十分实用，当想改变补间动画的内容而又不想重新制作，就可以通过直接拖放另一个元件替换原有元件实例。替换时，会弹出如图 7-15 所示的"替换当前补间目标"对话框，单击"确定"按钮即可。

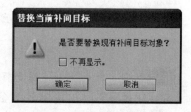

图 7-15 "替换当前补间目标"对话框

7.1.3 创建对象补间的基本规则

1. 转换补间目标的类型

（1）新建一个 Flash 文档，保持默认设置。

（2）在舞台上绘制一个圆形。选中这个圆形，右击，在弹出的快捷菜单中选择"创建补间动画"命令，弹出"将所选的内容转换为元件以进行补间"对话框，如图 7-16 所示。

视频讲解

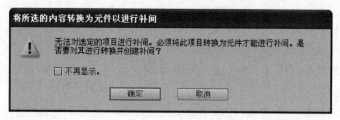

图 7-16 "将所选的内容转换为元件以进行补间"对话框

（3）单击"确定"按钮，舞台上的圆形变成一个影片剪辑元件的实例，并且圆形所在图层变成了补间图层，时间轴上的帧自动延伸到第 24 帧。

专家点拨 如果补间对象仅驻留在时间轴的第 1 帧，则补间范围的长度自动等于 1s 的持续时间。默认帧频是 24 帧/秒，则补间范围包含 24 帧；如果帧频不足 5 帧/秒，则补间范围强制为 5 帧。

（4）这时，在图层 1 上创建了一个对象补间，将播放头移动到第 24 帧，然后改变舞台上圆形的位置，这样就创建了一个对象位置移动的补间动画。这个补间是针对圆形影片剪辑实例的。

专家点拨 如果对象不是可补间的对象类型,或在一个图层上选择了多个对象,在创建补间动画时会将选择的内容转换为影片剪辑元件,创建的对象补间实际上是面对新建的影片剪辑实例的。

2. 普通图层变为补间图层的规则

当向图层上的对象添加补间时,Flash 执行下列操作之一:

- 将该图层转换为补间图层;
- 创建一个新图层,以保留该图层上对象的原始堆叠顺序。

图层是按照下列规则添加的:

- 如果该图层上除选定对象之外没有其他任何对象,则该图层更改为补间图层。
- 如果选定对象位于该图层堆叠顺序的底部(在所有其他对象之下),则 Flash 会在原始图层之上创建一个图层。该新图层将保存未选择的项目。原始图层成为补间图层。
- 如果选定对象位于该图层堆叠顺序的顶部(在所有其他对象之上),则 Flash 会创建一个新图层。选定对象将移至新图层,而该图层将成为补间图层。
- 如果选定对象位于该图层堆叠顺序的中间(在选定对象之上和之下都有对象),则 Flash 会创建两个图层。一个图层保存新补间;而它上面的另一个图层保存位于堆叠顺序顶部的未选择项目。位于堆叠顺序底部的非选定项仍位于新插入图层下方的原图层上。

专家点拨 补间图层可包含补间范围以及静态帧和 ActionScript,但包含补间范围的补间图层的帧不能包含补间对象以外的对象。若要将其他对象添加到同一帧中,请将其放置单独的图层中。

7.2 使用"动画编辑器"面板

"动画编辑器"面板提供了针对补间动画所有属性的信息和设置项。通过"动画编辑器"面板,用户可以查看所有补间属性和属性关键帧,还可以通过设置相应的设置项实现对动画的精确控制。

7.2.1 "动画编辑器"面板简介

在时间轴上创建了补间后,使用"动画编辑器"面板能够以多种方式对补间进行控制。选择"窗口"|"动画编辑器"命令,可以打开"动画编辑器"面板,如图 7-17 所示。在面板的左侧是对象属性的可扩展列表以及动画的"缓动"属性,面板右侧的时间轴上显示直线或曲线,直观表现不同时刻的属性值。

视频讲解

在"动画编辑器"面板底部的"图形大小" ▤ 文本框中输入数值,或左右拖曳文本,改变时间轴的垂直高度;在"扩展图形的大小" ▤ 文本框中输入数值,或左右拖曳文本,更改所选属性的垂直高度;在"可查看的帧"文本框 ▥ 中输入数值,或左右拖曳文本,更改出现在时间轴中的帧的数量。"动画编辑器"面板中其他按钮的作用,如图 7-18 所示。

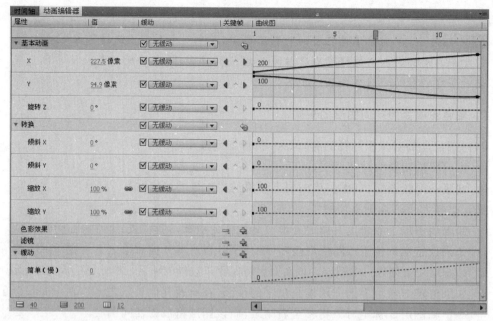

图 7-17 "动画编辑器"面板

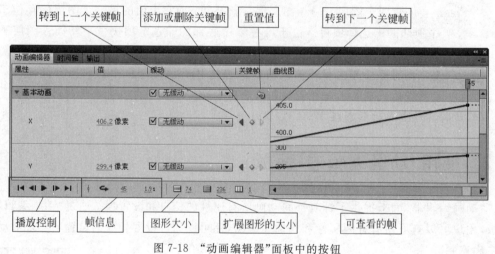

图 7-18 "动画编辑器"面板中的按钮

7.2.2 应用"动画编辑器"面板编辑动画

使用"动画编辑器"面板能够对动画进行各种操作,这些操作包括对属性关键帧进行添加、删除或移动、更改元件实例的属性以及为补间添加缓动效果。下面介绍具体的操作方法。

视频讲解

1. 添加或删除属性关键帧

在"动画编辑器"面板的时间轴上同样有红色的播放头,拖曳该播放头到需要进行帧操作的位置,在面板中单击"添加或删除关键帧"按钮 ◇,即可在播放头所在的帧添加一个属性关键帧,此时在该帧处的曲线上将显示一个关键帧节点,如图 7-19 所示。

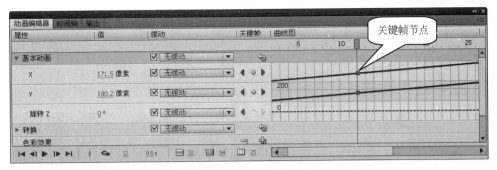

图 7-19　添加属性关键帧

在时间轴上选择某个关键帧节点后，单击"添加或删除关键帧"按钮 ◇ ，可以将该属性关键帧删除。在时间轴上拖曳关键帧节点可以改变属性关键帧的位置。

专家点拨　将播放头移动到某个帧后，右击，在弹出的快捷菜单中选择"添加关键帧"命令，也可以添加一个属性关键帧。

2．改变实例的位置

在"动画编辑器"面板中，除了可以通过在 X 和 Y 文本框中输入数值来改变对象在舞台上的位置之外，还可以通过改变 X 或 Y 属性时间轴上关键帧节点的垂直位置来更改该关键帧中实例在舞台上的位置，如图 7-20 所示。

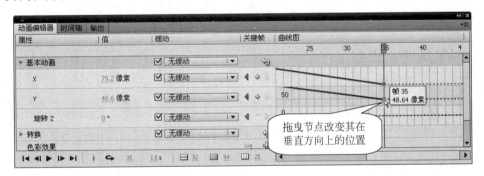

图 7-20　改变关键帧中实例在舞台上的位置

3．对实例进行变形

使用"动画编辑器"面板可以对实例进行倾斜或缩放变换。在"动画编辑器"面板中展开"转换"选项栏，设置其中的"倾斜 X"和"倾斜 Y"值，可以对当前关键帧中实例进行倾斜变换。设置"缩放 X"和"缩放 Y"值，可以对实例进行缩放变换，如图 7-21 所示。

4．添加或删除色彩效果

在"动画编辑器"面板中展开"色彩效果"选项栏，单击"色彩效果"选项右侧的按钮 ，将打开一个菜单，在菜单中选择相应的选项（如这里的 Alpha），此时即可对该选项的参数进行设置，如图 7-22 所示。如果要删除添加的色彩效果，单击"删除颜色、滤镜和缓动"按钮 ，在打开的菜单中选择需要删除的项目即可。

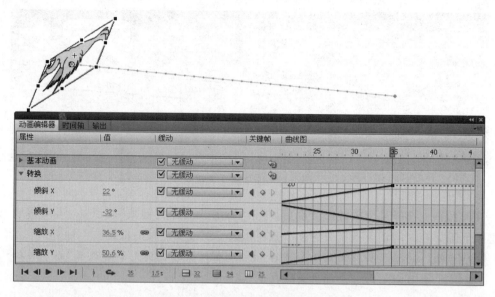

图 7-21 对实例进行倾斜或缩放变换

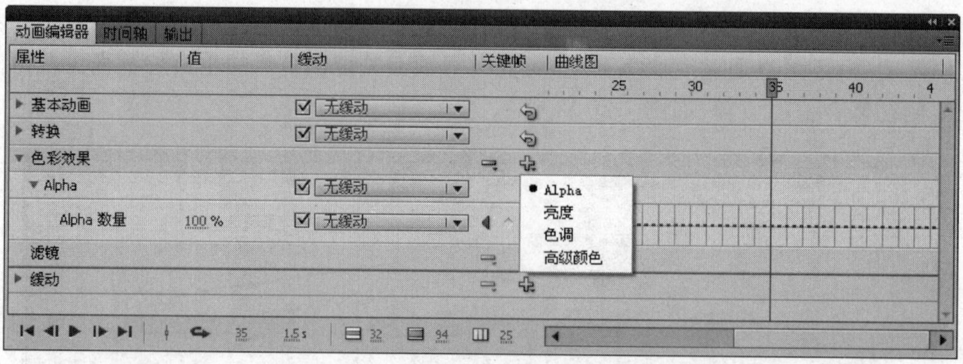

图 7-22 添加色彩效果

5. 添加或删除滤镜

在"动画编辑器"面板中展开"滤镜"选项栏,单击"滤镜"选项右侧的按钮 ⏶,将打开一个菜单,在菜单中选择相应的选项(如这里的"模糊"),此时即可对"模糊"滤镜进行设置,如图 7-23 所示。如果要删除添加的滤镜效果,单击"删除颜色、滤镜和缓动"按钮 ⏵,在打开的菜单中选择需要删除的项目即可。

6. 设置缓动

为补间动画添加缓动,可以改变补间中实例变化的速度,使其变化效果更加逼真。在"动画编辑器"面板中展开"缓动"选项栏,Flash 已经预设了"简单(慢)"缓动效果,可以直接输入数值来设置缓动强度的百分比值。单击"缓动"选项右侧的按钮 ⏶,将打开一个菜单,在菜单中选择相应的选项(如"方波"),此时将添加该缓动效果,并可对缓动强度值进行设置,如图 7-24 所示。如果要删除添加的缓动效果,单击"删除颜色、滤镜和缓动"按钮 ⏵,在打开的菜单中选择需要删除的项目即可。

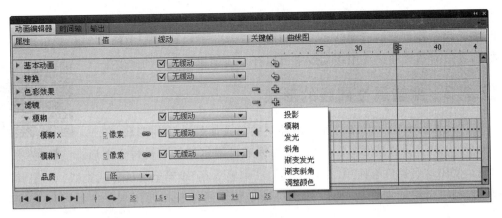

图 7-23 添加滤镜效果

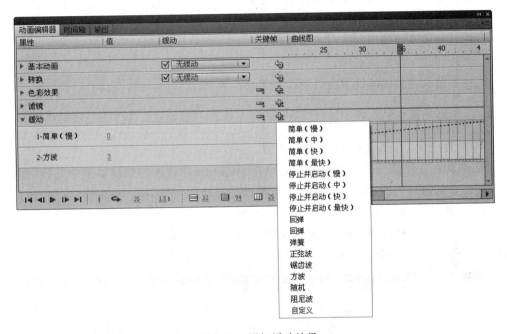

图 7-24 添加缓动效果

如果某个属性要应用缓动，确保该属性中的"缓动"复选框处于选中状态，在下拉列表框中选择一个缓动（如"3-正弦波"），如图 7-25 所示。

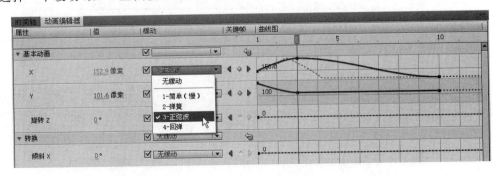

图 7-25 为属性添加缓动

缓动曲线将叠加在属性曲线上,呈彩色虚线。应用缓动可以创建特定类型的复杂动画效果,而无须创建复杂的运动路径。缓动曲线是显示在一段时间内的如何内插补间属性值的曲线,通过对属性曲线应用缓动效果可以轻松地创建复杂的动画效果。

7.2.3 编辑属性曲线的形状

通过"动画编辑器",可以精确控制补间的每条属性曲线的形状(X、Y和Z除外)。对于所有其他属性,可以使用标准贝塞尔控件编辑每个图形的曲线。使用这些控件与使用"选取工具"或"钢笔工具"编辑笔触的方式类似。向上移动曲线段或控制点可增加属性值,向下移动可减小值。通过直接使用属性曲线可以完成以下操作:

视频讲解

- 创建复杂曲线以实现复杂的补间效果;
- 在属性关键帧上调整属性值;
- 沿整条属性曲线增加或减小属性值;
- 向补间添加附加关键帧;
- 将各个属性关键帧设置为浮动或非浮动。

1. 基本运动属性的曲线

(1) 新建一个 Flash 文档,保持默认设置。

(2) 在舞台上绘制一个矩形。选中这个矩形,右击,在弹出的快捷菜单中选择"创建补间动画"命令,弹出"将所选的内容转换为元件以进行补间"对话框。单击"确定"按钮,创建一个补间动画,时间轴上的帧自动延伸到第 24 帧。

(3) 选中舞台上的矩形,展开"动画编辑器"面板,这时曲线区域呈现为虚线,表明所有属性尚未作任何变化,如图 7-26 所示。

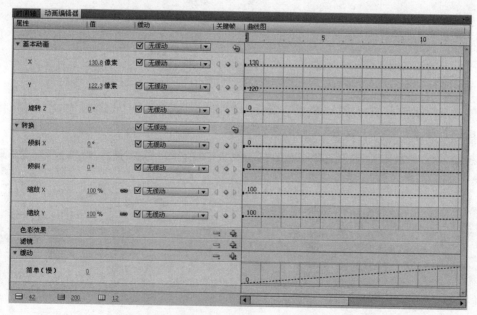

图 7-26 属性尚未作任何变化

专家点拨 在使用"动画编辑器"面板前,必须先选中补间范围或选中补间中的目标对象,否则"动画编辑器"面板将不可用。

(4) 在"基本动画"栏下的 X 属性项对应的曲线图中,将播放头移动到第 10 帧,右击,在弹出的快捷菜单中选择"添加关键帧"命令,这样第 1～第 10 帧出现一条属性曲线,可以发现 X 属性和 Y 属性是同时出现属性曲线的,如图 7-27 所示。

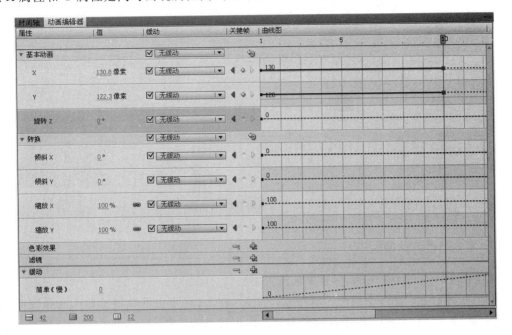

图 7-27 添加 X 属性曲线

专家点拨 在"动画编辑器"中,基本运动属性 X、Y 和 Z(具有 3D 变换时)与其他属性不同。这三个属性联系在一起,如果补间范围中的某个帧是这三个属性之一的属性关键帧,则其必须是所有这三个属性的属性关键帧。

(5) 开始状态下曲线是一条水平直线,按住 X(或 Y)的属性直线中间上下拖曳,从而同时改变两个属性关键帧中对象的 X(或 Y)属性值。这样,对于补间动画而言不会发生变化,因为两端的属性关键帧中的属性是同时改变的,等于没有变化。

(6) 按住曲线中间左右拖曳,这时只是移动了属性关键帧。

(7) 按住曲线两个端点中的任意一个上下拖曳,这时属性就会沿着该曲线进行变化,从而有了动画所要求的属性改变的效果。例如,这里在第 10 帧上分别拖曳 X 属性曲线和 Y 属性曲线的端点,舞台上就得到一个运动路径,如图 7-28 所示。

专家点拨 不能使用贝塞尔控件编辑 X、Y 和 Z 属性曲线上的控制点。属性曲线的控制点可以是平滑点或转角点,属性曲线在经过转角点时会形成夹角,属性曲线在经过平滑点时会形成平滑曲线。对于 X、Y 和 Z,属性曲线中控制点的类型取决于舞台上运动路径中对应控制点的类型。通常,最好通过编辑舞台上的运动路径来编辑补间的 X、Y 和 Z 属性。使用"动画编辑器"面板对属性值进行较小的调整,或将其属性关键帧移动到补间范围的其他帧。

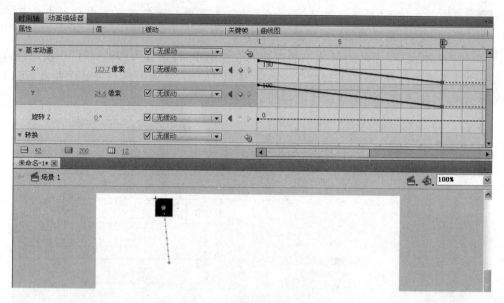

图 7-28　调整属性曲线端点

2．其他属性的曲线

（1）新建一个 Flash 文档,保持默认设置。

（2）在舞台上绘制一个矩形。选中这个矩形,右击,在弹出的快捷菜单中选择"创建补间动画"命令,弹出"将所选的内容转换为元件以进行补间"对话框。单击"确定"按钮,创建一个补间动画,时间轴上的帧自动延伸到第 24 帧。

（3）选中舞台上的矩形,展开"动画编辑器"面板,这时曲线区域呈现为虚线表明所有属性尚未改变。

（4）在"转换"栏下的"倾斜 X"属性项对应的曲线图中,将播放头移动到第 10 帧,右击,在弹出的快捷菜单中选择"添加关键帧"命令,这样第 1～第 10 帧出现一条属性曲线,如图 7-29 所示。

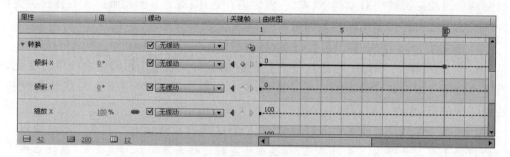

图 7-29　添加"倾斜 X"属性曲线

（5）单击"倾斜 X"将其展开,以便于下面的操作。向下拖曳第 10 帧上的控制点,如图 7-30 所示。垂直坐标表示的是该属性的属性值,向上移动曲线段或控制点可以增加属性值,向下移动可以减小属性值。

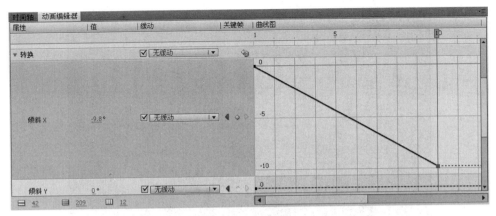

图 7-30 拖曳曲线

（6）单击第 10 帧上的控制点，可以发现目前它是一个转角点，没有出现贝塞尔手柄。

（7）按住 Alt 键并单击第 10 帧上的控制点，就将其转换成了平滑点，这时出现了贝塞尔手柄，如图 7-31 所示。

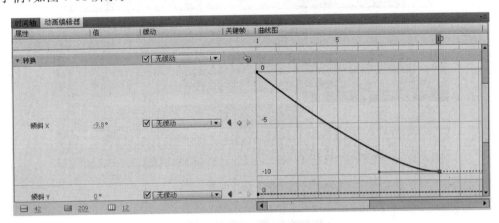

图 7-31 将转角点转换为平滑点

专家点拨 右击，通过快捷菜单可以在两种控制点之间切换，如果要将点设置为平滑点模式，右击，在弹出的快捷菜单中选择"平滑点""平滑右"或"平滑左"命令。如果要将点设置为转角点模式，右击，在弹出的快捷菜单中选择"转角点"命令。

7.2.4 实战范例：汽车广告

本小节利用"动画编辑器"制作一个汽车广告的动画效果，首先从天而降一个汽车，然后汽车飞驰消失，最后飞进来一个文字广告词。范例效果如图 7-32 所示，图层结构如图 7-33 所示。

视频讲解

1. 制作汽车从天而降的动画效果

（1）新建一个 Flash 文档，将舞台背景颜色设置为黑色，其他保持默认设置。

（2）将外部的汽车图像文件导入到舞台，并且用"魔术棒"和"橡皮擦工具"将图像的背景去除。最后将汽车图像转换为影片剪辑元件。"库"面板的情况如图 7-34 所示。

图 7-32　汽车广告

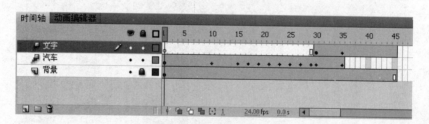

图 7-33　图层结构

图 7-34　"库"面板

（3）将"图层1"更名为"汽车"。将舞台上的汽车移动到舞台顶端外部。

（4）在第35帧插入帧，然后为汽车创建补间动画。

（5）选中补间范围，打开"动画编辑器"面板。将播放头移动到第10帧，在"基本动画"栏中将Y设置为200像素，如图7-35所示。此时测试动画可以获得汽车从舞台上方落下的动画效果。

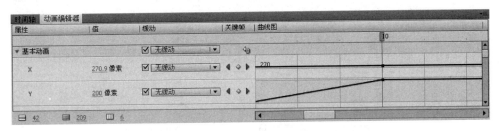

图 7-35 在第 10 帧设置 Y 值

（6）在时间轴上选择第 15 帧，在"基本动画"栏中将"旋转 Z"值设置为 2°。选择第 17 帧，将"旋转 Z"值设置为 0°。选择第 19 帧，将"旋转 Z"值设置后为 −2°。同样地，将第 21 帧的"旋转 Z"值设置为 0°，将第 23 帧的"旋转 Z"值设置为 2°。按照这样的规律，以两帧为间隔，依次设置后面帧的"旋转 Z"属性值，如图 7-36 所示。

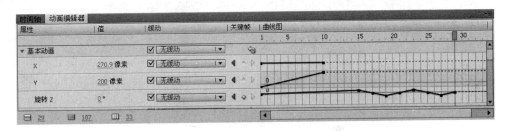

图 7-36 以相同的帧间隔设置"旋转 Z"属性值

（7）单击"滤镜"选项栏右侧的"添加颜色、滤镜或缓动"按钮 ，在获得的菜单中选择"模糊"滤镜。将播放头移动到第 1 帧，将"模糊 X"和"模糊 Y"值均设置为 0 像素；将播放头移动到第 17 帧，将"模糊 X"和"模糊 Y"的值均设置为 10 像素；选择第 19 帧，将"模糊 X"和"模糊 Y"值重新设置为 0 像素。按照这样的规律，以两帧为间隔，依次设置后面帧的"模糊 X"值和"模糊 Y"值。最后，将第 10 帧的"模糊"滤镜的"模糊 X"和"模糊 Y"值设置为 0 像素，如图 7-37 所示。这样获得汽车震动的动画效果。

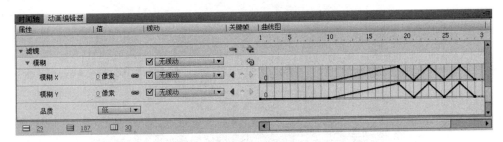

图 7-37 以相同的帧间隔设置"模糊"滤镜

2．制作汽车飞驰消失的动画效果

（1）将播放头移动到第 30 帧，在"基本动画"栏中 X 属性中，添加一个属性关键帧。再将播放头移动第 35 帧，将 X 属性值设置为 620 像素，如图 7-38 所示。

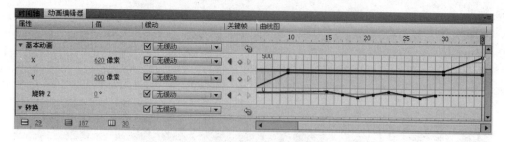

图 7-38　在第 30 帧和 35 帧分别设置 X 属性值

（2）将播放头移动到第 1 帧，在"色彩效果"栏中单击"添加颜色、滤镜或缓动"按钮，在弹出的菜单中选中 Alpha。

（3）将播放头移动到第 30 帧，添加一个属性关键帧。将播放头移动第 35 帧，将 Alpha 值更改为 0，如图 7-39 所示。

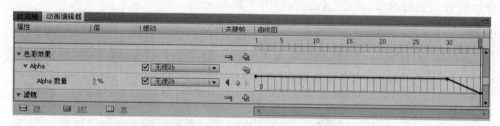

图 7-39　设置 Alpha 属性值

3. 制作文字动画效果

（1）新添加一个图层，将其重命名为"背景"。然后将这个图层移动到时间轴最下边。在这个图层上绘制一个和舞台重合的矩形，填充色为从深蓝色到浅蓝色的径向渐变色。将"背景"图层上的帧延伸到第 45 帧。

（2）再新添加一个图层，将其重命名为"文字"。在这个图层的第 30 帧添加一个空白关键帧。在第 30 帧上，用"文本工具"创建一个传统文本，将其放置在舞台的左侧外部，效果如图 7-40 所示。

图 7-40　输入文本

（3）在第 45 帧添加帧，然后针对这个文字创建补间动画。

（4）选中"文字"图层的补间范围，打开"动画编辑器"面板。将播放头移动到第 35 帧，在"基本动画"栏中将 X 设置为 262 像素，如图 7-41 所示。这样可以获得文字从舞台左侧飞入舞台的动画效果。

图 7-41 在第 35 帧设置 X 属性值

（5）单击"滤镜"选项栏右侧的"添加颜色、滤镜或缓动"按钮，在获得的菜单中选择"模糊"滤镜。将播放头移动到第 30 帧，将"模糊 X"和"模糊 Y"值均设置为 15 像素；将播放头移动到第 35 帧，将"模糊 X"和"模糊 Y"值均设置为 0 像素，如图 7-42 所示。

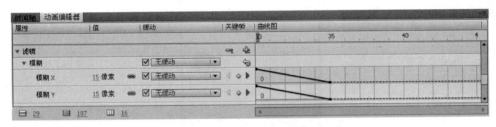

图 7-42 设置"模糊 X"和"模糊 Y"值

（6）单击"缓动"选项栏右侧的"添加颜色、滤镜或缓动"按钮，在获得的菜单中选择"阻尼波"，然后更改"阻尼波"的值为 8，如图 7-43 所示。

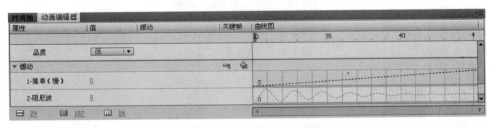

图 7-43 添加"阻尼波"缓动

（7）在"基本动画"栏的"缓动"项下，为 X 属性设置"2-阻尼波"缓动，如图 7-44 所示。

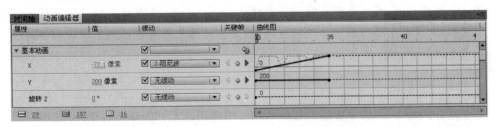

图 7-44 为 X 属性应用"2-阻尼波"缓动

至此,本范例制作完毕。

7.3 动画预设

动画预设是 Flash 内置的补间动画,其可以被直接应用于舞台上的实例对象。使用动画预设,可以节约动画设计和制作的时间,极大地提高工作效率。

7.3.1 使用动画预设的方法

Flash 内置的动画预设,可以在"动画预设"面板中选择并预览其效果。选择"窗口"|"动画预设"命令,打开"动画预设"面板,在面板的"默认预设"文件夹中选择一个动画预设选项,在面板中即可查看其动画效果,如图 7-45 所示。下面介绍使用动画预设的方法。

视频讲解

图 7-45 "动画预设"面板

1. 应用动画预设

在舞台上选择可创建补间动画的对象,在"动画预设"面板中选择需要使用的预设动画,单击"应用"按钮,选择对象即被添加预设动画效果,如图 7-46 所示。

专家点拨 在应用预设动画时,每个对象只能使用一个预设动画,如果对对象应用第二个预设动画,第二个预设动画将代替第一个。另外,每个动画预设包含特定数量的帧,如果对象已经应用了不同长度的补间,补间范围将进行调整以符合动画预设的长度。

2. 保存动画预设

在创建补间动画后,为了能够在其他的作品中使用这个补间动画效果,可以将其保存为动画预设。

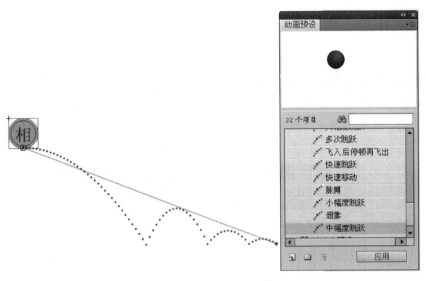

图 7-46　应用动画预设

在"时间轴"面板中选择补间范围,在"动画预设"面板中单击"将选区另存为预设"按钮 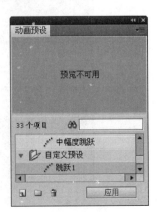,如图 7-47 所示。此时将打开"将预设另存为"对话框,在其中的"预设名称"文本框中输入动画预设名称,如图 7-48 所示。单击"确定"按钮,新预设将保存在"自定义预设"文件夹中,如图 7-49 所示。

图 7-47　单击"将选区另存为预设"按钮

图 7-48　"将预设另存为"对话框

图 7-49　保存新预设

3. 导入动画预设

　　Flash中的动画预设以 XML 文件的形式保存在计算机中,同时这种 XML 文件形式的动画预设也直接导入到"动画预设"面板中。

　　在"动画预设"面板中单击右上角的按钮 ，在打开的菜单中选择"导入"命令,打开"打开"对话框。在对话框中选择动画预设文件,如图 7-50 所示。单击"打开"按钮,即可将动画预设导入到"自定义预设"文件夹中。

图 7-50　选择动画预设文件

7.3.2　实战范例:文字动画特效

　　本小节利用动画预设功能制作一个文字动画特效,首先是 4 个字从上而下模糊飞入,然后文字整体显示一个脉动效果。动画效果如图 7-51 所示。图层结构如图 7-52 所示。

视频讲解

图 7-51　文字动画特效

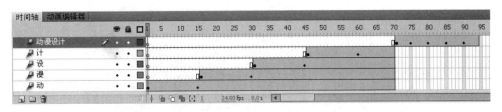

图 7-52 图层结构

1. 制作单个字从上而下模糊飞入

（1）新建一个 Flash 文档，设置舞台颜色为蓝色，其他保存默认设置。

（2）用"文本工具"在舞台上输入文字"动漫设计"，设置文字为传统文本、白色。

（3）选中舞台上的文字，选择"修改"|"分离"命令，将文字分离成单个文字，如图 7-53 所示。

（4）将舞台上的文字全部选中，选择"修改"|"时间轴"|"分散到图层"命令，将 4 个文字分散到 4 个单独的图层上，4 个图层的名字正好是所在这个图层的文字，此时的图层结构如图 7-54 所示。

图 7-53 分离文字

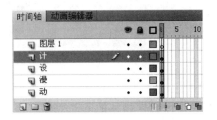

图 7-54 分散到图层

（5）选中舞台上的"动"字，打开"动画预设"面板，选中其中的"从顶部模糊飞入"，如图 7-55 所示。单击"应用"按钮，就将补间动画应用到了"动"字上。

（6）此时的补间范围是 15 帧，为了便于下面的操作，将其他 3 个文字图层上的帧延伸到第 15 帧。选择"动"图层的第 15 帧，单击舞台上的路径，按向上方向键↑将其向上移动，直到"动"字和其他 3 个字对齐，如图 7-56 所示。

（7）按照同样的方法，分别对其他 3 个字应用"从顶部模糊飞入"动画预设，并且调整路径，使文字在舞台中间对齐。

（8）为了实现文字依次从上而下飞入的效果，将补间范围依次向后移动，图层结构如图 7-57 所示。

（9）最后将"动"图层、"漫"图层、"设"图层上的帧都延伸到第 60 帧。

图 7-55 "动画预设"面板

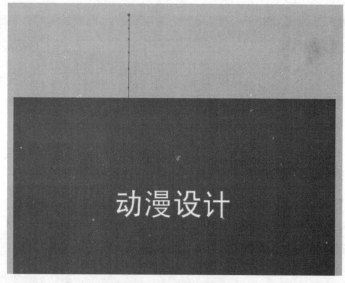

图 7-56　移动路径

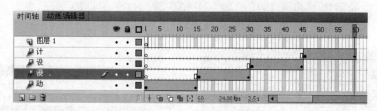

图 7-57　依次移动补间范围

2．制作文字整体的脉动效果

（1）将"图层 1"重新命名为"动漫设计"，在这个图层的第 61 帧添加空白关键帧。

（2）将播放头定位在第 60 帧，依次单击舞台上的文字，将它们全部选中，选择"编辑"|"复制"命令，选中"动漫设计"图层的第 61 帧，选择"编辑"|"粘贴到当前位置"命令。

（3）将第 61 帧上的文字全部选中，然后转换为影片剪辑元件。

（4）保持文字实例处于选中状态，打开"动画预设"面板，选中其中的"脉动"，单击"应用"按钮。

（5）打开"动画编辑器"，在"滤镜"栏，单击"添加颜色、滤镜或缓动"按钮，在弹出的菜单中选择"投影"。其他 4 个补间图层也按照同样的方法添加"投影"滤镜。

至此，本范例制作完毕。

7.4　本章习题

1．选择题

（1）关于基于对象的补间动画中的路径曲线，下列说法中错误的是（　　　）。

　　A．可以用"选择工具"对路径线条进行调整

B. 可以使用"部分选取工具"像使用贝塞尔手柄那样调整路径线条

C. 可以将路径线条复制到普通图层上,使路径曲线在动画中显示处理

D. 不能将普通图层上的曲线复制到补间图层以替换原来的路径线条

(2) 如果补间对象仅驻留在时间轴的第 1 帧,则在定义补间动画后,补间范围的长度自动等于(　　)s 的持续时间。

　　　A. 24　　　　　　　B. 12　　　　　　　C. 1　　　　　　　D. 10

(3) 在"动画编辑器"面板中,下面(　　　)按钮可以删除关键帧。

　　　A. 　　　　B. 　　　　C. 　　　　D.

(4) 在"动画预设"面板中,下面(　　　)按钮用于保存选择的预设动画。

　　　A. 　　　　B. 　　　　C. 　　　　D.

2. 填空题

(1) 对象补间动画具有功能强大且操作简单的特点,用户可以对动画中的补间进行最大程度的控制。能够应用对象补间的元素包括影片剪辑元件实例、图形元件实例、按钮元件实例以及_____。

(2) 在创建基于对象的补间动画时,补间范围中的关键帧不同于普通的关键帧,一般称为_____。除了第 1 帧外,补间范围内的关键帧的外形显示为_____。

(3) "动画编辑器"是一个面板,该面板提供了针对补间动画所有_____的信息和设置项,选择窗口菜单下的_____命令可以打开该面板。

(4) Flash 内置的动画预设,可以在"动画预设"面板中选择并预览其效果。如果需要打开"动画预设"面板,可以选择_____菜单下的"动画预设"命令。在面板中选择预设动画,同时在舞台上选择可以创建补间动画的对象后,在面板中单击_____按钮,即可将选择的预设动画应用到对象。

第8章 高级动画

遮罩是 Flash 动画创作中不可缺少的技术,使用遮罩配合补间动画,可以创作更多丰富多彩的动画效果。Flash 从 CS4 版本开始提供了 3D 工具,能够使设计师在三维空间内对普通的二维对象进行处理,再和补间动画相结合就能制作 3D 动画效果。骨骼动画是一种应用于计算机动画制作的技术,其依据的是反向运动学原理。这种技术应用于计算机动画制作是为了能够模拟动物或机械的复杂运动,使动画中的角色动作更加形象逼真,使设计师能够方便地模拟各种与现实一致的动作。

本章主要内容:

- 遮罩动画;
- 3D 动画;
- 骨骼动画。

8.1 遮罩动画

在 Flash 作品中,常常可以看到很多眩目神奇的效果,其中不少就是用"遮罩"动画完成的,如水波、万花筒、百叶窗、放大镜等动画效果。

本节除了介绍"遮罩"动画的基本知识外,还结合实际范例讲解"遮罩"动画的制作方法和技巧。

8.1.1 遮罩动画的制作方法

遮罩动画的原理是,在舞台前增加一个类似于电影镜头的对象。这个对象不局限于圆形,可以是任意形状,甚至可以是文字。将来导出的影片,只显示电影镜头"拍摄"出来的对象,其他不在电影镜头区域内的舞台对象不再显示。

视频讲解

下面通过具体的操作来讲解遮罩动画的制作方法。

(1) 新建一个 Flash 影片文档,保持文档属性的默认设置。

(2) 导入一个外部图像"夜景.png"到舞台上。

(3) 新建一个图层,在这个图层上用"椭圆工具"绘制一个圆(无边框、任意色)。计划将这个圆当做遮罩动画中的电影镜头对象来用。

目前,影片有两个图层,"图层 1"上放置的是导入的图像,"图层 2"上放置的是圆(计划用做电影镜头对象),如图 8-1 所示。

（4）下面来定义遮罩动画效果。右击"图层2"，在弹出的快捷菜单中选择"遮罩层"命令。图层结构发生了变化，如图8-2所示。

图8-1 舞台效果

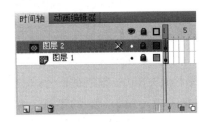

图8-2 遮罩图层结构

（5）注意观察图层和舞台的变化。

"图层1"：图层的图标改变了，从普通图层变成了被遮罩层（被拍摄图层），并且图层缩进，图层被自动加锁。

"图层2"：图层的图标改变了，从普通图层变成了遮罩层（放置拍摄镜头的图层），并且图层被加锁。

舞台显示也发生了变化。只显示电影镜头"拍摄"出来的对象，其他不在电影镜头区域内的舞台对象都没有显示，如图8-3所示。

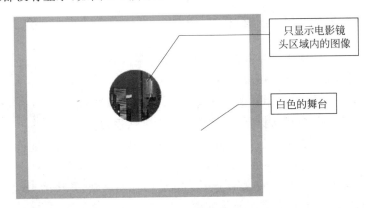

只显示电影镜头区域内的图像

白色的舞台

图8-3 定义遮罩后的舞台效果

专家点拨 遮罩动画效果的获得一般需要两个图层，这两个图层是被遮罩的图层和指定遮罩区域的遮罩图层。实际上，遮罩图层是可以同时应用于多个图层的。遮罩图层和被遮罩图层只有在锁定状态下，才能够在编辑工作区中显示遮罩效果。解除锁定后的图层在编辑工作区中是看不到遮罩效果的。

（6）按Ctrl＋Enter键测试影片，观察动画效果。可以看到只显示了电影镜头区域内的图像。

（7）改变镜头的形状。在"图层1"的第15帧按F5键添加一个普通帧。将"图层2"解锁。在"图层2"的第15帧按F6键添加一个关键帧，将"图层2"的第15帧上的圆放大尺寸。定义第1～第15帧的补间形状。图层结构如图8-4所示。

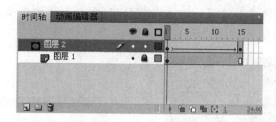

图 8-4 图层结构

(8) 按 Ctrl+Enter 键测试影片,观察动画效果。可以看到只显示了电影镜头区域内的图像,并且随着电影镜头(圆)的逐渐变大,显示出来的图像区域也越来越多。

(9) 改变镜头的位置。将"图层 1"上的圆放置在舞台左侧,将"图层 2"的第 15 帧上的圆的大小恢复到原来的尺寸,并放置在舞台的右侧。

(10) 按 Ctrl+Enter 键测试影片,观察动画效果。可以看到随着电影镜头(圆)的位置移动,显示出来的图像内容也发生变化,好像一个探照灯的效果。

从上面的操作可以得出这样的结论,在遮罩动画中,可以定义遮罩层中电影镜头对象的变化(尺寸变化动画、位置变化动画、形状变化动画等),最终显示的遮罩动画效果也会随着电影镜头的变化而变化。

其实除了可以设计遮罩层中的电影镜头对象变化,还可以让被遮罩层中的对象进行变化,甚至可以让遮罩层和被遮罩层同时变化,这样可以设计更加丰富多彩的遮罩动画效果。

8.1.2 实战范例:电影镜头效果

在制作 Flash MTV 或 Flash 动画短片时,需要很多电影镜头效果,如推/拉镜头效果、移动镜头效果、升/降镜头效果等。

下面通过实际操作讲解一下利用遮罩动画模拟电影镜头效果的制作方法。

视频讲解

(1) 新建一个 Flash 影片文档,保持文档属性的默认设置。

(2) 导入一个外部图像"夜景.png"到舞台上,将其转换为影片剪辑元件。用"任意变形工具"将这个图片实例压扁拉长,并让其左端对齐舞台左端。效果如图 8-5 所示。

(3) 在第 40 帧插入一个帧,定义第 1～第 40 帧的补间动画,并将第 40 帧上的图片向左移动,使图片的右端对齐舞台右端。效果如图 8-6 所示。

图 8-5 将图片压扁拉长

图 8-6 第 40 帧上的图片效果

(4) 新建一个图层,在这个图层上用"矩形工具"绘制一个矩形(无边框、任意色)。这个矩形的宽和舞台的宽一样,高和夜景图片的高一样,如图 8-7 所示。

图 8-7　绘制矩形

（5）右击"图层 2"，在弹出的快捷菜单中选择"遮罩层"命令。这样就定义了一个遮罩动画。"图层 2"上是一个矩形的拍摄镜头对象，保持静止不动。"图层 1"上是一个夜景图片，它在做一个从右向左的移动动画。

（6）按 Ctrl＋Enter 键测试影片，观察动画效果。可以看到一个从左向右拍摄夜景的电影镜头效果。这种效果是因为相对运动的错觉，"图层 2"上的矩形拍摄镜头并没有动，只是"图层 1"上的夜景图片在动，最终看到好像是电影镜头在移动一样。

（7）接着制作一个推镜头的效果。先将"图层 1"解锁，将"图层 2"隐藏。这样便于对"图层 1"上的图片进行操作。

（8）选择"图层 1"的第 41 帧，插入一个关键帧，选择"图层 1"的第 70 帧，按 F5 键插入一个帧。将播放头移动到第 70 帧，选择第 70 帧上的图片，打开"变形"面板，设置宽和高同时放大到 500％。

（9）选择"图层 2"的第 70 帧，按 F5 键添加帧。此时的图层结构如图 8-8 所示。

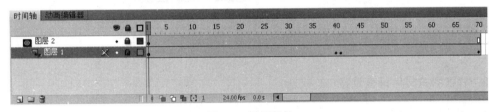

图 8-8　图层结构

（10）按 Ctrl＋Enter 键测试影片，观察动画效果。可以看到电影镜头从左向右拍摄夜景后，推镜头得到一个夜景的近景效果。

视频讲解

8.1.3　实战范例：水波文字

本节利用文字这个特殊的"电影镜头"作为遮罩制作一个随水波流淌的文字动画，动画效果如图 8-9 所示。水波在文字上面慢慢淌过，给人一种特殊的视觉感受。

下面详细讲解制作步骤。

图 8-9　水波文字

1．创建影片文档和元件

（1）新建一个 Flash 影片文档，设置舞台尺寸为 280 像素×100 像素，背景颜色设置为浅蓝色，其他保持默认设置。

（2）将"图层1"改名为"矩形"。在这个图层上新插入一个图层,并改名为"文字"。

（3）选中"文字"图层。选择"文本工具",在"属性"面板中设置字体为黑体、字体大小为45点、文本颜色为棕黄色(♯FF9900)。在舞台上输入文字"清华大学"。最后,取消对文字的选择。

（4）在"颜色"面板中,设置"笔触颜色"为无色,设置"填充颜色"为白色到黑色的线性渐变色。在"流"选项中选择"反射",如图8-10所示。

（5）选中"矩形"图层。选择"矩形工具",在相应的选项栏中单击"对象绘制"按钮,使其处于按下状态。在舞台上绘制一个矩形。再选择"渐变变形工具",单击矩形,向内拖曳方形手柄减小渐变范围,这样就得到一个黑白相间渐变的图形效果。效果如图8-11所示。将其转换为影片剪辑元件。

图8-10 "颜色"面板

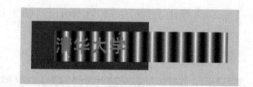

图8-11 创建矩形

2. 创建黑白文字渐变动画

（1）将舞台上的矩形左端和文字左端对齐,如图8-12所示。分别在"矩形"图层的第40帧和"文字"图层的第40帧插入帧。

（2）在"矩形"图层上定义第1～第40帧的补间动画。将播放头移动到第40帧,选择"矩形"图层第40帧上的矩形,按Shift+←键若干次,将矩形向左水平移动一定的位置,使矩形的右端和文字的右端对齐,如图8-13所示。

图8-12 第1帧上的矩形

（3）右击"文字"图层名称,在弹出的快捷菜单中选择"遮罩层"命令。这样,一个遮罩动画就创建好了。按Ctrl+Enter键测试影片,可以看到黑白文字渐变的动画效果。

专家点拨 这个黑白文字渐变的动画效果制作的基本原理是,构造一个遮罩动画,文字作为遮罩层,渐变填充的矩形对象作为被遮罩层。通过被遮罩层上矩形的变化,进一步实现文字的动态特效。很多文字特效都可以通过这样的遮罩动画来实现的,可以尝试对被遮罩层上的矩形进行各种各样的变化来制作更多的文字特效。

图 8-13　第 40 帧上的矩形

3. 创建水波字动画

（1）选择"文字"图层，新插入一个图层，并改名为"前置文字"。

（2）将"文字"图层解锁，单击"文字"图层第 1 帧。选择"编辑"|"复制"命令。选中"前置文字"图层第 1 帧，选择"编辑"|"粘贴到当前位置"命令。这样就在"前置文字"图层得到一个和"文字"图层中的文字完全重合的文字副本。

（3）选择"前置文字"图层第 1 帧，按 ↑ 键，再按 ← 键。这样，"前置文字"图层中文字就向上、向左各微移了一个像素的位置。

（4）将舞台的背景颜色设置成黑色。按 Ctrl＋Enter 键测试影片，可以看到水波字动画效果了。

（5）至此，本范例制作完成。图层结构如图 8-14 所示。

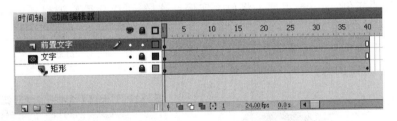

图 8-14　图层结构

8.2　3D 动画

Flash 允许用户通过在舞台的 3D 空间中移动和旋转影片剪辑来创建 3D 效果，Flash 为影片剪辑在 3D 空间内的移动和旋转提供了专门的工具，它们是"3D 平移工具"和"3D 旋转工具"，使用这两种工具可以获得逼真的 3D 透视效果。

8.2.1　影片剪辑的 3D 变换

在 Flash 中，影片剪辑实例的 3D 变换包括对实例在 3D 空间内的平移和旋转。本节将介绍 Flash 中平移实例和旋转实例的操作方法。

视频讲解

1. 平移实例

在 Flash 的 3D 动画制作过程中，平移指的是在 3D 空间中移动一个对象，使用"3D 平移工具"能够在 3D 空间中移动影片剪辑的位置,使得影片剪辑获得与观察者的距离感。

在工具箱中选择"3D 平移工具" ![],在舞台上选择影片剪辑实例。此时,在实例的中间将显示出 X 轴、Y 轴和 Z 轴,其中 X 轴为红色;Y 轴为绿色;Z 轴为黑色的圆点,如图 8-15 所示。使用鼠标拖曳 X 轴或 Y 轴的箭头,即可将实例在水平或垂直方向上移动。拖曳 X 轴箭头移动实例,如图 8-16 所示。

图 8-15　显示 X 轴、Y 轴和 Z 轴

图 8-16　沿 X 轴方向移动实例

专家点拨　将鼠标放置在各个轴上,鼠标指针的尾部将显示出该坐标轴的名称,这样有助于识别选择的坐标轴。

Z 轴显示为实例上的一个黑点,上下拖曳该黑点可以实现在 Z 轴上平移实例,此时向上拖曳黑点将缩小实例,向下拖曳黑点将放大实例。这样,可以获得离观察者更远或更近的视觉效果,如图 8-17 所示。

如果需要对实例进行精确平移,可以在选择实例后,在"属性"面板的"3D 定位和查看"栏中修改 X、Y 和 Z 的值,如图 8-18 所示。

图 8-17　在 Z 轴反向平移实例

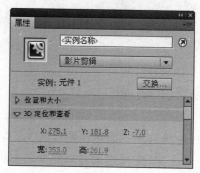

图 8-18　修改 X、Y 和 Z 值

专家点拨　在 3D 空间中,如果需要同时移动多个影片剪辑实例,可以在同时选择这些实例的情况下使用"3D 平移工具"移动一个实例,此时其他实例也会以相同的方式移动。

2. 旋转实例

使用 Flash 的"3D 旋转工具"可以在 3D 空间中对影片剪辑实例进行旋转,旋转实例可以获得其与观察者之间形成一定角度的效果。

在工具箱中选择"3D 旋转工具" ，单击选择舞台上的影片剪辑实例，在实例的 X 轴上左右拖曳鼠标将能够使实例沿着 Y 轴旋转，在 Y 轴上上下拖曳鼠标将能够使实例沿着 X 轴旋转，如图 8-19 所示。

图 8-19　拖曳坐标轴旋转实例

使用"3D 旋转工具"拖曳内侧的蓝色色圈，可以使实例沿 Z 轴旋转，拖曳外侧的色圈可以使实例沿 X 轴、Y 轴或 Z 轴旋转，如图 8-20 所示。使用"3D 旋转工具"拖曳中心点可以将中心点拖曳到舞台的任意位置，如图 8-21 所示。

图 8-20　拖曳色圈旋转实例

图 8-21　移动中心点

如果需要精确控制实例的 3D 旋转，可以选择"窗口"|"变形"命令，打开"变形"面板，在"3D 旋转"栏中输入 X，Y 和 Z 的角度，可以对实例进行旋转。在"3D 中心点"栏中输入 X、Y 和 Z 值可以设置中心的位置，如图 8-22 所示。

专家点拨　在 Flash 中，"3D 平移工具"和"3D 旋转工具"允许用户在全局 3D 空间或局部 3D 空间中操作对象。所谓的全局 3D 空间指的是舞台空间，局部 3D 空间即为影片剪辑空间。在全局 3D 空间中移动或旋转对象与在舞台上移动或旋转对象是等效的。在局部 3D 空间中移动或旋转对象与相对于父影片剪辑移动对象是等效的。在默认情况下，这两个工具的默认模式是全局的。在选择工具后，单击工具箱下选项栏的"全局转换"按钮，取消其按下状态，即可转换为局部 3D 空间，该按钮处于按下状态为全局 3D 空间。

图 8-22　"变形"面板

8.2.2　透视角度和消失点

在观看物体时,视觉上常常有这样的经验,那就是相同大小的物体,较近的比较远的要大,两条互相平行的直线会最终消失在无穷远处的某个点,这个点就是消失点。人在观察物体时,视线的出发点称为视点,视点与观察物体之间会形成一个透视角度,透视角度的不同会产生不同的视觉效果。在 Flash 中,可以通过调整实例的透视角度和消失点位置来获得更为真实的视觉效果。

视频讲解

1. 调整透视角度

在舞台上选择一个 3D 实例,在"属性"面板的"3D 定位和查看"栏中可以设置该实例的透视角度,如图 8-23 所示。

"透视角度"的取值范围为 1°~179°,其值可以控制 3D 影片剪辑在舞台上的外观角度,增大或减小该值将影响 3D 实例的外观尺寸和实例相对于舞台边缘的位置。设置该值获得的效果类似于通过镜头更改照相机失焦所获的拍摄效果,增大该值将使实例看上去更接近观察者,减小该值将使实例看起来更远。图 8-24 所示为将 3D 实例的"透视角度"设置后为 1°和 90°时的效果对比。

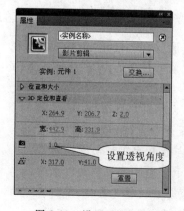

图 8-23　设置透视角度

图 8-24　"透视角度"为 1°和 90°时的效果对比

专家点拨　在调整文档的大小时,舞台上的 3D 对象的透视角度会随着舞台的大小而自动变更。选择"修改"|"文档"命令,打开"文档属性"对话框,取消对"调整 3D 透视角度以保留当前舞台投影"的选中,则 3D 对象的透视角度将不会再随着舞台大小的变化而改变。

2. 调整消失点

3D 实例的"消失点"属性可以控制其在 Z 轴的方向,调整该值将使实例的 Z 轴朝着消失点方向后退。通过重新设置消失点的方向,能够更改沿着 Z 轴平移的实例的移动方向,同时也可以实现精确控制舞台上的 3D 实例的外观和动画效果。

3D 实例的消失点默认位置是舞台中心,如果需要调整其位置,可以在"属性"面板的"3D 定位和查看"栏中进行设置,如图 8-25 所示。

图 8-25　设置消失点的位置

专家点拨　3D 补间实际上就是在补间动画中运用 3D 变换来创建关键帧,Flash 会自动补间两个关键帧之间的 3D 效果。在创建 3D 补间动画时,首先创建补间动画,然后将播放头放置到需要创建关键帧的位置,使用"3D 平移工具"或"3D 旋转工具"对舞台上的实例进行 3D 变换。在创建关键帧后,Flash 将自动创建两个关键帧间的 3D 补间动画。

8.2.3　实战范例：旋转的正方体模型

本小节制作一个旋转的正方体模型。用 3D 构建的长方体框架模型与在平面内模拟绘制的长方体框架图形是不一样的,用 3D 构建的长方体框架模型可以在 3D 空间内任意旋转,展示从各个角度各个方向观察到的模样,如图 8-26 所示。

视频讲解

Flash 的 3D 工具不是真正的 3D 建模工具,并不能直接构建一个正方体模型。Flash 的 3D 工具是在 X 轴与 Y 轴 2D 平面上增加了 Z 轴,允许在 3D 空间内旋转和平移影片剪辑。因此,要想制作一个正方体,就必须把正方体的 6 个面通过旋转和平移,定位到各自位置组成。

下面介绍本范例的详细制作步骤。

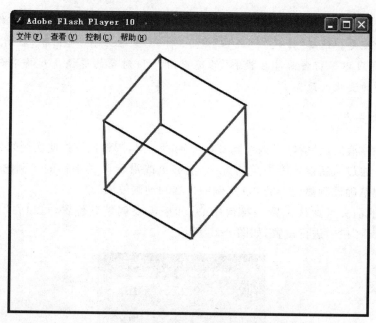

图 8-26　旋转的正方体模型

1. 创建长、宽元件

(1) 新建一个 Flash 影片文档,参数保持默认值。

(2) 新建一个名为"长"的影片剪辑元件,选择"线条工具",在"属性"面板中把线条的笔触高度设为 3,颜色为黑色。在场景中绘制一条直线,在"属性"面板中设置其 X 值和 Y 值都为 0,宽为 150 像素。

(3) 新建一个名为"宽"的影片剪辑元件,在场景中绘制一条高为 150 像素的红色竖线,设置其 X 值为 0,Y 值为-150。

专家点拨　如果不用 3D 技术,在 2D 平面内绘制宽,宽应该绘制成斜线。实际上宽既不是斜线,也不是竖线和横线,而是和屏幕垂直的。但和屏幕垂直的线是绘制不出来的,只能先画成横线或竖线,然后在 3D 空间内绕着某条轴去旋转成宽。

正方体的 12 条棱分别是由 4 条长、4 条宽和 4 条高组成的,因为它们都是相等的,所以这里只需要制作两个元件(一条横线和一条竖线)就可以了。

2. 制作正方体的正面

(1) 新建一个名为"正面"的影片剪辑元件。

(2) 从库中拖出两条长和两条宽到舞台上,组成一个正方形,让正方形位于场景中央,如图 8-27 所示。可以通过在"属性"面板中设置 4 个线条的 X、Y 坐标来精确控制它们的位置,使正方形确保处于场景中央位置。

专家点拨　这里之所以选择把正面制作成一个元件,而没有选其他面,是因为正面所在的面与屏幕完全重合,Z 轴坐标值是 0,制作起来简单一些。

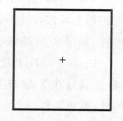

图 8-27　正方形

3．创建正方体元件

（1）新建一个名为"正方体"的影片剪辑元件。把"图层 1"重命名为"正面"，从库中把"正面"元件拖到舞台上，设置其 X 值为 75，Y 值为 75。锁定此图层。

（2）插入新图层，命名为"宽"，选中"宽"图层第 1 帧，从库中把"宽"元件拖到舞台上，设置其 X 值和 Y 值都为 0，如图 8-28 所示。

（3）选中"宽"实例，再在绘图工具箱中选择"3D 旋转工具" 🎱，"宽"实例上出现旋转控件，用鼠标拖曳控件中心的小圆，将其拖曳到"宽"实例的下端。这里就是旋转中心点，如图 8-29 所示。

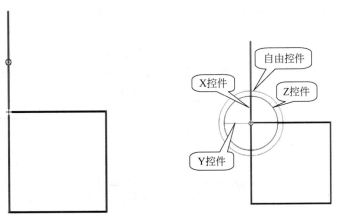

图 8-28 拖放"宽"元件　　　　　　图 8-29 设置旋转中心点

（4）把 X 控件绕旋转中心点逆时针方向旋转 90°，如图 8-30 所示，宽就绕着 X 轴向屏幕里面旋转了 90°。

（5）用相同的方法，再拖 3 个"宽"实例到正方形的 3 个顶点，分别绕 X 轴向屏幕里面旋转 90°，如图 8-31 所示。锁定此图层。

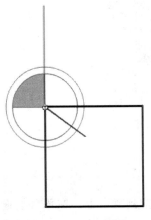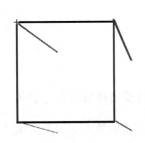

图 8-30 旋转 X 控件　　　　　　图 8-31 正面和 4 条宽

专家点拨 观察这4条宽,可以发现,虽然它们都是用相同的方法制作成的,可是看上去的效果却各不相同,这是由于透视的缘故,并不是制作上的问题。下面还可以根据具体需要进行调整。

(6)插入新图层,命名为"后面",从库中把元件"正面"拖到舞台上,设置其X值为75,Y值为75,和原来的"正面"正方形重合。

(7)选中刚拖到舞台上的正方形,在工具箱中选择"3D平移工具" 🔧,正方形上出现一个"3D平移控件",如图8-32所示。

专家点拨 与3D旋转控件一样,3D平移控件也有X控件、Y控件和Z控件,3个控件分别控制影片剪辑在3个方向上的平移。其中Z控件就是那个黑色的点。

(8)在Z控件上,也就是黑色圆点上按住鼠标左键,往屏幕上方移动鼠标,正方形沿着Z轴,向着屏幕里面移动,同时观察"属性"面板中的"3D定位和查看"栏,其中的Z轴坐标值在不断增加,直到这个值增加到150时放开鼠标,如图8-33所示。这时,场景中的正方体如图8-34所示。之所以向里平移150像素,是因为宽是150像素。在平移影片剪辑时,也可以不用控件,直接在"属性"面板中输入Z轴坐标值来达到这个目标。

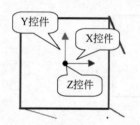

图8-32　3D平移控件

图8-33　"属性"面板中的Z轴坐标值

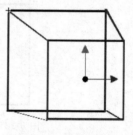

图8-34　正方体

专家点拨 如果达不到如图8-34所示的正方体效果,如线条和面对不齐,可以利用"3D旋转工具"重新对4条宽进行调整,直到满意为止。

(9)把"后面"图层拖到最下层。时间轴如图8-35所示。

图8-35　"正方体"元件的图层结构

4. 修改透视角度与消失点的值

(1)切换到"场景1"。从库中把"正方体"元件拖到舞台上。在舞台上拖曳并观察这个"正方体"实例,可以看到,在不同位置,正方体的形状各不相同,这是由于透视的原因。下面来修改两个与透视有关的参数。

(2)选中正方体,在"属性"面板中的"3D定位和查看"栏中,拖曳"透视角度"的值,观察舞台上正方体的变化。然后拖曳"消失点"的 X 值和 Y 值,观察舞台上正方体的变化。

(3)最后把透视角度的值输入为 1,消失点的 X 值和 Y 值都输入为 10 000,如图 8-36 所示。再观察舞台上的正方体,透视的因素已经比较小了,如图 8-37 所示。

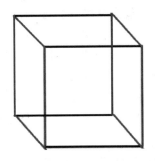

图 8-36　设置透视角度和消失点的值　　　　图 8-37　调整透视参数后的正方体

5. 制作正方体在舞台上旋转的动画

(1)在第 50 帧插入帧。然后定义第 1～第 50 帧的补间动画。

(2)将播放头移动到第 25 帧,用"3D 旋转工具"拖曳舞台上的正方体,使其适当旋转。

(3)将播放头移动到第 50 帧,用"3D 旋转工具"拖曳舞台上的正方体,使其再次适当旋转。

至此,一个旋转的正方体模型制作完毕。

8.3　骨骼动画

在 Flash CS4 之前,要对元件创建规律性运动动画,一般使用补间动画来完成,但是补间动画有其局限性,如只能控制一个元件。在 Flash CS4 之后,Flash 引入了骨骼动画,允许用户用骨骼工具将多个元件绑定以实现复杂的多元件的反向运动,大大提高了复杂动画的制作效率。

8.3.1　认识骨骼动画

在动画设计软件中,运动学系统分为正向运动学和反向运动学这两种。正向运动学指的是对于有层级关系的对象来说,父对象的动作将影响到子对象,而子对象的动作将不会对父对象造成任何影响。例如,当对父

视频讲解

对象进行移动时,子对象也会同时随着移动;而子对象移动时,父对象不会产生移动。由此可见,正向运动中的动作是向下传递的。

与正向运动学不同,反向运动学动作传递是双向的,当父对象进行位移、旋转或缩放等动作时,其子对象会受到这些动作的影响;反之,子对象的动作也将影响到父对象。反向运动是通过一种连接各种物体的辅助工具来实现的运动,这种工具就是 IK 骨骼,也称为反向运动骨骼。使用 IK 骨骼制作的反向运动学动画,就是所谓的骨骼动画。

制作骨骼动画,就不得不提骨架。上面已经提到,在骨骼动画中,相连的两个对象存在着一种父子层次结构,其中占主导地位的是父级,属于从属地位的是子级,骨架的作用就是

连接父子两级对象。

用于连接的骨架有两种分布方式，一种是线性分布，也就是一级连接一级；另一种是分支分布，一个父级连接几个子级，这些子级都源于同一个父级骨骼，因此这些子级的骨架分支是同级骨架。在骨骼动画中，两个骨架之间的连接点，称为关节。例如，制作一个人物动作动画，人物躯干、上臂、下臂和手通过骨骼连接在一起。躯干骨骼作为父级，其下创建分支骨架，包括两只手臂，手臂包括各自的上臂、下臂和手，它们之间的层级关系，如图8-38所示。

在Flash中，创建骨骼动画一般有两种方式。一种方式是为实例添加与其他实例相连接的骨骼，使用关节连接这些骨骼，骨骼允许实例链一起运动；另一种方式是在形状对象（即各种矢量图形对象）的内部添加骨骼，通过骨骼来移动形状的各个部分以实现动画效果。这样

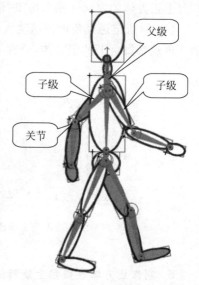

图8-38　连接对象的骨架

操作的优势在于无须绘制运动中该形状的不同状态，也无须使用补间形状创建动画。

8.3.2　创建骨骼动画

视频讲解

在Flash CS6中，如果需要制作具有多个关节对象的复杂动画效果（如制作人物走动动画），使用骨骼动画将能够快速的完成。本节将介绍骨骼的定义、骨骼的基本操作以及骨骼动画的创建方法。

1. 定义骨骼

创建骨骼动画首先需要定义骨骼。Flash CS6提供了一个"骨骼工具"，使用该工具可以向影片剪辑元件实例、图形元件实例或按钮元件实例添加IK骨骼。在工具箱中选择"骨骼工具"，在一个对象中单击，向另一个对象拖曳鼠标，释放鼠标后就可以创建两个对象间的连接。此时，两个实例间显示创建的骨骼。在创建骨骼时，第一个骨骼是父级骨骼，骨骼的头部为圆形端点，有一个圆圈围绕着头部。骨骼的尾部为尖形，有一个实心点，如图8-39所示。

选择"骨骼工具"，单击骨骼的头部，向第二个对象拖曳鼠标，释放鼠标后即可创建一个分支骨骼，如图8-40所示。根据需要创建骨骼的父子关系，依次将各个对象连接起来，这样骨架就创建完成了。

专家点拨　在创建分支骨骼时，第一个分支骨骼是整个分支的父级。在创建骨骼时为了方便骨骼尾部的定位，可以选择"视图"|"贴紧"|"贴紧至对象"命令，启用Flash的"贴紧至对象"功能。

在创建骨架时，Flash会自动将实例以及与之相关联的骨架移动到时间轴的一个新图层中，这个图层即为姿势图层，每个姿势图层只能包括一个骨架及与之相关联的实例或形状，如图8-41所示。

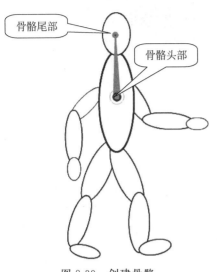

图 8-39 创建骨骼

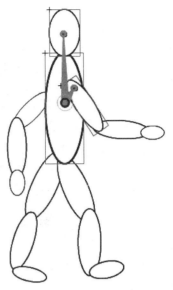

图 8-40 创建分支骨骼

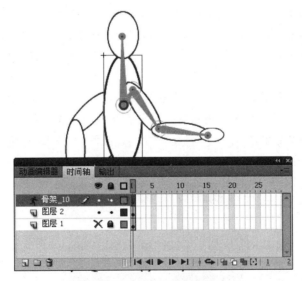

图 8-41 创建姿势图层

专家点拨 在创建骨骼后,舞台上实例原来的叠放顺序将会打乱。此时,可以使用"选择工具"选择舞台上的实例,然后按 Ctrl+↑键或 Ctrl+↓键调整实例叠放顺序。也可以在选择实例后使用"修改"|"排列"命令或使用右键关联菜单中的"排列"菜单命令进行调整。

2. 选择骨骼

在创建骨骼后,可以使用多种方法对骨骼进行编辑。要对骨骼进行编辑,首先需要选择骨骼。选择"选择工具",单击骨骼即可选择该骨骼,在默认情况下,骨骼显示的颜色与姿势图层的轮廓颜色相同,选择骨骼后,将显示该颜色的相反色,如图 8-42 所示。

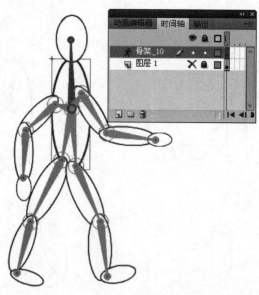

图 8-42　选择骨骼

专家点拨　如果要更改骨骼显示的颜色,只需更改图层的轮廓颜色即可。方法是双击姿势图层的图标,打开"图层属性"对话框,单击对话框的"轮廓颜色"按钮,打开调色板重新设置轮廓颜色即可。在任意一个骨骼上双击,将能够同时选择骨架上所有的骨骼。

如果需要快速选择相邻的骨骼,可以在选择骨骼后,在"属性"面板中单击相应的按钮来进行选择。如单击"父级"按钮 ⬆,将选择当前骨骼的父级骨骼;单击"子级"按钮 ⬇,将选择当前骨骼的子级骨骼;单击"下一个同级"按钮 ⬅ 或"上一个同级"按钮 ⬅,可以选择同级的骨骼,如图 8-43 所示。

图 8-43　使用"属性"面板按钮选择骨骼

专家点拨　如果要选择整个骨架,可以在"时间轴"面板中单击姿势图层,则该图层的所有骨骼都将被选择。按住 Shift 键依次单击骨骼可以同时选择多个骨骼。

3. 删除骨骼

在创建骨骼后,如果需要删除单个的骨骼及其下属的子骨骼,只需要选择该骨骼后按 Del 键即可。如果需要删除所有的骨骼,可以右击姿势图层,在弹出的快捷菜单中选择"删除骨骼"命令。此时实例将恢复到添加骨骼之前的状态，如图 8-44 所示。

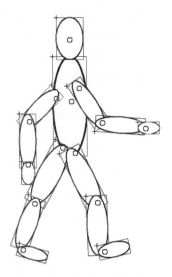

专家点拨　如果需要调整实例的位置，可以通过拖曳骨骼或实例来实现。在拖曳骨骼时，与之相关联的实例也将随之移动和旋转，但实例不会相对于骨骼发生移动或旋转。在移动和旋转子级骨骼时，父级骨骼也将随之变化。如果不希望父级骨骼随着改变，可以按住 Shift 键移动子级骨骼。

4．创建骨骼动画

在为对象添加了骨架后，即可以创建骨骼动画了。在制作骨骼动画时，可以在开始关键帧中制作对象的初始姿势，在后面的关键帧中制作对象不同的姿态，Flash 会根据反向运动学的原理计算连接点间的位置和角度，创建从初始姿态到下一个姿态转变的动画效果。

图 8-44　删除所有骨骼

在完成对象的初始姿势的制作后，在"时间轴"面板中右击动画需要延伸到的帧，在弹出的快捷菜单中选择"插入姿势"命令。在该帧中选择骨骼，调整骨骼的位置或旋转角度，如图 8-45 所示。此时 Flash 将在该帧创建关键帧，按 Enter 键测试动画即可看到创建的骨骼动画效果了。

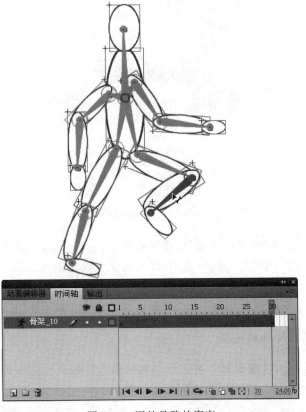

图 8-45　调整骨骼的姿态

专家点拨 在"时间轴"面板中,将姿势图层最后一帧向左或向右拖曳将能够改变动画的长度。此时,Flash将按照动画的持续时间重新定位姿势帧,并添加或删除帧。如果需要清除已有的姿势,可以右击姿势帧,在弹出的快捷菜单中选择"清除姿势"命令即可。

8.3.3 设置骨骼动画属性

视频讲解

在为对象添加了骨骼后,往往需要对骨骼属性进行设置,使创建的动画效果更加逼真,符合现实的运动情况。本小节将介绍对骨骼进行设置的方法。

1. 设置缓动

在创建骨骼动画后,在"属性"面板中设置缓动。Flash为骨骼动画提供了几种标准的缓动,缓动应用于骨骼,可以对骨骼的运动进行加速或减速,从而使对象的移动获得重力效果。

在"时间轴"面板中选择骨骼动画的任意一帧,在"属性"面板的"缓动"栏中对缓动进行设置。在"强度"文本框中输入数值设置缓动强度,在"类型"下拉列表框中选择需要的缓动方式,如图8-46所示。

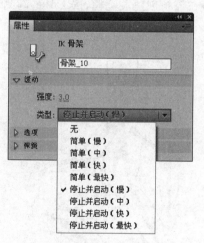

图 8-46 设置缓动

专家点拨 在"缓动"栏中,"强度"值还可以决定缓动方向,其值为正值表示缓出;其值为负值表示缓入。"强度"的默认值为0,表示没有缓动;最大值为100,表示对上一个姿势帧之前的帧应用最明显的缓动。最小值为−100,表示对上一个姿势帧应用最明显的缓动效果。"类型"下拉列表框中的"简单"类选项,决定了缓动的程度。

2. 约束连接点的旋转和平移

在Flash中,可以通过设置对骨骼的旋转和平移进行约束。约束骨骼的旋转和平移,可以控制骨骼运动的自由度,创建更为逼真的运动效果。

在默认情况下,Flash不会对连接点的旋转进行约束,骨骼可以绕着连接点在360°范围内旋转。如果需要进行约束,可以采用下面的方法操作。如果需要对连接点的旋转进行约束,如只允许连接点旋转60°,则可以在舞台上选择骨骼后,在"属性"面板的"连接:旋转"栏中选中"约束"复选框,同时在"最小"和"最大"文本框中输入旋转的最小和最大角度值,如这里分别输入-30°和30°。此时骨骼节点上旋转显示器将显示可以旋转范围,如图 8-47 所示。

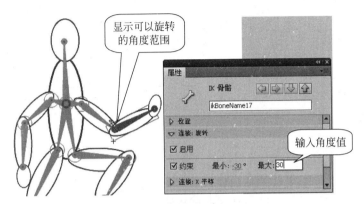

图 8-47　约束旋转

在默认情况下,Flash 只是开启了旋转的连接方式,骨骼可以绕着连接点进行旋转。如果需要骨骼在 X 和 Y 方向上进行平移,可以通过"属性"面板进行设置,在设置时同样可以对平移的范围进行约束。在选择骨骼后,在"属性"面板中展开"连接:X 平移"和"连接:Y 平移"设置栏,选中其中的"启用"复选框,开启平移连接方式,选中其中的"约束"复选框,在"最小"和"最大"文本框中输入数值约束平移的范围。此时,骨骼上的平移显示器将显示在 X 方向和 Y 方向上平移的范围,如图 8-48 所示。

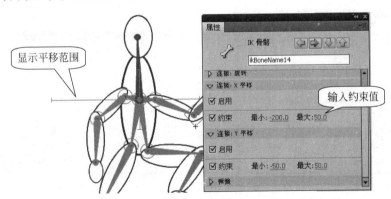

图 8-48　约束连接点的平移

为了避免某个骨骼的移动,可以将该骨骼固定在舞台上。在选择骨骼后,固定该骨骼有两种方法,一种方法是直接单击骨骼的连接点,此时将显示固定光标"×";另一种方法是在骨骼的"属性"面板中选中"位置"栏中的"固定"复选框,如图 8-49 所示。再次单击该骨骼的连接点或取消对"固定"复选框的选择将取消骨骼的固定,使其能够移动。

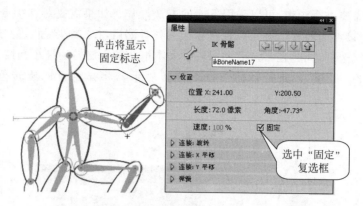

图 8-49　固定骨骼

3. 设置连接点速度

连接点速度决定了连接点的粘贴性和刚性,当连接点速度较低时,该连接点将反应缓慢,当连接点速度较高时,该连接点将具有更快的反应。在选取骨骼后,在"属性"面板的"位置"栏的"速度"文本框中输入数值,可以改变连接点的速度,如图 8-50 所示。

4. 设置弹簧属性

在舞台上选择骨骼后,在"属性"面板中展开"弹簧"设置栏。该栏中有两个设置项,如图 8-51 所示。其中,"强度"用于设置弹簧的强度,输入值越大,弹簧效果越明显;"阻尼"用于设置弹簧效果的衰减速率,输入值越大,动画中弹簧属性减小得越快,动画结束越早。阻尼值设置为 0 时,弹簧属性在姿态图层中的所有帧中都将保持最大强度。

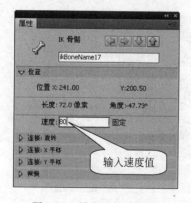

图 8-50　设置连接点速度

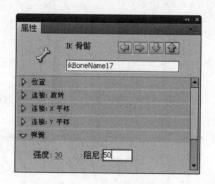

图 8-51　设置"弹簧"属性

8.3.4　制作形状骨骼动画

8.3.3 小节介绍的骨骼动画,骨架是建立在多个实例之上,用于建立多个实例之间的连接。实际上,在制作骨骼动画时,骨骼还可以添加到图层中的单个形状或一组形状中。

视频讲解

1．创建形状骨骼

制作形状骨骼动画的方法与前面介绍的骨骼动画的制作方法基本相同。在工具箱中选择"骨骼工具"，在图形中单击，在形状中拖曳鼠标，即可创建第一个骨骼，在骨骼端点处单击，拖曳鼠标可以继续创建该骨骼的子级骨骼。在创建骨骼后，Flash 同样将会把骨骼和图形自动移到一个新的姿势图层中，如图 8-52 所示。

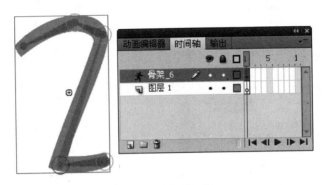

图 8-52　创建骨骼

专家点拨　在 Flash 中，骨骼只能用于形状和元件实例，组对象是无法添加骨骼的，此时可以使用"分离"命令将其打散后再添加骨骼。

完成骨骼的添加后，即可以像前面介绍的骨骼动画那样来创建形状骨骼动画，并对骨骼的属性进行设置。注意，对形状添加了骨骼后，形状将无法再进行常见的编辑操作，如对形状进行变形操作、为形状添加笔触或更改填充颜色等。

2．绑定形状

在默认情况下，形状的控制点连接到离它们最近的骨骼。Flash 允许用户使用"绑定工具"来编辑单个骨骼和形状控制点之间的连接。这样，就可以控制在骨骼移动时笔触或形状扭曲的方式，以获得更满意的结果。

在 Flash 中使用"绑定工具"可以将多个控制点绑定到一个骨骼，也将多个骨骼绑定到一个控制点。在工具箱中选择"绑定工具"，使用该工具单击形状中的骨骼，此时该骨骼中将显示一条红线，而与该骨骼相关联的图形上的控制点显示为黄色，如图 8-53 所示。单击选择

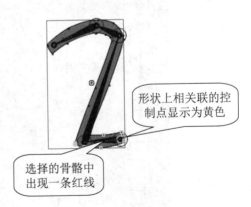

形状上相关联的控制点显示为黄色

选择的骨骼中出现一条红线

图 8-53　选择骨骼

形状上的一个控制点，将其向骨骼的连接点处拖曳，该控制点即与骨骼绑定，如图 8-54 所示。在完成绑定后，拖曳骨骼，该控制点附近的图形的填充和笔触都将保持与骨骼的相对距离不变，如图 8-55 所示。

专家点拨　在绑定骨骼时，被选择的控制点显示为红色的矩形。按住 Shift 键单

击多个控制点,可以将这些控制点同时选择。在同时选择多个控制点后,按住 Ctrl 键单击已选择的控制点,可以取消对其选择。使用这里介绍的方法同样能够同时选择多个骨骼或取消对多个骨骼的选择。

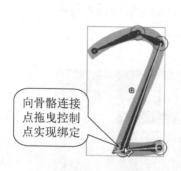

向骨骼连接点拖曳控制点实现绑定

图 8-54　骨骼绑定

图 8-55　拖曳骨骼的效果

8.3.5　实战范例:在草地行走的卡通人物

本小节要制作一个人物在草地上行走的情景动画,主要包括一个行走的卡通人物和一些摇摆的花草。本范例的最终效果如图 8-56 所示。

视频讲解

图 8-56　在草地行走的卡通人物

本范例包括两个骨骼动画,一个是人物行走动画;另一个是花草摇摆动画。这两个动画制作时分别应用了两种不同类型的骨骼动画。制作人物行走动画时,先创建构成卡通人物的影片剪辑元件,然后用"骨骼工具"将各个元件进行绑定,最后再通过在各个关键帧调整骨骼改变人物行走的姿势。制作花草摇摆动画时，先绘制一个花草形状，然后用"骨骼工具"在形状中创建骨骼链接，最后再通过在各个关键帧调整骨骼改变花草摇摆的姿势。

下面介绍本范例的详细制作步骤。

1．创建卡通人物的各个元件

（1）新建一个 Flash 文档，设置舞台背景颜色为♯CC6600，其他参数保持默认设置。

（2）导入素材图片"卡通人物.jpg"，将其打散成形状，然后用线条将人物图形分割，并且将它们分别转换为影片剪辑元件，如图 8-57 所示。这里将卡通人物分割成 7 个影片剪辑元件，分别是上身、右大腿、右小腿、右脚、左大腿、左小腿和左脚。

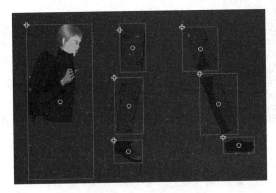

图 8-57　分割人物图形并转换为元件

2．制作人物原地行走动画

（1）新建一个名称为"人物行走"的影片剪辑元件。进入到元件的编辑场景中。

（2）将卡通人物的各部分元件分别拖放到场景中拼成一个完整的人物，并且放在 3 个图层上。人物上身放在一个独立图层上，右腿的 3 个元件放在一个图层上，左腿的 3 个元件放在另一个图层上。

（3）先将"上身"图层暂时隐藏起来。选择"骨骼工具" ，在右腿上拖曳鼠标创建一个骨骼，如图 8-58 所示。接着继续拖曳鼠标，在右腿上再创建一个骨骼，如图 8-59 所示。这样就绑定了右腿的 3 个元件。

图 8-58　创建第一个骨骼

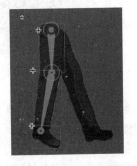

图 8-59　创建第二个骨骼

专家点拨 在创建骨架时,Flash会自动将实例以及与之相关联的骨架移到时间
轴的一个新图层中,这个图层即为姿势图层,每个姿势图层将只能包括一个骨架及
其与之相关联的实例。

(4)按照同样的方法,用"骨骼工具"在左腿上创建两个骨骼将左腿的3个元件绑定,如
图8-60所示。

专家点拨 在创建骨骼时为了方便骨骼尾部的定位,可以选择"视图"|"贴紧"|"贴
紧至对象"命令,启用Flash的"贴紧至对象"功能。

(5)将"右腿"和"左腿"图层删除,并且更改两个姿势图层的名称,如图8-61所示。

图8-60 左腿骨骼

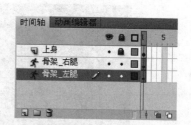

图8-61 图层结构

(6)分别在3个图层的第5帧添加帧。选择"右腿"图层的第5帧,用"选择工具"调整
右腿上的骨骼;选择"左腿"图层的第5帧,用"选择工具"调整左腿腿上的骨骼,如图8-62
所示。

图8-62 在第5帧上调整骨骼

专家点拨 在调整右腿骨骼时,可以先隐藏"左腿"图层,反之亦然。另外,在调整
时如果元件之间出现了空隙,可以选中骨骼,然后按方向键进行调整,以达到合适
的姿势。

(7)分别在3个图层的第10帧添加帧。按照前面的方法分别调整第10帧上右腿和左
腿上的骨骼,如图8-63所示。

图 8-63 在第 10 帧上调整骨骼

专家点拨 如果需要调整实例的位置，可以通过拖曳骨骼或实例实现。在拖曳骨骼时，与之相关联的实例也将随之移动和旋转，但实例不会相对于骨骼发生移动或旋转。在移动和旋转子级骨骼时，父级骨骼也将随之变化。如果不希望父级骨骼随着改变，可以按住 Shift 键移动子级骨骼。

（8）分别在 3 个图层的第 15、第 20、第 25 和第 30 帧添加帧。按照前面的方法分别调整右腿和左腿上的骨骼。具体姿势请看课件源文件，这里不再赘述。

（9）选择"上身"图层，定义第 1～第 30 帧的补间动画。

（10）选择"视图"|"标尺"命令，将"标尺"显示出来，从"标尺"中拖曳出两条参考线，如图 8-64 所示。

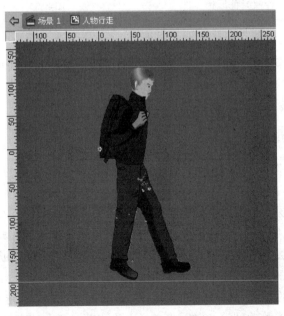

图 8-64 创建两条参考线

（11）选择"上身"图层的第 5 帧，将"上身"实例稍微向下移动几个像素，并且将右腿和左腿的相关元件也同样向下移动几个像素。

（12）按照同样的方法，对"上身"图层的第 10、第 15、第 20 和第 25 帧上的卡通人物进行上下移动，实现人物起伏的姿势。

3．制作花草摇摆动画

（1）新建一个名称为"花草摇摆"的影片剪辑元件，进入到这个元件的编辑场景中。

（2）用绘图工具绘制一个如图 8-65 所示的绿色形状。选中这个形状，然后选择"骨骼工具"单击形状的底部向上拖曳鼠标创建一个骨骼，不要放开鼠标，接着继续拖曳创建第二个骨骼和第三个骨骼，如图 8-66 所示。

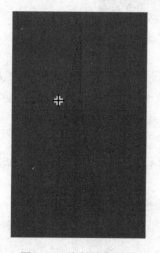

图 8-65　绘制绿色形状

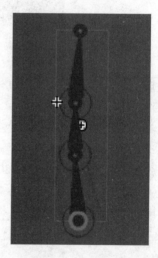

图 8-66　添加骨骼

（3）观察时间轴，原来的图层的第 1 帧是关键帧，现在已经是空白关键帧了，而图层的上面自动增加了一个新的姿势图层。将原来的图层删除，只保留姿势图层。

（4）在姿势图层的第 40 帧添加帧。然后分别在第 10、第 20、第 30 和第 40 帧上，调整骨骼，以形成不同的姿态。这样模拟实现了花草随风飘荡摇摆的效果。

4．制作主场景动画

（1）回到"场景 1"中，再新建两个图层，然后将图层重新命名为"背景""花草""卡通人物"。

（2）在"背景"图层上绘制一个绿色渐变的矩形，用来模拟草地。

（3）将库中的"人物行走"元件拖放到"卡通人物"图层，并放置在舞台的左侧。

（4）在"花草"图层上拖放几个"花草摇摆"实例，并且用"任意变形工具"调整它们的尺寸和旋转角度。此时的舞台效果如图 8-67 所示。

（5）在 3 个图层的第 60 帧分别添加帧。在"卡通人物"图层上，定义第 1～第 60 帧的补间动画。然后将播放头移动到第 60 帧，将卡通人物移动到舞台的右侧。

至此，本范例制作完毕。

图 8-67　舞台效果

8.4　本章习题

1. 选择题

(1) 遮罩动画是 Flash 中的一个很重要的动画类型,很多效果丰富的动画都是通过遮罩动画来完成的。关于遮罩动画下面说法错误的一项是(　　)。

　　A. 在一个遮罩动画中,"遮罩层"只有一个,"被遮罩层"可以有多个

　　B. 遮罩层中的图形可以是任何形状,但是播放影片时遮罩层中的图形不会显示

　　C. 在遮罩层中不能用文字作为遮罩对象

　　D. 在定义遮罩图层后,遮罩层和被遮罩层将自动加锁

(2) 下面(　　)工具可以实现 3D 实例的平移。

　　A. 　　　　B. 　　　　C. 　　　　D.

(3) 要对 3D 实例的旋转进行精确控制,可以在(　　)中输入旋转角度。

　　A. "属性"面板　　　B. "行为"面板　　　C. "信息"面板　　　D. "变形"面板

(4) 在创建骨骼后,单击"属性"面板中的(　　)按钮将选择当前骨骼的父级骨骼。

　　A. 　　　　B. 　　　　C. 　　　　D.

(5) 要更改骨骼显示的颜色,可以在(　　)中进行设置。

　　A. "颜色"面板　　　　　　　　　　B. "属性"面板

　　C. "图层属性"对话框　　　　　　　D. "文档设置"对话框

2. 填空题

(1) 遮罩动画是 Flash 的一种基本动画方式,制作遮罩动画至少需要两个图层,即遮罩层和_____。在创建遮罩动画时,位于上层图层中的对象就像一个窗口一样,透过它

的_____可以看到位于其下图层中的区域,而任何的非填充区域都是_____的,此区域中的图像将不可见。

(2)在设置3D实例属性时,"透视角度"的取值范围为1°~_____,其值可以控制3D影片剪辑在舞台上的_____,增大或减小该值将影响3D实例的外观尺寸和实例相对于舞台边缘的_____。

(3)用于连接的骨架有两种分布方式,一种是线性分布,也就是_____;另一种是分支分布,一个父级连接几个_____。

(4)在设置骨骼动画属性时,"属性"面板"缓动"栏中的"强度"可以决定缓动方向,其值为正值表示_____,其值为负值表示_____,其默认值为_____。

第9章

在Flash中应用声音和视频

Flash 不但是动画制作工具,而且是强大的网络多媒体应用程序开发工具,它对声音和视频的支持非常好。Flash 可以实现动画和声音的同步播放效果,能够将声音大幅度压缩而不影响动画的品质。随着网络视频的流行,Flash 对视频技术的支持功能越来越强大。Flash 不断改进视频导入工具,不但可以将视频嵌入到 Flash 影片当中,而且能够创建、编辑和部署渐进式下载的 Flash Video。

本章主要内容:

- 声音在 Flash 中的应用;
- 视频在 Flash 中的应用。

9.1 声音在 Flash 中的应用

Flash 提供了许多使用声音的方式,可以使声音独立于时间轴连续播放,或使动画与声音同步播放;还可以向按钮添加声音,使按钮具有更强的感染力。另外,通过设置淡入淡出等效果可以使声音更加优美,通过自带的压缩功能可以更好地提高作品质量。

9.1.1 导入声音

只有将外部的声音文件导入到 Flash 中以后,才能在 Flash 作品中加入声音效果。能直接导入 Flash 的声音文件类型,主要有 WAV 和 MP3 两种格式。另外,如果系统上安装了 QuickTime 4 或更高的版本,就可以导入 AIFF 格式和只有声音而无画面的 QuickTime 影片格式。

视频讲解

下面通过实际操作来介绍将声音导入 Flash 动画中的方法。

(1) 新建一个 Flash 影片文档或打开一个已有的 Flash 影片文档。

(2) 选择"文件"|"导入"|"导入到库"命令,弹出"导入到库"对话框,在该对话框中选择要导入的声音文件,单击"打开"按钮,将声音导入,如图 9-1 所示。

(3) 等声音导入后,就可以在"库"面板中看到导入的声音文件,以后可以像使用元件一样使用声音对象了,如图 9-2 所示。

图 9-1　"导入到库"对话框　　　　　　　　　图 9-2　"库"面板中的声音文件

9.1.2　引用声音

无论是采用导入舞台还是导入到库的方法,将声音从外部导入 Flash 中以后,时间轴并没有发生任何变化。必须在时间轴上引用声音对象,声音才能出现在时间轴上,才能进一步应用声音。

(1) 将"图层 1"重新命名为"声音",选择第 1 帧,然后将"库"面板中的声音对象拖放到场景中,如图 9-3 所示。

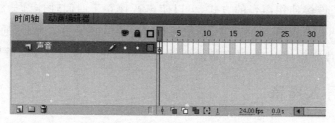

图 9-3　将声音引用到时间轴上

(2) 这时会发现,"声音"图层第 1 帧出现一条短线,这就是声音对象的波形起始点,任意选择后面的某一帧,如第 30 帧,按 F5 键,就可以看到声音对象的波形,如图 9-4 所示。说明已经将声音引用到"声音"图层了。这时,按 Enter 键,就可以听到声音了,如果想听到效果更为完整的声音,可以按 Ctrl+Enter 键进行测试。

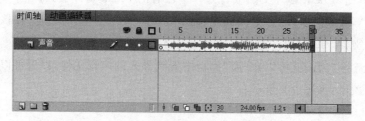

图 9-4　图层上的声音

专家点拨　要彻底删除导入到 Flash 动画中的声音素材,应该在"库"面板中选择该声音元件,单击面板下方的 🗑 按钮,将其从"库"中删除,而不是仅仅从时间轴上将放置该声音素材的帧删除。注意,使用这种方式删除的文件是无法通过按 Ctrl+Z 键恢复的。

9.1.3　声音属性的设置和编辑

选择"音效"图层的第 1 帧,打开"属性"面板。可以发现,"属性"面板中有很多设置和编辑声音对象的参数,如图 9-5 所示。

视频讲解

面板中各参数的意义如下。

- "名称"下拉列表框:从中可以选择要引用的声音对象,这也是另一个引用库中声音的方法。
- "效果"下拉列表框:从中可以选择一些内置的声音效果,如声音的淡入、淡出等效果。
- "编辑声音封套"按钮 ✏️:单击这个按钮,打开"编辑封套"对话框,可以对声音进行进一步的编辑。
- "同步"下拉列表框:这里可以选择声音和动画同步的类型,默认的类型是"事件"类型。另外,还可以设置声音重复播放的次数。

引用到时间轴上的声音,往往还需要在声音的"属性"面板中对它进行适当的属性设置,才能更好地发挥声音的效果。下面详细介绍有关声音属性设置以及对声音进一步编辑的方法。

1. "效果"选项

在时间轴上,选择包含声音文件的第 1 个帧,在"属性"面板的"声音"栏中,打开"效果"下拉列表框,从中可以设置声音的效果,如图 9-6 所示。

图 9-5　"属性"面板中的"声音"栏

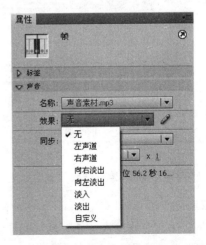

图 9-6　声音效果设置

以下是对各种声音效果的解释。

- "无":不对声音文件应用效果,选择此选项将删除以前应用过的效果。

- "左声道"/"右声道"：只在左或右声道中播放声音。
- "向右淡出"/"向左淡出"：会将声音从一个声道切换到另一个声道。
- "淡入"：会在声音的持续时间内逐渐增加其幅度。
- "淡出"：会在声音的持续时间内逐渐减小其幅度。
- "自定义"：可以使用"编辑封套"创建声音的淡入和淡出点。

2．"同步"选项

打开"同步"下拉列表框，可以设置事件、开始、停止和数据流 4 个同步选项，如图 9-7 所示。

- "事件"选项：如果选择了这个选项，那么 Flash 会将声音和一个事件的发生过程同步起来。从声音的起始关键帧开始播放，并独立于时间轴播放完整的声音，即使 SWF 文件停止运行，声音也会继续播放。
- "开始"选项：与"事件"选项的功能相近，但如果声音正在播放，使用"开始"选项则不会播放新的声音实例。
- "停止"选项：将使指定的声音静音。
- "数据流"选项：将强制动画和音频流同步。与事件声音不同，音频流随着 SWF 文件运行的停止而停止，音频流的播放时间绝对不会比帧的播放时间长。

在"同步"下拉列表框下面的下拉列表框中还可以设置声音循环，包括"重复"和"循环"两个选项，如图 9-8 所示。如果选择"重复"选项，还可以在后面的文本框中输入一个数值，以指定声音应循环的次数；选择"循环"选项可以连续重复播放声音。

图 9-7　同步属性

图 9-8　设置重复或者循环属性

3．"编辑声音封套"按钮

单击该按钮，可以利用 Flash 中的声音编辑控件编辑声音。虽然 Flash 处理声音的能力有限，无法与专业的声音处理软件相比，但是在 Flash 内部还是可以对声音做一些简单的编辑，实现一些常见的功能，如控制声音的播放音量、改变声音开始播放和停止播放的位置等。

编辑声音文件的具体操作如下所述。

（1）在关键帧中添加声音，或选择一个已添加了声音的关键帧，然后打开"属性"面板，单击"声音"栏中的"编辑声音封套"按钮 。

（2）弹出"编辑封套"对话框，如图 9-9 所示。"编辑封套"对话框分为上、下两部分，上面的是左声道编辑窗格；下面的是右声道编辑窗格。

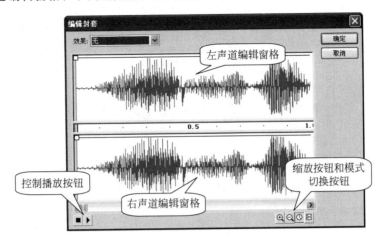

图 9-9　"编辑封套"对话框

（3）要改变声音的起始和终止位置，可拖曳"编辑封套"对话框中的声音起点控制轴和声音终点控制轴，图 9-10 所示为调整声音的起始位置。

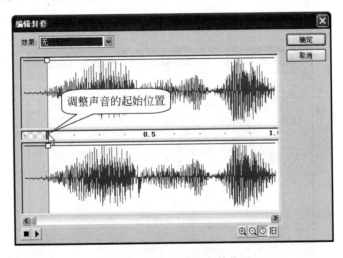

图 9-10　调整声音的起始位置

（4）在"编辑封套"对话框中，白色的小方框为音量调整节点，用鼠标上下拖曳改变音量指示线垂直位置，可以调整音量的大小，如图 9-11 所示。音量指示线位置越高，声音越大。单击编辑区，在单击处会增加一个节点，拖曳节点到编辑区的外边，可以删除这个节点。

（5）单击"放大"按钮 ⊕ 或"缩小"按钮 ⊖ ，可以改变窗口中显示声音的范围。要在秒和帧之间切换时间单位，单击"秒" ⊙ 按钮和"帧" ⊞ 按钮。单击"播放"按钮 ▶ ，可以试听编辑后的声音。

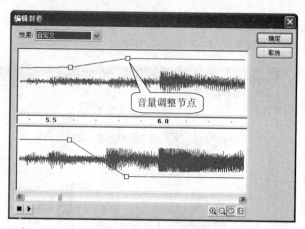

图 9-11　音量调整节点

9.1.4　压缩声音

Flash 动画在网络上流行的一个重要原因就是因为它的体积小,这是因为输出动画时,Flash 会对输出文件进行压缩,包括对文件中的声音的压缩。但是,如果对压缩比例要求得很高,那么就应该直接在"声音属性"对话框中对导入的声音进行压缩。

视频讲解

双击"库"面板中的声音图标 ,打开"声音属性"对话框,如图 9-12 所示。

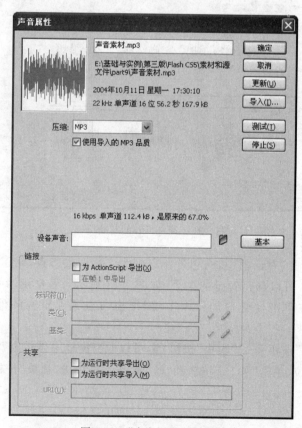

图 9-12　"声音属性"对话框

专家点拨 打开一个声音对象的"声音属性"对话框,还可以在"库"面板中选择该声音对象,然后在面板右上角的选项菜单中选择"属性"命令;或在"库"面板中选择该声音对象后,单击"库"面板底部的"属性"按钮。

在这个"声音属性"对话框中,可以对声音进行压缩。在"压缩"下拉列表框中有默认值、ADPCM、MP3、原始和语音5种压缩模式,如图9-13所示。

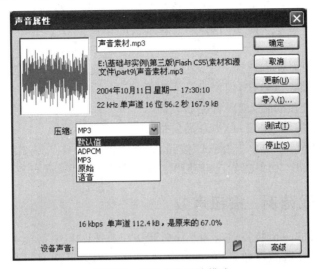

图9-13　5种声音压缩模式

这里重点介绍MP3压缩选项,因为这个选项最常用而且对其他的设置也极具代表性,通过对它的学习可以举一反三,掌握其他压缩选项的设置。

如果要导出一个MP3格式的文件,可以使用与导入时相同的设置来导出文件,在"声音属性"对话框中,从"压缩"下拉列表框中选择MP3选项,选择"使用导入的MP3品质"复选框。这是一个默认的设置,如果不在"库"面板中对声音进行处理,声音将以这个设置导出。如果不想使用与导入时相同的设置来导出文件,那么可以在"压缩"下拉列表框中选择MP3选项后,取消对"使用导入的MP3品质"复选框的选择,此时就可以重新设置了,如图9-14所示。

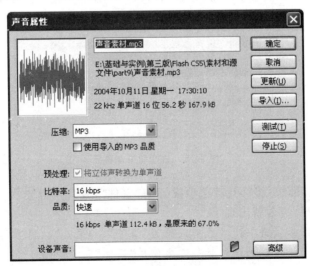

图9-14　使用MP3压缩功能

"比特率"这个选项确定导出的声音文件中每秒播放的位数。Flash 支持 8～160kbps(恒定比特率)的比特率。

在"声音属性"对话框中设置的比特率越低,声音压缩的比例就越大,但比特率的设置值不应该低于 16 kbps。如果将声音的比特率设置过低,会严重影响声音文件的播放效果。因此应该注意根据需要选择一个合适值,在保证良好播放效果的同时尽量减小文件的大小。

选择"预处理"选项后面的"将立体声转换为单声道"复选框,可以将混合立体声转换为单声(非立体声)。这里需要注意的是,只有在选择的比特率为 20 kbps 或更高时,"预处理"才可用。

在"品质"下拉列表框中选择一个选项,以确定压缩速度和声音品质。

- "快速":压缩速度较快,但声音品质较低。
- "中":压缩速度较慢,但声音品质较高。
- "最佳":压缩速度最慢,但声音品质最高。

在"声音属性"对话框中单击"测试"按钮,播放声音一次。如果要在结束播放之前停止测试,单击"停止"按钮。如果感觉已经获得了理想的声音品质,就可以单击"确定"按钮。

9.1.5　实战范例:按钮声效

Flash 动画最大的一个特点是交互性,交互按钮是 Flash 中重要的元素,如果给按钮加上合适的声效,一定能让作品增色不少。下面通过具体范例介绍给按钮加上声效的方法。

视频讲解

(1) 打开一个事先制作好的影片文档"按钮(原始).fla",这个影片中制作了一个按钮元件。

(2) 选择"文件"|"导入"|"导入到库"命令,将一个声音文件"按钮音效.mp3"导入到这个影片的库中。

(3) 打开"库"面板,双击需要加上声效的按钮元件,这样就进入到这个按钮元件的编辑场景中,下面要将导入的声音加入到这个元件中。

(4) 新插入一个图层,重新命名为"声效"。选择这个图层的第 2 帧,按 F7 键插入一个空白关键帧,然后将"库"面板中的"按钮音效.mp3"声音对象拖放到场景中,这样"音效"图层从第 2 帧开始出现了声音的声波线,如图 9-15 所示。

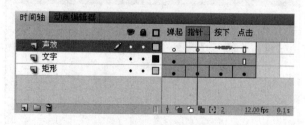

图 9-15　给按钮添加声音

(5) 打开"属性"面板,将"同步"选项设置为"事件",并且重复 1 次。此时测试影片,当鼠标移动到按钮上时,声效就出现了。

专家点拨　这里必须将"同步"选项设置为"事件",如果是"数据流"同步类型,那么声效将听不到。给按钮加声效时一定要使用"事件"同步类型。

9.1.6 实战范例：声音和动画的同步效果

视频讲解

在制作 Flash 动画时,声音和动画的同步效果是一个很重要的技术。例如,在制作 Flash MV 作品时歌曲与歌词的同步效果,在制作 Flash 多媒体课件时旁白声音和字幕的同步效果等,都需要用到这个技术。下面通过具体范例介绍声音和动画同步效果的实现方法。

(1) 新建一个 Flash 影片文档,设置舞台尺寸为 320 像素×200 像素,背景色为蓝色。

(2) 选择"文件"|"导入"|"导入到库"命令,将声音文件"古诗.wav"和"背景音乐.wav"导入到这个影片的库中。

(3) 将"图层 1"更名为"标题"。在这个图层上用"文本工具"输入古诗的标题文字,并在"滤镜"面板中设置文字的滤镜效果,如图 9-16 所示。

(4) 插入新图层并重命名为"背景音乐"。从"库"面板中拖曳"背景音乐.wav"声音对象到舞台上,在第 1 帧上出现一条短线,说明声音文件已经应用到了关键帧上。

(5) 单击"背景音乐"图层的第 1 帧,在"属性"面板中选择"同步"下拉列表框中的"数据流"选项,如图 9-17 所示。

图 9-16 创建标题

图 9-17 设置声音

专家点拨 "同步"下拉列表框中的"数据流"选项使声音和时间轴同时播放,并且同时结束,在定义声音和动画同步效果时,一定要使用"数据流"选项。

(6) 单击"属性"面板中的"编辑声音封套"按钮,弹出"编辑封套"对话框,如图 9-18 所示。在"编辑封套"对话框中单击右下角的"以帧为单位"按钮⊞,使它处于按下状态,这时对话框中显示声音持续的帧数,拖曳滚动条,可以查看到声音的持续帧数。

(7) 知道了声音的长度(所需占用帧数)后,在"背景音乐"图层上选中最后已经知道的声音帧数,按 F5 键在最后一帧插入帧。这样,声音波形就完整地出现在"背景音乐"图层上,如图 9-19 所示。

(8) 插入新图层,并命名为"朗读声音",在这个图层的第 71 帧插入空白关键帧。从"库"面板中将"古诗.wav"声音对象应用到该图层的第 71 帧上。在"属性"面板中设置声音的"同步"选项为"数据流"。

图 9-18　"编辑封套"对话框

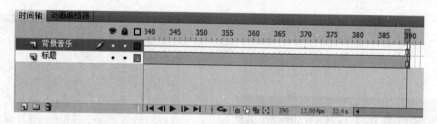

图 9-19　让声音波形完整呈现

（9）下面定义声音分段标记。新建一个图层，重命名为"字幕"。按 Enter 键试听声音，当出现第一句朗读句子时，再按 Enter 键暂停声音的播放。这时，播放头的位置就是出现第一句朗读句子帧的位置。在"字幕"图层上，选择此时播放头所在的帧，按 F7 键，插入一个空白关键帧。

（10）选中刚新添加的空白关键帧，在"属性"面板"标签"栏的"名称"文本框中输入"第一句"，如图 9-20 所示。

图 9-20　定义帧标签

（11）此时"字幕"图层的对应帧处，出现小红旗和帧标签的文字，如图 9-21 所示。

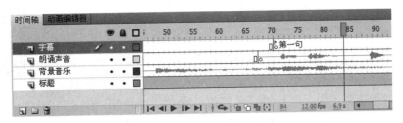

图 9-21 "字幕"图层的标签标志

专家点拨 为关键帧添加标签在动画制作中是非常普遍的,可以明确指示一个特定的关键帧位置,为后续的动画制作提供必要的参考。

(12)用同样的方法在所有的朗读句子分段处定义关键帧标签。

(13)在"字幕"图层上选中"第一句"空白关键帧,用"文本工具"在舞台上输入第一句诗词"人闲桂花落",并设置合适的文字格式,如图9-22所示。

(14)用同样的方法在其他3个空白关键帧上创建另外3句诗词。

(15)测试影片,可以预览字幕和旁白声音同步播放的效果。

图 9-22 创建第一句诗词

(16)为了使字幕呈现的效果更加精彩,这里利用传统补间动画制作字幕模糊呈现的动画特效,如图9-23所示。具体的制作步骤是,选择"字幕"图层的第96帧,按F6键插入关键帧。选中第71帧上的文字,在"属性"面板的"滤镜"栏中添加"模糊"滤镜,然后定义第71~第96帧的传统补间动画。使用同样的方法制作其他3句诗词字幕的模糊特效。

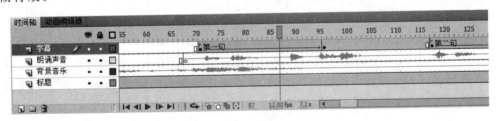

图 9-23 字幕模糊特效

9.2 视频在 Flash 中的应用

从 Flash MX 版本开始,Flash 全面支持视频文件的导入和处理。Flash CS6 在视频处理功能上更是跃上一个新的高度,Flash 视频具备创造性的技术优势,允许把视频、数据、图形、声音和交互式控制融为一体,从而创造出引人入胜的丰富体验。

9.2.1 基础知识

视频讲解

若要将视频导入到 Flash 中,必须使用以 FLV 或 H.264 格式编码的视频。视频导入向导(选择"文件"|"导入"|"导入视频"命令)会检查导入的视频文件,如果视频不是 Flash 可以播放的格式,则会提醒用户。

所有的视频都是一种经过特殊处理的压缩文件格式,当它们呈现在屏幕上时是经过解压软件解压缩处理后得到的,Flash Player 就是一种视频解压缩软件。并非所有视频编码格式 Flash Player 都可以识别和播放,Flash Player 仅可以识别 On2 VP6、Sorenson Spark 和 H.264 编码格式,而且不同的 Flash Player 版本支持的程度也不相同。

对于那些 Flash Player 不能使用的编码视频,可以使用 Adobe Media Encoder CS6 将这些视频转换为 Flash Player 可以识别的编码格式。

1. H.264

Flash Player 从版本 9.0.r115 开始引入了对 H.264 视频编解码器的支持。使用此编解码器的 F4V 视频格式提供的品质远远高于以前的 Flash 视频编解码器,但所需的计算量要大于随 Flash Player 7 和 Flash Player 8 发布的 Sorenson Spark 及 On2 VP6 视频编解码器。

专家点拨 如果需要使用带 Alpha 通道支持的视频进行复合,必须使用 On2 VP6 视频编解码器,F4V 不支持 Alpha 视频通道。

2. On2 VP6

On2 VP6 编解码器是创建在 Flash Player 8 和更高版本中使用的 FLV 文件时使用的首选视频编解码器。On2 VP6 编解码器提供:

- 与以相同数据速率进行编码的 Sorenson Spark 编解码器相比,视频品质更高。
- 支持使用 8 位 Alpha 通道来复合视频,能够在相同数据速率下实现更好的视频品质,On2 VP6 编解码器的编码速度会明显降低,而且要求客户端计算机上有更多的处理器资源参与解码和播放。因此,请仔细考虑观众访问 FLV 视频内容时所使用的计算机需要满足的最低配置要求。

3. Sorenson Spark

Sorenson Spark 视频编解码器是在 Flash Player 6 中引入的,如果打算发布要求与 Flash Player 6 和 Flash Player 7 保持向后兼容的 Flash 文档,则应使用它。如果预期会有大量用户使用较老的计算机,则应考虑使用 Sorenson Spark 编解码器对 FLV 文件进行编码,原因是在执行播放操作时,Sorenson Spark 编解码器所需的计算量比 On2 VP6 或 H.264 编解码器所需的计算量要小得多。

专家点拨 如果 Flash 内容动态地加载视频(使用渐进式下载或 Flash Media Server),则可以使用 On2 VP6 视频,而无须重新发布原来创建的用于 Flash Player 6 或 7 的 SWF 文件,前提是用户使用 Flash Player 8 或更高版本查看内容。

4．编码器和 Flash Player 版本

表 9-1 所示为针对不同的编码器，发布的版本和播放外部视频所要求的播放器列表。

表 9-1　发布的版本和播放外部视频所要求的播放器列表

编码器	SWF 版本（发布版本）	Flash Player 版本（播放所需的版本）
Sorenson Spark	6	6、7、8
	7	7、8、9、10
On2 VP6	6、7、8	8、9、10
H．264	9.2 版或更高版本	9.2 版或更高版本

在 Flash CS6 中，有 3 种方法来使用视频，它们分别是从 Web 服务器渐进式下载方式、使用 Adobe Flash Media Server 流式加载方式和直接在 Flash 文档中嵌入视频方式。

9.2.2　实战范例：将视频嵌入到影片中

视频讲解

下面通过实际操作介绍将视频剪辑导入为 Flash 中的嵌入对象的方法。

（1）新建一个 Flash 影片文档。保持文档属性的默认设置。

（2）选择"文件"|"导入"|"导入视频"命令，弹出"导入视频"向导。

（3）单击"浏览"按钮，弹出"打开"对话框，在其中选择需要嵌入到文档的视频文件，单击"打开"按钮，返回到"导入视频"对话框。选择"在 SWF 中嵌入 FLV 并在时间轴中播放"单选按钮，如图 9-24 所示。

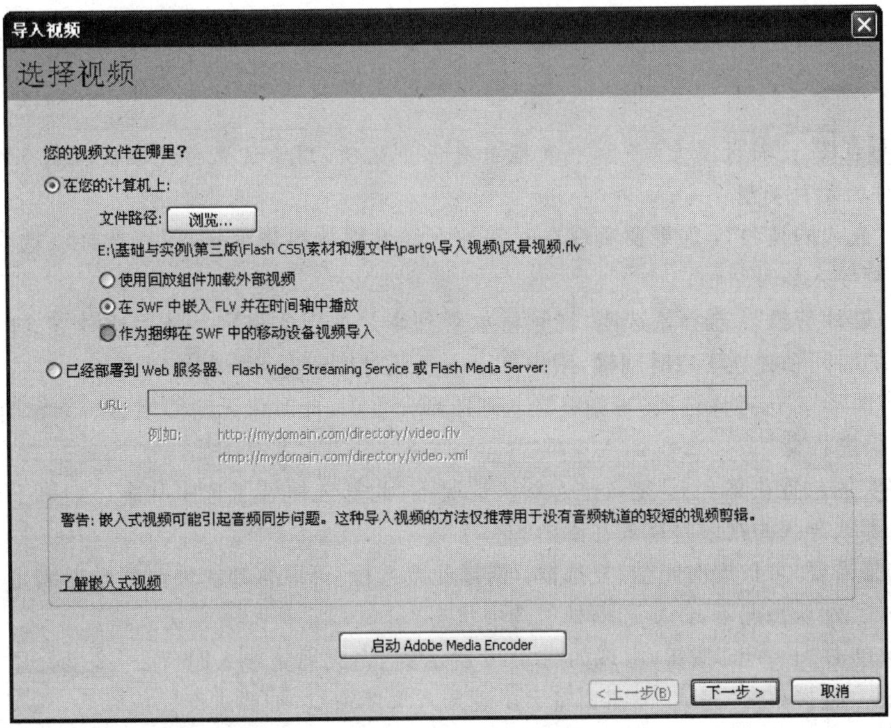

图 9-24　"导入视频"对话框

（4）单击"下一步"按钮，出现如图 9-25 所示的"嵌入"向导窗口，这里可以设置视频嵌入方式。在默认情况下，"将实例放置到舞台上"复选框选中，此时视频将直接导入到舞台。如果只是需要将视频导入到库中，可以取消对"将实例放置到舞台上"复选框的选中。

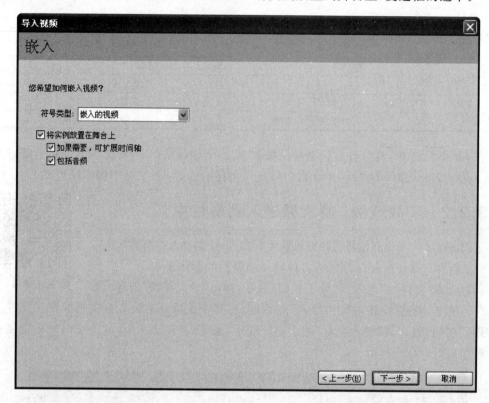

图 9-25　"嵌入"页面

专家点拨　"符号类型"下拉列表框中有 3 个选项，用于设置将视频嵌入到 SWF 文件的元件类型。

- "嵌入的视频"：如果要实现在时间轴上线性播放视频剪辑，可以选择该选项，将视频导入到时间轴。
- "影片剪辑"：选择该选项，视频将放置到影片剪辑实例中。使用这种方式时，视频的时间轴独立于主时间轴，用户可以方便地对视频进行控制。
- "图形"：选择该选项，视频将嵌入到图形元件中，此时将无法使用 ActionScript 与视频进行交互。

"将实例放置在舞台上"复选框：默认情况下，此复选框处于选中状态。如果不选择此复选框，那么导入的视频将存放在库中。

"如果需要，可扩展时间轴"复选框：选择此复选框，可以自动扩展时间轴以满足视频长度的要求。默认情况下，此复选框处于选中状态。

（5）单击"下一步"按钮，出现如图 9-26 所示的"完成视频导入"页面。这里会显示一些提示信息。直接单击"完成"按钮。将会出现导入进度窗口，加载进度完成以后，视频就被导入到了舞台上。按 Enter 键可以播放视频效果。

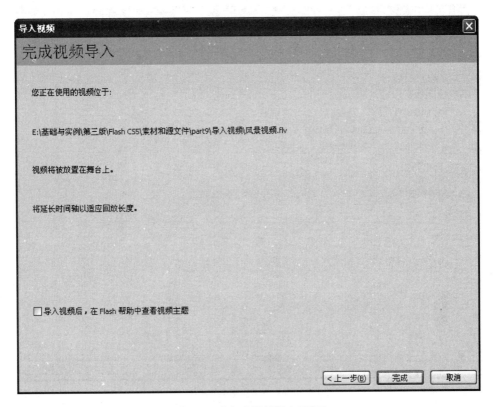

图 9-26　"完成视频导入"页面

9.2.3　实战范例：渐进式下载播放外部视频

视频讲解

从 Web 服务器渐进式下载方式是将视频文件放置在 Flash 文档或生成的 SWF 文档的外部，用户可以使用 FLVPlayback 组件或 ActionScript 在运行时的 SWF 文件中加载并播放这些外部 FLV 或 F4V 视频文件。在 Flash 中，使用渐进式下载的视频实际上仅仅只是在文档中添加了对视频文件的引用，Flash 使用该引用在本地计算机和 Web 服务器上去查找视频文件。

使用渐进方式下载视频有很多优点，在作品创作过程中，仅发布 SWF 文件即可预览或测试 Flash 文档内容，这样可以实现对文档的快速预览，并缩短测试时间。在文档播放时，第一段视频下载并缓存在本地计算机后即可开始视频播放，然后将边播放边下载视频文件。在允许时，Flash Player 是从本地计算机加载视频到 SWF 文件中，不限制视频文件的大小或延续时间，这样不存在音频同步的问题，也没有内存限制。另外，这种方式视频文件的帧速率可以和 SWF 文件的速率不同，从而使 Flash 动画的制作具有更大的灵活性。

下面通过具体操作进行介绍。

（1）新建一个 Flash 影片。文档属性保持默认设置。

（2）选择"文件"|"导入"|"导入视频"命令，弹出"导入视频"向导，选择"使用播放组件加载外部视频"单选按钮。单击"浏览"按钮，弹出"打开"对话框，在其中选择需要使用的视频文件，单击"打开"按钮，回到"导入视频"对话框，如图 9-27 所示。

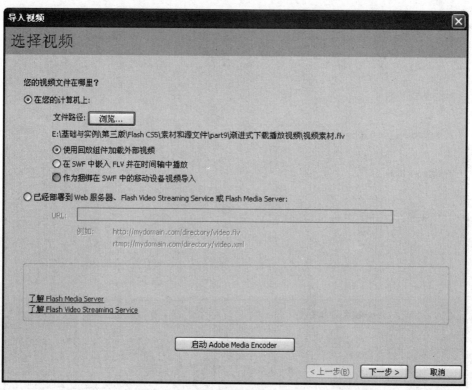

图 9-27 "选择视频"页面

专家点拨 在"导入视频"对话框中,如果需要导入本地计算机上的视频文件,应选择"使用回放组件加载外部视频"单选按钮。如果要导入已经部署在 Web 服务器、Flash Video Streaming Service 或 Flash Media Server 上的视频,则可以选择"已经部署到 Web 服务器、Flash Video Streaming Service 或 Flash Media Server"单选按钮,然后在 URL 文本框中输入视频的 URL 地址。注意,位于 Web 服务器上的视频使用的是 HTTP 通信协议,而位于 Flash Media Server 和 Flash Streaming Service 上的视频使用的是 RTMP 通信协议。

(3) 单击"下一步"按钮,出现的"外观"页面,这里可以设置 FLVPlayback 视频组件的外观。在"外观"下拉列表框中有许多默认的播放器外观供选择,在其中任意选择一个选项,如图 9-28 所示。

专家点拨 在"外观"下拉列表框中可以选择 Flash 提供的预定义 FLVPlayback 视频组件外观,Flash 将会把选择的外观影片复制到 FLA 文档所在的文件夹。如果在该下拉列表框中选择"无"选项,则将不使用 FLVPlayback 组件外观。单击"颜色"按钮将打开调色板,可设置组件的颜色。另外,可以在 URL 文本框中输入 Web 服务器地址以选择自定义外观。这里要注意,FLVPlayback 视频组件外观在基于 ActionScript 2.0 文档和 ActionScript 3.0 文档中会有所不同。

(4) 单击"下一步"按钮,将在对话框中给出当前导入视频的有关信息及提示,如图 9-29 所示。此时单击"完成"按钮,经过一定的导入进度提示后,就完成了操作,舞台上出现先前所选择的视频播放器,如图 9-30 所示。

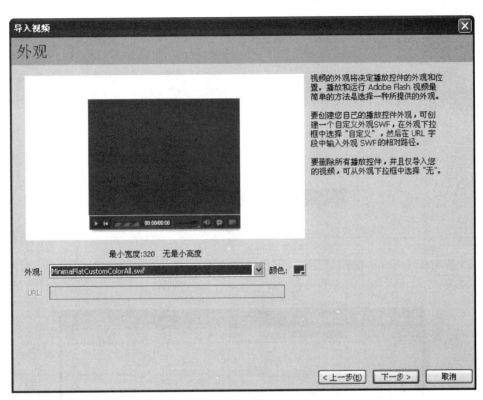

图 9-28 "外观"页面

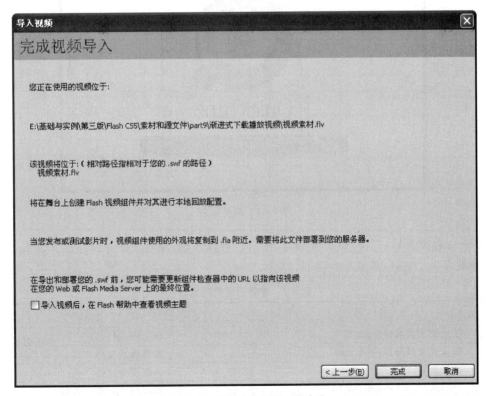

图 9-29 "完成视频导入"页面

图 9-30　视频导入到文档

（5）按 Ctrl＋Enter 键测试影片，可以在播放器的支持下对视频进行播放，如图 9-31 所示。

图 9-31　测试影片

（6）保存文件后，打开"资源管理器"窗口。可以发现，保存 Flash 影片的文件夹下对应这个范例有 4 个文件，如表 9-2 所示。

表 9-2　本范例包括的文件

文 件 名	说 明
渐进式下载播放视频.fla	影片源文件
渐进式下载播放视频.swf	影片播放文件
视频素材.flv	外部视频文件
MinimaFlatCustomColorAll.swf	播放器外观组件影片

（7）插入视频后，用户在舞台上选择视频实例，在"属性"面板中可以对视频属性进行设置，如图9-32所示。可以在"位置和大小"栏中设置视频在舞台上的位置和播放窗口的大小。在"组件参数"栏中，可以对FLVPlayeback视频播放组件的属性进行设置，如设置组件的对齐方式（align下拉列表框）、组件的外观样式（skin设置项）和背景颜色（skinBackgroundColor设置项）等。

图9-32 设置视频属性

9.3 本章习题

1. 选择题

（1）在为按钮元件添加声效时，声音的"同步"选项应该设置为下面的（ ）方式。

　　A. 数据流　　　　　　B. 事件　　　　　　C. 开始　　　　　　D. 停止

（2）在对导入的声音文件进行编辑时，"编辑封套"对话框的（ ）按钮处于按下状态时，时间单位被设置为帧。

　　A. ▢　　　　　　　　B. ▢　　　　　　　C. ▢　　　　　　D. ▢

（3）在Flash中应用视频时，在"导入视频"向导的"选择视频"对话框中，单击（ ）单选按钮能够将视频文件设置为嵌入到Flash动画中。

　　A. 使用回放组件加载外部视频

　　B. 以数据流方式从 Flash 视频数据流传输

　　C. 以数据流方式从 Flash Communication Server 传输

　　D. 在 SWF 中嵌入 FLV 并在时间轴中播放

(4) 在使用播放组件加载外部视频后,在视频实例"属性"面板的"组件参数"栏中,(　　)设置项可以用于更改播放的视频。

　　A. autoPlay　　　　　　　　　　　B. cuePoints

　　C. sourcen　　　　　　　　　　　 D. skin

2. 填空题

(1) 在制作动画与声音同步效果时,声音的"同步"选项应该设置为_____。

(2) 在"声音属性"对话框中设置的比特率越低,声音压缩的比例就越_____,但比特率的设置值不应该低于_____ kbps。如果这里将声音的比特率设置过低,将会严重影响声音文件的播放效果。

(3) 并非所有视频编码格式 Flash Player 都可以识别和播放,Flash Player 仅可以使用 On2 VP6、Sorenson Spark 和_____编码格式,而且不同的 Flash Player 版本支持的程度也不相同。

(4) 从 Web 服务器渐进式下载方式是将视频文件放置在 Flash 文档或生成的 SWF 文档的外部,用户可以使用_____组件或 ActionScript 在运行时的 SWF 文件中加载并播放这些外部_____或 F4V 视频文件。

第10章
交互式动画和ActionScript入门

Flash 动画的一个重要特点是它可以编写代码实现交互功能，并且使用程序代码可以创建更多丰富多彩的动画效果，如果这些动画效果利用逐帧动画或补间动画则很难实现。对于动画设计人员来说，掌握一些基本的 Flash 编程知识是很有必要的。Flash 内置的编程语言是 ActionScript，ActionScript 3.0 是 ActionScript 发展史上的一个里程碑，它和 Java 语言一样基于 ECMAScript（ECMAScript 是所有编程语言的国际规范化的语言）开发，实现了真正意义上的面向对象。

本章主要内容：

- ActionScript 3.0 开发环境；
- 类和对象；
- ActionScript 3.0 的事件处理模型；
- ActionScript 3.0 常用内置类。

视频讲解

10.1 ActionScript 3.0 开发环境

1997 年 6 月，Macromedia 公司就在其 Flash 2.0 中引入了通过脚本语言控制动画的功能。随着时间的推移，这种脚本语言也逐渐发展壮大，成为了当前的 ActionScript 3.0。ActionScript 3.0 与以前的 ActionScript 2.0 相比，几乎是一种全新的编程语言，其具备了面向对象编程的特征，所有代码都基于"类—对象—实例"模式，拥有更为可靠的编程模型。本节将首先对 Flash CS6 中的 ActionScript 3.0 的编程环境进行介绍。

10.1.1 ActionScript 的首选参数设置

使用 ActionScript 前，首先要进行相关的开发参数设置。运行 Flash CS6 后，选择"编辑"|"首选参数"命令，弹出"首选参数"对话框，在"类别"列表中单击 ActionScript。这里可对动作脚本的字体、颜色等进行设置，保证编写动作脚本时有一个适合自己的视觉感受，如图 10-1 所示。

视频讲解

"自动右大括号"复选框：如果选中了该复选框，将自动创建右大括号。

"自动缩进"复选框：如果选中了该复选框，在"("或"{"之后输入的文本将按照"制表符大小"设置自动缩进。

"制表符大小"文本框：在该文本框中可以指定新行中将缩进的字符数。

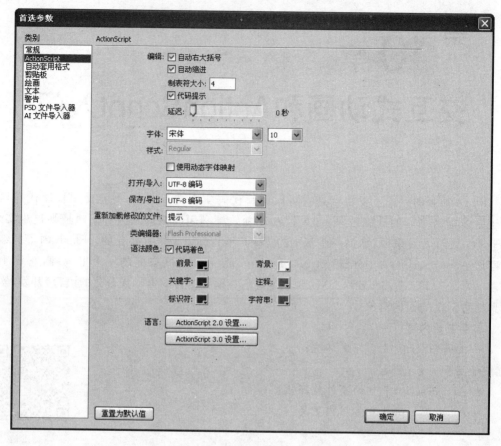

图 10-1　"首选参数"对话框

"代码提示"复选框：如果选中了该复选框，在"动作"面板或"脚本"窗格中启用代码提示功能。

"延迟"拖曳条：指定代码提示出现之前的延迟时间(以秒为单位)。

"字体"下拉列表框：指定用于脚本的字体，包括字体类型和字号。

"使用动态字体映射"复选框：选中此复选项可确保所选的字体系列可呈现每个字符；如果没有选中这个复选框，Flash 会替换上一个包含必需字符的字体系列。

"打开/导入"下拉列表框：指定打开或导入 ActionScript 文件时使用的字符编码。

"保存/导出"下拉列表框：指定保存或导出 ActionScript 文件时使用的字符编码。

"重新加载修改的文件"下拉列表框：指定脚本文件被修改、移动或删除时将如何操作，包括"总是""从不""提示"3 个选项。

- "总是"：不显示警告，自动重新加载文件。
- "从不"：不显示警告，文件仍保持当前状态。
- "提示"：(默认选项)显示警告，可以选择是否重新加载文件。

"语法颜色"选项：指定在脚本中进行代码着色的方案。

"语言"选项：这里提供了两个按钮，单击按钮可以打开"ActionScript 设置对话框"，可以设置 ActionScript 2.0 的类路径或 ActionScript 3.0 的源路径、库路径和外部库路径。

视频讲解

10.1.2 动作面板

Flash 提供了一个专门处理动作脚本的编辑环境——"动作"面板。如果"动作"面板没有显示在 Flash 窗口中，那么可以选择"窗口"|"动作"命令来显示。

新建一个 ActionScript 3.0 文件，选择"窗口"|"动作"命令，将"动作"面板打开。下面来认识一下"动作"面板的组成，如图 10-2 所示。

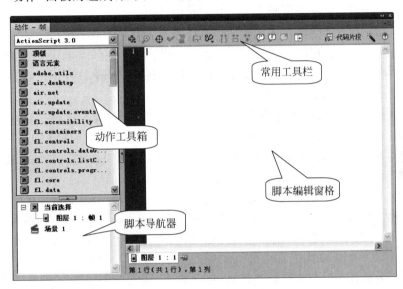

图 10-2 ActionScript 3.0 的"动作"面板

"动作"面板是 Flash 的程序编辑环境，由两部分组成。右侧部分是"脚本编辑窗格"，这是输入和显示代码的区域。左侧部分是"动作工具箱"，每个动作脚本语言元素在该工具箱中都有一个对应的条目。

在"动作"面板中，"动作工具箱"还包含一个"脚本导航器"，"脚本导航器"是 Flash 影片文档中相关联的帧动作可视化表示形式。可以在这里浏览 Flash 影片文档中的对象以查找动作脚本代码。如果单击"脚本导航器"中的某一项，则与该项目关联的脚本将出现在"脚本编辑窗格"中，并且播放头将移到时间轴上的相应位置。

"脚本编辑窗格"上方是"常用工具栏"，包含若干功能按钮，利用它们可以快速对动作脚本实施一些操作。从左向右按钮的功能依次如下所述。

- 将新项目添加到脚本中：单击这个按钮，会弹出一个下拉菜单，其中显示 ActionScript 工具箱中包含的所有语言元素。可以从语言元素的分类列表中选择一项添加到脚本中。
- 查找：在 ActionScript 代码中查找和替换文本。
- 插入目标路径：帮助用户为脚本中的某个动作设置绝对或相对目标路径。
- 语法检查：检查当前脚本中的语法错误。语法错误列在"输出"面板中。
- 自动套用格式：设置脚本的格式以实现正确的编码语法和更好的可读性，可以在"首选参数"对话框中设置自动套用格式首选参数。

- 显示代码提示：如果已经关闭了自动代码提示,可以使用"显示代码提示"手动显示正在编写的代码行的代码提示。
- 调试选项：在脚本中设置和删除断点,以便在调试 Flash 文档时可以停止,然后逐行跟踪脚本中的每一行。
- 折叠成对大括号：对出现在当前包含插入点的成对大括号或小括号间的代码进行折叠。
- 折叠所选：折叠当前所选的代码块。
- 展开全部：展开当前脚本中所有折叠的代码。
- 应用块注释：将注释标记添加到所选代码块的开头和结尾。
- 应用行注释：在插入点处或所选多行代码中每一行的开头处添加单行注释标记。
- 删除注释：从当前行或当前选择内容的所有行中删除注释标记。
- 显示/隐藏工具箱：显示或隐藏动作工具箱。
- 代码片段 代码片段：单击该按钮,将打开"代码片段"面板,该面板给出了一些 Flash 自带的程序代码,这些代码可以直接应用于对象或放置到时间轴上以获得某种效果。
- 脚本助手：单击这个按钮,可以切换到"脚本助手"模式。在"脚本助手"模式中,将提示输入创建脚本所需的元素。
- 帮助：显示针对"脚本窗格"中选中的 ActionScript 语言元素的参考帮助主题。

专家点拨 Flash CS6 支持两个版本的脚本语言：ActionScript 2.0 和 ActionScript 3.0。ActionScript 3.0 是开发 Flash 应用程序的首选,它的开发效率高、程序运行速度快。但是考虑很多编程人员还在使用 ActionScript 2.0 进行程序开发,为了开发平台的延续和兼容,Flash CS6 同时支持 ActionScript 2.0 文档的开发。ActionScript 2.0 的"动作"面板和 ActionScript 3.0 的"动作"面板基本一样,只是"动作工具箱"有些差别。

10.1.3 实战范例：添加动作脚本

在一般情况下(非"脚本助手"模式),可以直接在"脚本编辑窗格"中编辑动作脚本、输入动作脚本参数或删除动作脚本;还可以双击"动作工具箱"中的某一项或"脚本编辑窗格"上方的"将新项目添加到脚本中"按钮,向"脚本编辑窗格"中添加动作脚本。

视频讲解

如果想用一个按钮控制影片的播放,可以按照下面的步骤进行操作。

(1) 新建一个 ActionScript 3.0 文件,文档属性采用默认设置。

(2) 将"图层1"重命名为"动画",在这个图层上制作一个小球在舞台上移动的补间动画。

(3) 新建一个图层,将其重命名为 action。选择这个图层的第 1 帧,打开"动作"面板,在"脚本编辑窗格"的光标处输入"stop();",如图 10-3 所示。stop()是一个停止函数,在第 1 帧创建一个这样的函数,可以使影片播放时首先停止在第 1 帧。

专家点拨 ActionScript 3.0 之前的程序代码可以写在时间轴或附在元件上,而 ActionScript 3.0 只允许将代码写在时间轴上或外部的类文件中。

(4) 现在测试影片,可以看到动画停止在第 1 帧。下面通过一个按钮,让动画开始播放。

(5) 新建一个图层,将其重命名为"按钮"。选择"窗口"|"公共库"|"按钮"命令,打开按

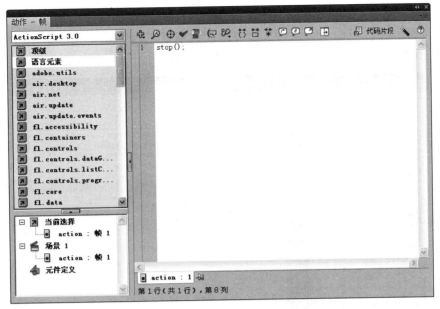

图 10-3 输入"stop();"

钮公共库,从中任意选择一个按钮,拖放到舞台上。在"属性"面板中定义这个按钮的实例名为 myButton,如图 10-4 所示。

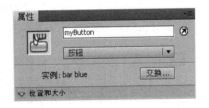

图 10-4 定义按钮实例名

(6) 选中 action 的第 1 帧,打开"动作"面板,下面继续在"脚本编辑窗格"中创建代码。按 Enter 键让光标另起一行,在"动作工具箱"中展开"语言元素"|"语句、关键字和指令"|"定义关键字",双击其中的 function,这样"脚本编辑窗格"就自动出现相应的代码,如图 10-5 所示。function 是一个定义函数的关键字。

图 10-5 双击 function

（7）将光标定位在 function 和"（）"中间，输入 startMovie，这是定义的函数名称。然后将光标定位在小括号中间，输入 event，接着输入一个冒号（：），会弹出一个代码提示列表框，在其中双击 MouseEvent-flash. events，如图 10-6 所示。

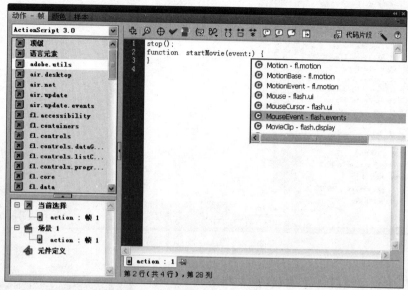

图 10-6　双击 MouseEvent-flash. events

专家点拨　在"动作"面板中编辑动作脚本时，Flash 可以检测到正在输入的动作脚本并智能地显示相应的代码提示，即包含该动作脚本完整语法的信息提示。当精确输入或命名对象时，会出现参数、属性和事件的代码提示。"脚本窗格"上面有一个"显示代码提示"按钮（ ），在编辑动作脚本时，随时单击这个按钮也可以显示代码提示。

（8）将光标定位在左大括号后面，按 Enter 键让光标定位在新行，输入：

```
this.play();
```

（9）将光标定位在右大括号后面，按 Enter 键让光标定位在新行，输入 myButton，然后输入一个点（.），如图 10-7 所示。

（10）在"动作工具箱"中展开 fl. controls|Button|"方法"，双击其中的 addEventListener，这样"脚本窗格"中就自动出现相应的代码，如图 10-8 所示。

（11）将光标定位在小括号内，输入：

```
MouseEvent.click,startmovie
```

最终的程序代码如下：

```
import flash.events.MouseEvent;
stop();
function startMovie(event:MouseEvent) {
    this.play();
}
myButton.addEventListener(MouseEvent.CLICK,startMovie);
```

（12）保存并测试影片，可以看到影片开始停止在第 1 帧，单击按钮动画开始播放。

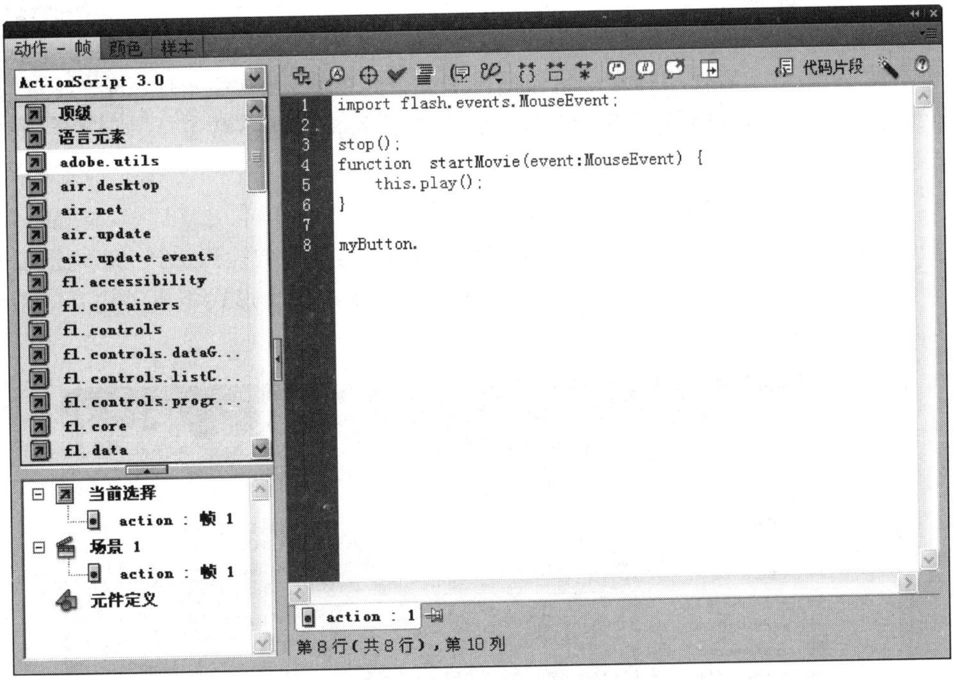

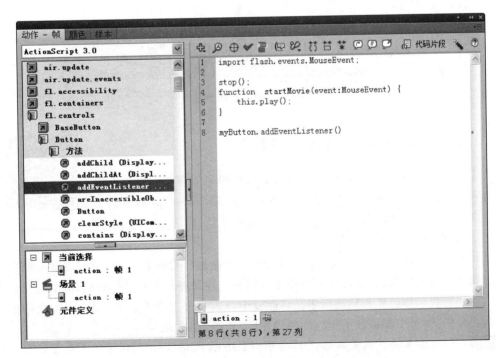

图 10-7　输入按钮实例名

图 10-8　双击 addEventListener

10.1.4 脚本助手

视频讲解

"脚本助手"为初学者使用脚本编辑器提供了一个简单的、具有提示性和辅助性的友好界面,初学者可以利用"脚本助手"模式快速创建一些简单的动作脚本。

在"动作"面板中单击"通过'动作'工具箱选择项目来编写脚本"按钮 ,将显示"脚本助手"窗格。在左侧的"动作工具箱"窗格中双击某个语句,该语句被添加到"脚本助手"窗格中。此时在该窗格中将获得语句的提示信息,并能够以文本框的形式完成语句其他部分的输入,如图10-9所示。

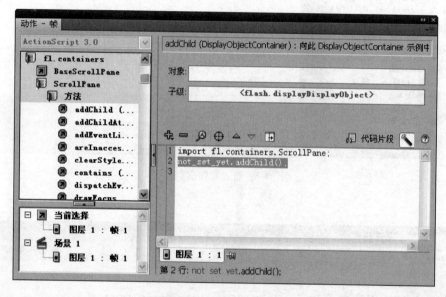

图10-9 "脚本助手"窗格

10.1.5 使用"代码片段"面板

视频讲解

对于 ActionScript 初学者来说,要通过编写代码来实现某项功能并不是一件很简单的事情。Flash CS6 为了方便不熟悉 ActionScript 脚本语言的设计者实现某些脚本功能,提供了一个"代码片段"面板,用户可以快速将代码插入到文档中以实现常用的功能。

选择"窗口"|"代码片段"命令,打开"代码片段"面板,"代码片段"面板可以添加能影响对象在物体上行为的代码,也可以添加能在时间轴上控制播放头移动的代码,同时还可以将用户创建的新代码片段添加到面板中。在面板中双击文件夹将其打开,双击文件夹中的某个选项,"动作"面板中即添加了相应的代码片段,如图10-10所示。

专家点拨 如果选择的是舞台上的对象,Flash 将代码片段添加到包含所选对象的帧中。如果选择的是时间轴上的帧,则 Flash 也将代码添加到该帧。另外,所有代码片段均是 ActionScript 3.0,如果创建的文档是 ActionScript 2.0,则代码片段将无法添加。

图 10-10　添加代码片段

10.1.6　实战范例：用代码控制飞鸟飞行

下面通过一个范例来介绍"代码片段"面板的操作方法。在该范例中，一只飞鸟将在窗口中从左向右飞过。

视频讲解

（1）启动 Flash CS6，打开素材文件（飞鸟素材.fla）。从"库"面板中将背景图片和名为 bird 的影片剪辑拖放到舞台上，调整它们的位置和大小，如图 10-11 所示。

图 10-11　放置图片和影片剪辑

（2）选择舞台上的 bird 影片剪辑，在"属性"面板的"实例名称"文本框中输入 bird，如图 10-12 所示。

（3）在 bird 影片剪辑被选择的情况下，在"代码片段"面板中打开"动画"文件夹，选择"水平动画移动"选项。此时在该选项的右侧将出现"显示说明"按钮 ⓘ 和"显示代码"按钮 ⓞ，如图 10-13 所示。这里，单击"显示代码"按钮，将打开一个浮动面板，在该面板中将显示实现该动画功能的代码，如图 10-14 所示。

图 10-12　输入实例名称

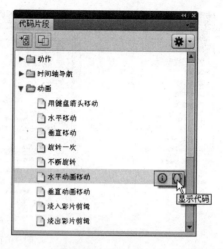

图 10-13　"显示说明"按钮和"显示代码"按钮

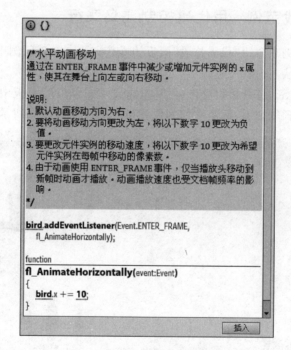

图 10-14　显示实现功能的代码

专家点拨　在浮动面板中单击上方的"显示说明"按钮 ⓘ,将在面板中显示该代码的功能说明。

(4) 单击"插入"按钮,Flash 将在"时间轴"上创建一个名为 Actions 的图层,在该图层的帧中插入程序代码,如图 10-15 所示。按 Ctrl+Enter 键测试动画,动画播放效果如图 10-16所示。

专家点拨　在添加了实现功能的脚本代码后,用户如果对动画效果不满意,可以在"动作"面板中对代码进行修改,使效果符合需要。

图 10-15　在时间轴上插入代码

图 10-16　动画播放效果

10.2　类和对象

ActionScript 3.0 可以说真正实现了面向对象的编程思想。类和对象是面向对象的编程思想的重要概念,本节介绍类和对象的有关知识。

10.2.1　认识类和对象

类和对象是面向对象技术两个非常重要的概念。

1. 类

视频讲解

类是具有相同属性和相同服务的一组对象的集合。对象可以有很多,但是当忽略它们之间非本质的差别时,就可以得到一些具有相同属性和服务的对象集合,这个集合就可以称为类,它为属于该类的全部对象提供了统一的抽象描述,其内部包括属性和方法两个主要部分。

例如,对于同一种型号和功能的汽车都是通过同一张设计图纸设计的,那么这张设计图纸就是“类”,根据这个图纸设计的汽车就是这个类的“对象”,这些对象具有相同的属性和方法。如果对图纸进行修改,那么就会设计另一种型号和功能的汽车。

因此,可以得出结论:类是抽象的,是对属于该类的全部对象的统一的抽象描述,而对象是具体的,是对客观世界中所有事物的具体描述。类和对象之间存在着紧密的联系,类的作用是用来创建对象的,而对象就是类的一个实例。在研究问题、思考问题时,并不会针对个别对象一个一个去认识、研究它,而是针对这一类对象,去研究它们所具有的共同(特征)属性和方法,把它描述出来,然后用它去创建具体的对象实例。

ActionScript 3.0 中内置了种类繁多的类。例如,常用的 MovieClip 类,其中包含了作为一个影片剪辑必须有的属性,如坐标 X 和 Y、高度 Heigth、宽度 Width、透明度 Alpha 等;还包含了影片剪辑可以有的行为,如 play()、stop()等。

但是 MovieClip 类只是一个定义了抽象的数据结构和行为的集合,它没有任何一个具体的属性值,如高度或宽度等。只有根据 MovieClip 类生成的对象才有实际的属性,才能在舞台上显示。

2. 对象

从现实世界来看,世界上所有的物体都是对象,大到宇宙,小到原子,都可以看作是对象。可以说,对象就是现实世界中某个实际存在的事物,它可以是有形的,如一辆汽车;也可以是无形的,如一项计划。对象是构成世界的一个独立单位,具有自己的静态特征和动态特征。

举个例子来说,汽车是一个对象,那么汽车中的颜色、价格、型号等都是汽车对象的静态特征;而汽车可以发动、刹车等,这些都是汽车对象的动态特征。

从现实世界的对象抽象到计算机所处理的对象,汽车的静态特征就称为汽车这个对象的属性,而汽车的动态特征就称为汽车这个对象的服务或者方法。

10.2.2　ActionScript 3.0 类的架构

ActionScript 3.0 为开发人员提供了许多的类,它们结构严谨,层次分明,可以应用在程序的各种不同领域。

视频讲解

1. 类的组织结构

在 ActionScript 3.0 中,将所有的内建类大致分成了 3 个部分:顶级类(Top Level Classes)、fl 包和 flash 包。

顶级类包含了诸如 int、Number、String、Array、Object、Boolean、XML 等最基本的类和一些全局函数。更多的类被分别包含在 fl 包和 flash 包中,每个包都细分为多个不同类别的包,如图 10-17 所示。列表中的每一个包都包含了功能相近的一组类。

其中 fl 包中包含的主要是 ActionScript 3.0 的各种组件类。在程序中应用最多最广泛的类都包含在 flash 包中。例如,MovieClip、Sprite 类包含在 flash. display 包中,TextFields 类包含在 flash. text 包中,描绘各种事件的类包含在 flash. events 包中。由此可见,ActionScript 3.0 对其内建类的组织是非常严谨的。

2. 类的层次结构

ActionScript 3.0 中的类是有层次的,通过继承,一个类可以把自身属性、方法传递到它的子类中去,从而产生一个更具体的、内容更丰富的类。

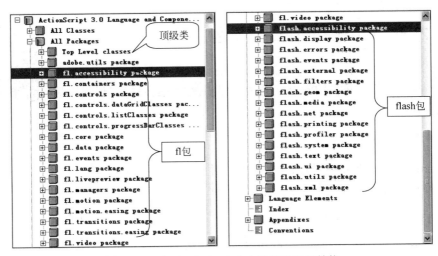

图 10-17　ActionScript 3.0 内建类的组织结构

　　Object 类是 ActionScript 3.0 中绝大多数类的祖先，通过对 Object 类的层层继承、逐步细化形成了 ActionScript3.0 里面各具特色、丰富多彩的类。

　　例如，EventDispatcher 类继承自 Object 类，在 Object 类的基础上添加了收发事件的功能，而 DisplayObject 类又是 EventDispatcher 类的子类，因此所有的可视对象（DisplayObject 类的对象）顺理成章地继承了收发事件的能力。

　　ActionScript 3.0 的"动作"面板的"动作工具箱"中就是按照一定的组织结构对类进行分类的，如图 10-18 所示。

图 10-18　ActionScript 3.0 的"动作 帧"面板

10.2.3 ActionScript 3.0 类的应用

视频讲解

在程序中要使用一个定义好的类是从创建这个类的对象开始的,当创建了类的对象以后,就可以访问对象的属性、调用对象的方法,实现程序最终要达到的目的。

1. 创建类的对象

在 ActionScript 3.0 中,要创建一个类的对象需要使用 new 操作符。例如,下面的语句创建了一个 MovieClip 类的对象:

```
var myMc:MovieClip = new MovieClip();
```

这是一条标准的实例化语句,操作符 new 后面的 MovieClip() 调用了 MovieClip 类的构造函数,操作的结果是产生一个 MovieClip 类的对象并为其在内存中开辟一块空间。然后通过赋值操作将这个对象的引用(内存的地址)赋给了一个定义为 MovieClip 类型的变量 myMc,通常将 myMc 称为影片剪辑对象。

作为特殊情况,在顶级类中的 5 个基本数据类型可以不使用 new 操作符,而直接使用对应的值(本质也是对象)。另外,Array 类和 Object 类也可以不显式地使用 new 操作符创建一个该类的对象,如下面的语句:

```
var myArr:Array = [200,100,280];          //创建一个数组,包含 3 个元素
var myObj:Object = {x:200,y:100,z:280};   //创建一个对象,表示空间点的三维坐标,有 3 个属性
```

2. 使用属性和方法

将类实例化为对象后,每个对象中都包含了类里面定义的属性和方法,可以通过"."运算符对各自的属性和方法进行访问。

例如,下面的代码中,创建了一个 Sprite 类的对象 mySpr,然后使用其中的 graphics 属性在对象中绘制一条线段,并输出对象的 width 属性值,最后调用对象的 startDrag 方法实现对象的拖曳。

```
var mySpr:Sprite = new Sprite();          //创建一个 Sprite 对象,对象名为 mySpr
mySpr.graphics.lineStyle(2,0x000000);     //调用类方法画线
mySpr.graphics.moveTo(100,100);
mySpr.graphics.lineTo(200,200);
trace(mySpr.width);                        //输出对象的宽度
mySpr.startDrag();                          //拖曳对象
```

10.2.4 类的组织结构——包

视频讲解

包可用于组织类文件。使用包,可以通过有利于共享代码并尽可能减少命名冲突的方式将多个类定义捆绑在一起。

1. 包的概念

和内置的类一样,自定义的类也要归属于某一个包之中,包是 ActionScript3.0 中对类

必要的组织形式。

要创建一个包,首先要新建一个脚本文件,然后在脚本文件中输入 package 关键字和包的名字以及一对花括号。具体格式如下:

```
package 包名 {
    //包的内容,可以定义类、函数等
}
```

一个包对应一个脚本文件,包的名字是这个脚本文件相对于当前影片文件的相对路径。例如,用 Flash CS6 创建的影片文件 myFilm.fla 保存在"E:\flash\myFilm.fla"这个路径下,在这个位置上有两层子文件夹"myClass\zhu\",在文件夹 zhu 下保存着脚本文件 test.as,如图 10-19 所示。

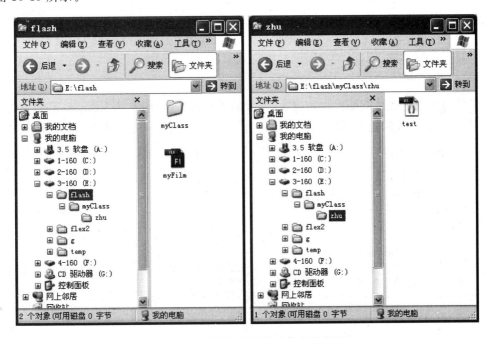

图 10-19 影片文件和脚本文件的位置

在这种文件夹结构下,脚本文件 test.as 里面的包应该定义为:

```
package myClass.zhu {
⋮
}
```

包名中用"."取代相对路径字串中的"\"表示从 fla 文件到此包所在文件需要经过的路径。每个包都是为 fla 文件服务的,因此一定要明确地指出路径才能被影片文件访问到。在 fla 文件里,还要在时间轴代码中首先添加一条语句,导入这个包及其中包含的类。这条语句如下所示。

```
import myClass.zhu.test;                    //导入自定义的类,类名和脚本文件同名
```

在这之后的代码中就可以使用这个包中定义的类了。使用包来组织类可以防止类的命名冲突,也就是说对于两个具有相同名称的类,只要它们分别处在两个不同的包中就不会导

致重名错误。

在很多情况下,为了简便都是把脚本文件保存在当前文件夹下,在这种情况下包名为空,形如:

```
package {
 ⋮
}
```

2. 导入包

要在代码中(包括在时间轴和脚本文件)使用某个类,必须在使用之前导入这个类,方法是使用关键字 import 加这个类的完全限定名称,如下形式所示:

```
import 类的完全限定名称;
```

或使用一个 * 代表包中的所有类:

```
import 包含类的包名. * ;
```

类的完全限定名称就是包名和用"."连接的类名,在一个包中导入类往往是第一件要完成的事。例如,下面的包中导入了 3 个类,它们都是后续代码在定义类时需要使用到的类。

```
package myclass {                                //此包定义在 fla 下 myclass 文件夹里
//导入需要的类
import flash. display. Sprite;                   //导入 Sprite 类
import flash. events. MouseEvent;                //导入 MouseEvent 类
import myclass. zhu. mc2                          //导入自定义的 mc2 类,文件位于 myclass/zhu/
public class mc extends Sprite{                  //使用 Sprite 类,将其作为父类
    var mySprite:mc2;                            //使用 mc2 类,创建该类的对象
    public function mc(){
        mySprite = new mc2();                    //使用 mc2 类:创建对象、使用 graphics 属性画图
        mySprite. graphics. beginFill(0x000FF);
        mySprite. graphics. drawCircle(200,200,100);
        mySprite. graphics. endFill();
        addChild(mySprite);
        mySprite. addEventListener(MouseEvent. MOUSE_DOWN,downf);
    }
    private function downf(e:MouseEvent){  //使用 MouseEvent 类,响应鼠标事件
        trace(e);
    }
}
}
```

如果在使用之前没有导入必要的类,在测试影片时会导致编译错误。例如,如果注释掉上面代码中的第 2 条导入语句,测试后则会出现以下错误:

```
1046: Type was not found or was not a compile - time constant: MouseEvent.
```

视频讲解

10.2.5　实战范例：编写典型的 ActionScript 3.0 程序

本节通过一个范例介绍典型的 ActionScript 3.0 程序的编写方法。通过实际操作掌握一种在 Flash 应用程序中使用外部 ActionScript 3.0 类文件的简单模式。

1.创建 ActionScript 3.0 文件

（1）运行 Flash CS6，新建一个 Flash ActionScript 3.0 文件。

（2）打开"属性"面板，在其中"发布"栏的"类"文本框中输入 hello，如图 10-20 所示。这里的 hello 是一个文档类的名字，在后面的步骤中会定义这个类。

图 10-20　在"属性"面板中设置文档类

专家点拨　通常一个影片文件运行时，程序的入口是主场景时间轴的第 1 帧代码，而文档类概念的提出彻底改变了这种状态，使得程序的代码可以完全从 fla 中分离。如果一个影片使用了文档类，那么这个 Flash 影片将会从文档类开始运行，这样影片中的时间轴代码也可以通过文档类完成。

（3）将 Flash 文件保存为 10.2.5.fla。

2.编写 as 文件

（1）新建一个 ActionScript 文件（脚本文件），选择"文件"|"保存"命令，将这个文件保存到与 Flash 文件 10.2.5.fla 同一文件夹下，并且命名为 hello.as 文件。注意，脚本文件的主文件名和在 fla 文件中设置的文档类的名称要一致。

（2）在"脚本"窗口中首先输入以下代码：

```
package {

}
```

这叫做定义一个包，是一个脚本文件通常都要有的内容。

（3）接着在包里引入需要使用的内置类。完成的代码如下所示：

```
package {                          //定义包
import flash.display.Sprite;       //引入 Sprite 类
}
```

（4）引入所需要的内置类以后就可以创建自定义的类了，通常一个自定义的类继承自

Sprite 类,完成后的代码如下:

```
package {                              //定义包
import flash.display.Sprite;           //引入 Sprite 类
public class hello extends Sprite {    //定义一个 hello 类


}
}
```

(5)类中的成员包括类的属性和方法。属性就是类中所需要用到的一组变量、常量,接下来定义这个类中需要用到的属性:

```
public class hello extends Sprite {           //定义一个 hello 类
    private var s:String = "hello,world!";    //定义一个字符串变量,并初始化值
}
```

(6)类的方法用来实现一个类所具备的功能,通常一个类里面都有一个称作构造函数的特殊方法。本例中的构造函数很简单,就是输出一个字符串。

```
public class hello extends Sprite {           //定义一个 hello 类
    private var s:String = "hello,world!";    //定义一个字符串变量,并初始化值
    public function hello() {                 //定义构造函数
        trace(s);                             //输出 s 的值
    }
}
```

专家点拨　类中的构造函数的名字一定要和类名一致。

至此,完成了类的定义,完整的程序代码是:

```
package {                              //定义包
import flash.display.Sprite;           //引入 Sprite 类
public class hello extends Sprite {    //定义一个 hello 类
    private var s:String = "hello,world!";    //定义一个字符串变量,并初始化值
    public function hello() {          //定义构造函数
        trace(s);                      //输出 s 的值
    }
}
}
```

3. 测试运行程序

(1)程序编写完成后,将 hello.as 文件保存。

(2)切换到 Flash 文件 10.2.5.fla,选择"控制"|"测试影片"命令,弹出"输出"面板,其中输出了"hello,world!"这样的字符串,如图 10-21 所示。

(3)如果在 Flash 文件 10.2.5.fla 中,将"属性"面板中"类"文本框中的字符删除,那么再次测试影片,就只出现一个空白影片,不会出现"输出"面板了。这是因为去掉文档类后,hello.as 脚本文件其实根本没有运行。

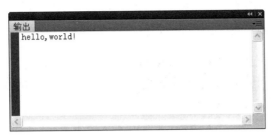

图 10-21 "输出"面板

10.3 ActionScript 3.0 的事件处理模型

视频讲解

ActionScript 3.0 采用了全新的事件处理模型,是基于 DOM3 (Document Object Model Level 3)事件规范。在 ActionScript 3.0 中,每个事件(如鼠标单击)都是一个对象,都属于 Event 类或其子类的实例。在这个对象中不仅保存了当前事件的特定信息,还包含了基本的操作方法。

10.3.1 基本事件处理

指定为响应特定事件而应执行某些动作的技术称为"事件处理"。在编写执行事件处理的 ActionScript 代码时,需要识别 3 个重要元素:事件源、事件和响应。

- 事件源。发生该事件的是哪个对象。例如,哪个按钮会被单击或哪个 Loader 对象正在加载图像。事件源也称为"事件目标",因为 Flash Player 将此对象作为事件的目标。
- 事件。将要发生什么事情,以及希望响应什么事情。识别事件是非常重要的,因为许多对象都会触发多个事件。
- 响应。当事件发生时,希望执行哪些动作。

无论何时编写处理事件的 ActionScript 代码,都会包括这 3 个元素,并且代码将遵循以下基本结构:

```
function eventResponse(eventObject:EventType):void
{
    //此处是为响应事件而执行的动作
}
eventSource.addEventListener(EventType.EVENT_NAME,eventResponse);    //注册事件
```

以上代码执行两个操作。首先,定义一个函数,这是指定为响应事件而要执行的动作的方法。接下来,调用源对象的 addEventListener 方法,实际上就是为指定事件"订阅"该函数,以便当该事件发生时,执行该函数的动作。

1. 编写事件处理函数

在创建事件处理函数时,必须定义函数名称(本例中为 eventResponse),还必须指定一个参数(本例中的名称为 eventObject)。指定函数参数类似于声明变量,所以还必须指明参数的数据类型。函数参数指定的数据类型始终是与要响应的特定事件关联的类。最后,在左大括号与右大括号之间({…}),编写希望计算机在事件发生时执行的动作。

2. 调用源对象的 addEventListener 方法

一旦编写了事件处理函数,就需要通知事件源对象(发生事件的对象,如按钮)希望在该事件发生时调用函数。可通过调用该对象的 addEventListener 方法来实现此目的(所有具有事件的对象都同时具有 addEventListener 方法)。

addEventListener 方法有两个参数,具体情况介绍如下。

(1) 第一个参数是希望响应的特定事件的名称。同样,每个事件都与一个特定类关联,而该类将为每个事件预定义一个特殊值。

(2) 第二个参数是事件响应函数的名称。注意,如果将函数名称作为参数进行传递,则在写入函数名称时不使用括号。

10.3.2　鼠标事件类

Event 类及子类中定义了极为丰富的事件类型,这些事件类型涵盖的内容非常广泛,涉及诸如向显示列表添加对象、导入、网络连接以及用户交互界面等范畴。

鼠标事件类 MouseEvent 是 Event 类的一个子类,这个类中常用的属性如表 10-1 所示。

表 10-1　MouseEvent 类的部分属性

属　　性	含　　义	属　　性	含　　义
localX	鼠标本地横坐标	localY	鼠标本地纵坐标
stageX	鼠标舞台横坐标	stageY	鼠标舞台纵坐标
ctrlKey	是否按下 Ctrl 键	shiftKey	是否按下 Shift 键

在 MouseEvent 类中定义了 10 个常量,分别表示 10 种不同的鼠标事件,常用的鼠标事件有 MOUSE_DOWN、MOUSE_MOVE、MOUSE_UP 等,常用的类型定义如下:

```
public static const CLICK:String = "click"              //鼠标单击对象
public static const MOUSE_DOWN:String = "mouseDown"      //鼠标在对象上按下
public static const MOUSE_MOVE:String = "mouseMove"      //鼠标在对向上移动
public static const MOUSE_OUT:String = "mouseOut"        //鼠标移出对象
public static const MOUSE_OVER:String = "mouseOver"      //鼠标移入对象
public static const MOUSE_UP:String = "mouseUp"          //鼠标抬起
```

10.3.3　键盘事件类

键盘事件类 KeyboardEvent 也是 Event 类的一个子类,这个类中主要的属性如表 10-2 所示。

表 10-2　KeyboardEvent 类的属性

属　　性	含　　义	属　　性	含　　义
charCode	按键的字符码	keyLocation	区分重复键
keyCode	按键的键值码	shiftKey	是否按下 Shift 键
ctrlKey	是否按下 Ctrl 键		

在 KeyboardEvent 类中定义了两个键盘事件类型 KEY_DOWN 和 KEY_UP,分别表示某个键被按下和弹起,它们的定义如下:

```
public static const KEY_DOWN:String = "keyDown"
public static const KEY_UP:String = "keyUp"
```

10.3.4 实战范例:制作交互式动画

本小节以一个控制动画播放的范例介绍 ActionScript 3.0 的事件处理方式以及在实际动画交互中的运用。

1. 创建一个简单动画

(1) 运行 Flash CS6,新建一个 ActionScript 3.0 文件,将其保存为 10.3.4.fla。

(2) 将"图层 1"重新命名为"动画"。在这个图层上,从第 2~第 31 帧,创建一个小球从左向右运动的传统补间动画,如图 10-22 所示。

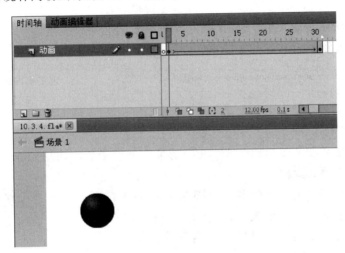

图 10-22　创建一个传统补间动画

2. 创建两个按钮

(1) 在"动画"图层上新建一个图层,将其重新命名为"按钮"。

(2) 在"按钮"图层上放置两个按钮,如图 10-23 所示。

(3) 选择 play 按钮,在"属性"面板中定义它的实例名为 playButton。选择 home 按钮,在"属性"面板中定义它的实例名为 homeButton。

3. 定义 ActionScript

(1) 在"按钮"图层上新建一个图层,将其重新命名为 AS。

(2) 选择 AS 图层的第 1 帧,打开"动作"面板。首先输入以下代码:

```
stop();
```

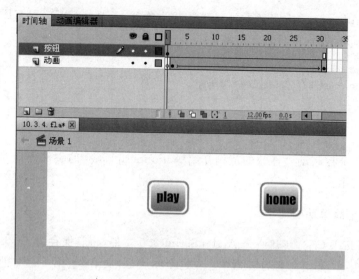

图 10-23　创建两个按钮

这个代码的功能是播放影片时,先停止在第 1 帧,等待事件发生。

(3) 接着输入和 play 按钮相关的事件处理代码:

```
function startMovie(event:MouseEvent):void {          //定义事件处理函数
    this.play();
}
playButton.addEventListener(MouseEvent.CLICK,startMovie);     //注册事件
```

该代码首先定义一个名为 startMovie() 的事件处理函数。调用 startMovie() 时,该函数会导致主时间轴开始播放。

接着的代码行将 startMovie 函数注册为 playButton 的 click 事件侦听器。也就是说,只要单击名字为 playButton 的按钮,就会调用 startMovie 函数。

(4) 接着输入和 home 按钮相关的事件处理代码:

```
function gotoAuthorPage(event:MouseEvent):void {          //定义事件处理函数
    var targetURL:URLRequest = new URLRequest("http://www.cai8.net/");
    navigateToURL(targetURL);
}
homeButton.addEventListener(MouseEvent.CLICK,gotoAuthorPage);//注册事件
```

该代码定义一个名字为 gotoAuthorPage 的函数。该函数首先创建一个代表 URL "http://www.cai8.net/" 的 URLRequest 实例,然后将该 URL 传递给 navigateToURL() 函数,使用户浏览器打开该 URL。

接着的代码行将 gotoAuthorPage 函数注册为 homeButton 的 click 事件侦听器。也就是说,只要单击名字为 homeButton 的按钮,就会调用 gotoAuthorPage 函数。

最后保存文件并测试影片,单击 play 按钮,可以让补间动画开始播放。单击 home 按钮可以启动浏览器并打开 http://www.cai8.net。

10.4 ActionScript 3.0 常用内置类

ActionScript 3.0 的强大功能在某种程度上讲,也体现在它内置了丰富的类。开发者只有熟练使用这些内置的类,才能在开发各个领域的程序时得心应手。

ActionScript 3.0 最主要的类就是 Object 类,以它为基类,层层继承构成了一个分支众多的树形结构。打开 Flash CS6 帮助文档,可以看到 Object 类包含了 100 多个子类,其中的很多子类还派生出其他子类。

为了组织这些种类繁多的类,ActionScript 3.0 采用了包结构。它把那些功能比较相近的类放在一个包里,需要使用某个类时,要在程序的开始添加 import 语句导入对应包中的类。

本节将介绍一些在开发中经常用到的类,主要讲解类的基本用法,类的属性、方法以及和类相关的事件。

10.4.1 Shape 类和 Sprite 类

在 ActionScript 3.0 中,不同类型的显示对象有不同的类。在 ActionScript 1.0 和 ActionScript 2.0 中,很多相同类型的对象都包括在一个类(即 MovieClip 类)中。

在 ActionScript 1.0 和 ActionScript 2.0 中,只能在 MovieClip 对象中绘制形状。在 ActionScript 3.0 中,提供了可在其中绘制形状、更简单的显示对象类。由于这些 ActionScript 3.0 显示对象类并不包括 MovieClip 对象中包含的全部方法和属性,因此给内存和处理器资源造成的负担比较小。

例如,每个 MovieClip 对象都包括用于影片剪辑时间轴的属性,而 Shape 对象和 Sprite 对象则不包括。用于管理时间轴的属性会使用大量的内存和处理器资源。在 ActionScript 3.0 中,使用 Shape 对象可提高性能。与更复杂的 MovieClip 对象相比,Shape 对象的开销更少。Flash Player 并不需要管理未使用的 MovieClip 属性,因此提高了速度,还减少了对象使用的内存空间。

Shape 类和 Sprite 类是 flash.display 包中经常用到、用于显示可视化对象的两个类。它们都直接或间接地继承 DisplayObject 类,如图 10-24 所示。

图 10-24 继承关系图

Shape类的对象只用于绘图,不支持鼠标键盘事件,同时不能容纳其他可视对象。Sprite类对象是构建显示列表的主要元素,作为最常用的可视容器对象,既可以在其中绘图、添加其他可视对象,也可以容纳其他容器对象。如果自定义的可视类不需要时间轴,基类的首选就是Sprite类。

Shape类和Sprite类都包含一个重要的graphics属性,该属性使编程者可以访问Graphics类方法,用于在对象中绘制矢量图。另外Sprite类还包含startDrag()和stopDrag()函数,用于实现鼠标拖放效果。

10.4.2　MovieClip类

MovieClip类是动态类,这个类可以看作是包括时间轴的Sprite类,是所有影片剪辑元件(类)的基类。MovieClip类是ActionScript 3.0类中唯一包含时间轴的类。在ActionScript 3.0中,所有和时间轴控制有关的编程,都需要使用MovieClip类完成。

1. 声明MovieClip类的实例

声明一个影片剪辑实例有多种方法。最简单的方法就是新建一个影片剪辑元件,然后从"库"面板中将这个影片剪辑元件拖曳到舞台上,就声明了一个MovieClip类的实例。还可以在"属性"面板中为这个影片剪辑实例命名。

可以使用ActionScript来声明MovieClip类的实例。MovieClip类有一个构造函数MovieClip(),可以用来创建新的影片剪辑实例。这个实例仅出现在舞台中,不会出现在"库"面板中。定义一个影片剪辑实例的一般形式如下:

```
var 新影片剪辑实例名: MovieClip = new MovieClip();
```

例如,下面的ActionScript语句创建了一个名为mymc的实例。

```
var mymc:MovieClip = new MovieClip();
```

2. MovieClip类的属性

MovieClip类从基类中继承了许多属性,其自身定义的属性如表10-3所示。MovieClip类的属性提供的大都是和时间轴中的帧相关信息。

表10-3　MovieClip类自身定义的属性

属　　性	含　　义
currentFrame	指定播放头在MovieClip实例的时间轴中所处的帧编号
currentLabel	在MovieClip实例的时间轴中播放头所在的当前标签
currentLabels	返回由当前场景的FrameLabel对象组成的数组
currentScene	在MovieClip实例的时间轴中播放头所在的当前场景
enabled	一个布尔值,指示影片剪辑是否处于活动状态
framesLoaded	流式SWF文件加载的帧数
scenes	MovieClip实例中场景的名称、帧数和帧标签构成的数组
totalFrames	MovieClip实例中帧的总数

把一个影片剪辑从"库"面板中拖曳到舞台时,已经为它设置了 X 属性和 Y 属性。可以使用 ActionScript 语句得到舞台上的某个实例的各种属性,如坐标、透明度、旋转的角度、缩放的大小等。MovieClip 类的大部分属性是可以使用 ActionScript 实时修改的。许多复杂的效果就是使用 ActionScript 控制实例属性实现的。

可以用下面的动作脚本来得到影片剪辑实例 ball_mc 的 X 坐标:

```
var ballX = ball_mc.x;
```

可以使用下面的动作脚本来设置影片剪辑实例 ball_mc 的 X 坐标:

```
ball_mc.x = 30;
```

MovieClip 类从基类中继承了许多属性,常用的 MovieClip 类如表 10-4 所示。

表 10-4　MovieClip 类从基类中继承的属性

属　　性	说　　明
alpha	影片剪辑实例的透明度值
currentFrame	指定播放头在 MovieClip 实例的时间轴中所处的帧编号
currentLabel	在 MovieClip 实例所在的时间轴中播放头所在的帧标签
currentScene	在 MovieClip 实例所在的时间轴中播放头所在的当前场景
dropTarget	指定拖曳 Sprite 时经过的显示对象,或放置 Sprite 的显示对象
enabled	一个布尔值,指示影片剪辑是否处于活动状态
doubleClickEnabled	指定此对象是否接收 doubleClick 事件
focusRect	指示此对象是否显示焦点矩形
framesLoaded	SWF 文件流中已经加载的帧数
height	影片剪辑实例的高度,以像素为单位
graphics	指定属于此 Sprite 的 Graphics 对象,在此 Sprite 中可执行矢量绘画命令
hitArea	指定一个 Sprite 用做另一个 Sprite 的点击区域
mouseEnabled	指定此对象是否接收鼠标消息
name	影片剪辑实例的实例名称
parent	对包含当前影片剪辑的影片剪辑的引用
rotation	影片剪辑实例的旋转角度
tabChildren	影片剪辑的子级是否包含在 Tab 键的自动排序中
tabEnabled	指示某影片剪辑是否包含在 Tab 键排序中
tabIndex	指示对象的 Tab 键顺序
stage	显示对象的舞台
totalframes	影片剪辑实例中的总帧数
trackAsMenu	指示其他按钮是否可接收鼠标按钮释放事件
useHandCursor	确定当鼠标滑过按钮影片剪辑时是否显示手形光标
visible	一个布尔值,确定影片剪辑实例是隐藏的还是可见的
width	影片剪辑实例的宽度,以像素为单位
x	影片剪辑实例的 X 坐标
xmouse	影片剪辑实例中鼠标指针的 X 坐标
scaleX	指定用于水平缩放影片剪辑的百分比值
y	影片剪辑实例的 Y 坐标
ymouse	影片剪辑实例中鼠标指针的 Y 坐标
scaleY	指定用于垂直缩放影片剪辑的百分比值

3. MovieClip 类的方法

MovieClip 类从基类中继承了许多方法,其自身定义的属性如表 10-5 所示。它定义的方法主要是针对影片的播放控制行为。

表 10-5　MovieClip 类自身定义的方法

方　　法	含　　义
MovieClip()	创建新的 MovieClip 实例
gotoAndPlay()	指定帧开始播放 SWF 文件
gotoAndStop()	将播放头移到影片剪辑的指定帧并停在那里
prevFrame()/nextFrame()	将播放头转到上/下一帧并停止
prevScene()/nextScene()	将播放头移动到 MovieClip 实例的上/下一场景
play()/stop()	在影片剪辑的时间轴中移动/停止播放头

MovieClip 类中比较重要的方法有 stop()、play()、gotoAndStop() 和 gotoAndPlay()。这 4 个方法是使用频率最高的方法,控制影片剪辑内部播放头的运动。

下面的代码将实例 my_mc 的内部播放头移动到第 3 帧。

```
my_mc.gotoAndStop(3);
```

MovieClip 类从基类中继承了许多方法,常用的方法如表 10-6 所示。

表 10-6　MovieClip 类从基类中继承的方法

方　　法	含　　义
addChild()	将一个 DisplayObject 子实例添加到该 DisplayObjectContainer 实例中,并且自动放到元件的列表前端
addChildAt()	将一个 DisplayObject 子实例添加到该 DisplayObjectContainer 实例中,并且可以指定它的层叠次序
addEventListener()	使用 EventDispatcher 对象注册事件侦听器对象,以使侦听器能够接收事件通知
globalToLocal()	将 point 对象从舞台(全局)坐标转换为显示对象的(本地)坐标
hitTestObject()	计算显示对象,以确定它是否与 obj 显示对象重叠或相交
hitTestPoint()	计算显示对象,以确定它是否与 X 和 Y 参数指定的点重叠或相交
localToGlobal()	将 point 对象从显式对象的(本地)坐标转换为舞台(全局)坐标
removeChild()	从 DisplayObjectContainer 实例的子列表中删除指定的 child DisplayObject 实例
removeChildAt()	从 DisplayObjectContainer 的子列表中指定的 index 位置删除 Child DisplayObject
removeEventListener()	从 EventDispatcher 对象中删除侦听器
startDrag()	允许用户拖曳指定的 Sprite
stopDrag()	结束 startDrag()方法
swapChildren()	交换两个指定子对象的 Z 轴顺序(从前到后顺序)

10.4.3　实战范例:用鼠标拖曳图片

下面通过一个范例练习 MovieClip 类的方法和属性的应用,以及鼠标事件的使用方法。该范例将实现使用鼠标拖曳舞台上的一张图片,同时通过鼠标滚轴对图片进行旋转。程序运行效果如图 10-25 所示。

图 10-25　用鼠标控制图片

主要制作步骤：

（1）启动 Flash CS6，打开素材文件"用鼠标控制图片_素材.fla"。从"库"面板中将 picture 影片剪辑拖放到舞台上，选择该影片剪辑后在"属性"面板中输入实例名 pic。

（2）在时间轴面板中创建一个新图层，选择该图层的第 1 帧，打开"动作"面板。要实现对图片的拖放操作，首先需要为影片剪辑添加事件侦听器侦听鼠标的 MOUSE_DOWN 和 MOUSE_UP 事件，然后创建响应这两个事件的函数。在事件响应函数中，使用 startDrag() 函数来拖曳影片剪辑，使用 stopDrag() 函数来停止对影片剪辑的拖曳。具体的程序代码如下所示。

```
//定义两个事件侦听器
pic.addEventListener(MouseEvent.MOUSE_DOWN,dMC);
pic.addEventListener(MouseEvent.MOUSE_UP,sMC);
function dMC(event:MouseEvent):void{          //定义事件响应函数 dMC
        pic.startDrag();                      //对名字为 pic 的影片剪辑进行拖放
}
function sMC(event:MouseEvent):void{          //定义事件响应函数 sMC
 pic.stopDrag();                              //停止拖放
}
```

（3）下面编写代码实现使用滚轮来旋转图片。这里为影片剪辑添加事件侦听器侦听鼠标的 MOUSE_WHEEL 事件，在滚轮滚动事件发生时执行 rMC() 函数。在 rMC() 函数中，调用鼠标事件的 delta 属性来获取滚轮滚动值。这里，delta 属性为 3 时，滚轮是向上滚动；值为−3 时，滚轮向下滚动。具体的程序代码如下所示：

```
pic.addEventListener(MouseEvent.MOUSE_WHEEL,rMC);
function rMC(event:MouseEvent):void{
        pic.rotation + = event.delta * 0.3;
}
```

专家点拨　在编辑环境中测试 MOUSE_WHEEL 事件时，由于编辑环境的快捷键会屏蔽播放器的快捷键，只有在单击对象将其激活后 MOUSE_WHEEL 事件才有效。在独立播放器中播放动画时，可以直接响应 MOUSE_WHEEL 事件。

（4）下面实现鼠标放置在图片上图片透明度改变的效果。这里为影片剪辑添加事件侦听器侦听 MOUSE_OVER 和 MOUSE_OUT 事件，在事件响应函数中改变影片剪辑的 Alpha 属性来实现透明度改变的效果。具体的程序代码如下所示：

```
pic.addEventListener(MouseEvent.MOUSE_OVER,oMC);
pic.addEventListener(MouseEvent.MOUSE_OUT,tMC);
function oMC(event:MouseEvent):void{
pic.alpha = 0.8;
}
function tMC(event:MouseEvent):void{
pic.alpha = 1;
}
```

10.4.4　实战范例：用键盘控制对象的移动

下面以一个范例练习影片剪辑的 X 和 Y 属性的应用，以及键盘事件的使用方法。在该范例中，使用↑、↓、←和→这 4 个方向键分别控制实例名为 mayi 的影片剪辑的移动。当动画运行时，窗口中的小蚂蚁会跳舞，按方向键将能移动小蚂蚁的位置，如图 10-26 所示。

图 10-26　用键盘控制对象的移动

主要制作步骤如下：

（1）启动 Flash CS6，打开"用键盘控制对象的移动_素材.fla"文件。从"库"面板中将"舞蹈"影片剪辑拖放到舞台上，在"属性"面板中为影片剪辑添加实例名 mayi。在"时间轴"面板中创建一个新图层，并将该图层命名为 Action。

（2）选择 Action 图层的第 1 帧，打开"动作"面板向该帧添加程序代码，该段代码实现用方向键来移动舞台上的影片剪辑。具体的程序代码如下所示：

```
stage.addEventListener (KeyboardEvent.KEY_DOWN,kDown);    //定义键盘事件侦听器
function kDown(event:KeyboardEvent):void {                //定义事件响应函数
  var kCode:uint = event.keyCode;                         //获取按键代码
  switch(kCode){
      case 37:
```

```
if(mayi.x > 350){
mayi.x - = 20}
break;
case 39:
if(mayi.x < 390){
mayi.x + = 20}
break;
case 38:
if(mayi.y > 270){
mayi.y - = 20;
}
break;
case 40:
if(mayi.y < 340){
mayi.y + = 20;
}
break;
    }
}
```

在这段代码中,首先添加事件侦听器侦听键盘事件。在事件响应函数中,使用 keyCode 属性获取键盘事件的键控代码;使用 switch 语句来对监控代码值进行判断,以确定是按的方向键中的哪个键,其中←键、→键、↑键和↓键的键控代码分别为 37、38、39 和 40。为了限制影片剪辑的移动范围,使蚂蚁不会与背景图片中的熊重叠,使用了 if 语句对影片剪辑的位置进行判断。

10.4.5 Sound 类

flash. media 包中包含用于处理声音和视频等多媒体资源的类,可以使用这些类控制数字声音、视频,也可以操作麦克风和摄像头等设备。Sound 类就包含于 flash. media 包中。

Sound 类允许在应用程序中使用声音,用来创建新的 Sound 对象或加载外部 MP3 文件,可以播放声音文件、关闭声音流,以及访问有关声音中的数据,如有关流中的字节数和 ID3 元数据等信息。

1. Sound 类的属性

Sound 类的属性如表 10-7 所示。

表 10-7 Sound 类的属性

属　　性	含　　义
bytesLoaded	返回此声音对象中当前可用的字节数,通常只对从外部加载的文件有用
bytesTotal	返回此声音对象中总的字节数
id3	提供对作为 MP3 文件一部分的元数据的访问
isBuffering	返回外部 MP3 文件的缓冲状态。如果值为 true,则在对象等待获取更多数据时,将会暂停回放
length	当前声音的长度(以毫秒为单位)
url	从中加载此声音的 URL。此属性只适用于使用 Sound. load 方法加载的 Sound 对象

2．Sound 类的构造函数

Sound()函数是 Sound 类的构造函数，一般形式为：

Sound(stream:URLRequest = null,context:SoundLoaderContext = null)

其功能是创建一个新的 Sound 对象。

这个构造函数有两个参数：

- "stream:URLRequest (default＝null)"：指向外部 MP3 文件的 URL。
- "context:SoundLoaderContext (default＝null)"：MP3 数据保留在 Sound 对象缓冲区中的时间。在开始回放以及在网络中断后继续回放之前，Sound 对象将一直等待直到至少拥有这一数量的数据为止。默认值为 1000(1 秒)。

如果将有效的 URLRequest 对象传递到 Sound()构造函数，该构造函数将自动调用 Sound 对象的 load()函数。如果未将有效的 URLRequest 对象传递到 Sound()构造函数，则必须自己调用 Sound 对象的 load()函数，否则将不加载。

一旦对某个 Sound 对象调用了 load()函数，就不能再将另一个声音文件加载到该 Sound 对象中。若要加载另一个声音文件，必须创建新的 Sound 对象。

3．Sound 类的方法

Sound 类自己定义的方法如表 10-8 所示。

表 10-8　Sound 类自己定义的方法

方法	含　义
close()	关闭该流，从而停止所有数据的下载。调用 close 方法之后，将无法从流中读取数据
load()	启动从指定 URL 加载外部 MP3 文件的过程。如果为 Sound()构造函数提供有效的 URLRequest 对象，该构造函数将调用 Sound.load()
play()	生成一个新的 SoundChannel 对象来回放该声音。此方法返回 SoundChannel 对象，访问该对象可停止声音并监控音量

10.4.6　实战范例：Sound 类的应用

本节通过一些实际范例的操作介绍 Sound 类的应用方法。

1．播放"库"面板中的声音

(1) 打开 Flash CS6，新建一个 ActionScript 3.0 文档，文档属性采用默认设置。

(2) 从外部导入一个声音素材，按 Ctrl＋L 键打开"库"面板，在"库"面板中右击这个声音文件，在弹出的快捷菜单中选择"属性"命令。

(3) 在弹出的"声音属性"对话框中单击"高级"按钮展开高级属性。在"链接"栏中选中"为 ActionScript 导出"复选框，在"类"文本框中输入 mySound，其他保持默认，如图 10-27 所示。这里定义了一个 flash.media.Sound 类的子类 mySound。

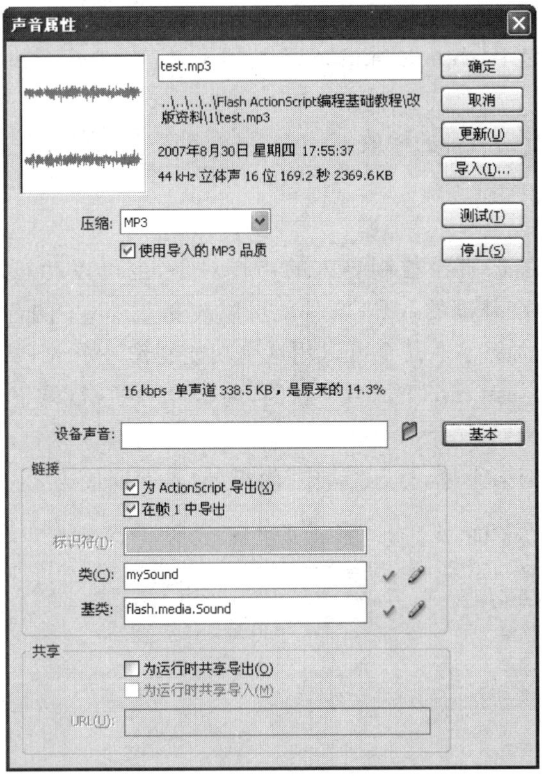

图 10-27　"声音属性"对话框

专家点拨　　默认情况下，"类"文本框中是声音文件的名称。如果文件名包含句点（如名称 DrumSound.mp3），则必须将其更改为类似于 DrumSound 这样的名称；ActionScript 不允许在类名称中出现句点字符。

（4）单击"确定"按钮，这时会弹出一个"ActionScript 类警告"对话框，如图 10-28 所示。对话框中指出无法在类路径中找到该类的定义，单击"确定"按钮继续。如果输入的类名称与应用程序的类路径中任何类的名称都不匹配，则会自动生成从 flash.media.Sound 类继承的新类。

图 10-28　"ActionScript 类警告"对话框

（5）单击"图层 1"的第 1 帧，打开"动作"面板，输入下列代码：

```
var drum:mySound = new mySound();
//建立一个名为 drum 的声音对象
drum.play();
```

//开始播放声音

这里的 mySound 是 flash. media. Sound 类的子类,它继承了 Sound 类的方法和属性,包括 play 方法。

(6) 测试影片,可听到声音的播放。

2. 播放外部音乐

ActionScript 不仅能够直接控制导入的声音对象,也可以动态地从外部导入 MP3 文件。这意味着只需要改变外部的 MP3 文件就可以改变 Flash 中的音乐,再也不用将巨大的歌曲文件导入到 Flash 内部了。甚至可以用这个功能制作一个 MP3 播放器。

(1) 准备一首名为 test. mp3 的 MP3 歌曲,与 MP3 同一目录下建立一个 ActionScript 3.0 文件。

(2) 单击"图层 1"的第 1 帧,打开"动作"面板,输入下列代码:

```
var req:URLRequest = new URLRequest("test.mp3");
//新定义一个 URLRequest 对象 req,指向 test.mp3
var s:Sound = new Sound();
//新定义一个 Sound 对象
s.load(req);
//加载 URLRequest 对象所指向的声音文件
s.play();
//播放声音
```

(3) 测试影片,等文件载入后,音乐开始播放。

上面的代码也可以更改为:

```
var req:URLRequest = new URLRequest("test.mp3");
//新定义一个 URLRequest 对象 req,指向 test.mp3
var s:Sound = new Sound (req);
//新定义一个 Sound 对象,并自动加载 URLRequest 对象所指向的声音文件
s.play();
//播放声音
```

这里直接在定义 Sound 对象时自动加载声音。Sound 构造函数接受一个 URLRequest 对象作为其第一个参数。当提供 URLRequest 参数的值后,新的 Sound 对象将自动开始加载指定的声音资源。

3. 暂停和恢复播放声音

当一个声音对象通过调用 paly 方法播放以后,可以交由 SoundChannel 类对象进行管理,SoundChannel 类提供了对已经播放声音信息的访问与控制的属性和方法。其中经常用到的是 stop 方法,stop 方法用于停止声音的播放。

下面制作一个暂停和恢复播放声音的范例。

(1) 新建一个 ActionScript3.0 文件。

(2) 将"图层 1"重新命名为 AS。选择这个图层的第 1 帧,在"动作"面板中输入以下代码:

```
var req:URLRequest = new URLRequest("test.mp3")
//定义一个 URLRequest 对象 req,值为 test.mp3
var snd:Sound = new Sound(req);
//定义一个 Sound 对象 snd,并加载 URLRequest 对象指向的声音文件
var channel:SoundChannel = snd.play();
//定义一个 SoundChannel 对象 channel,声音对象开始播放后,交由 channel 管理
```

（3）在 AS 图层上新建一个图层,将其重新命名为"按钮"。
在这个图层上放置两个按钮,如图 10-29 所示。

（4）在"属性"面板中分别定义这两个按钮的实例名称为
playButton 和 pouseButton。

图 10-29　放置两个按钮

（5）选择 AS 图层第 1 帧,在"动作"面板中接着输入以下代码:

```
var pousePosition:Number = 0;
//定义一个变量,用来存储声音播放的当前位置
function pouseSound(event:MouseEvent):void {        //定义事件处理函数
    pousePosition = channel.position;
    //利用 SoundChannel 对象的 position 属性获取当前播放位置
    channel.stop();
    //停止播放声音
}
pouseButton.addEventListener(MouseEvent.CLICK,pouseSound);   //注册事件
function playSound(event:MouseEvent):void {         //定义事件处理函数
    channel = snd.play(pousePosition);
    //传递以前存储的位置值 pausePosition,在这个位置恢复播放
}
playButton.addEventListener(MouseEvent.CLICK,playSound);     //注册事件
```

（6）测试影片,单击 pouseButton 按钮可以停止声音的播放,再次单击 playButton 按钮
可以从当前停止的位置恢复播放声音。

专家点拨　Sound 类经常会和 SoundChannel 类、SoundTransform 类、SoundMixer 类
结合在一起使用,实现对声音功能的控制。使用 SoundChannel 对象控制声音的
属性以及将其停止或恢复播放;使用 SoundTransform 对象控制声音的声道和音
量;使用 SoundMixer 对象对混合输出进行控制。

10.5　本章习题

1. 选择题

（1）利用 ActionScript 3.0 编程时,使实例名为 mc 的影片剪辑对象逆时针旋转 30°,应
该使用（　　）段程序代码。

    A. mc.rotation－＝30　　　　　　　　B. mc.rotation＋＝30

    C. mc.scaleX－＝30　　　　　　　　　D. mc.width－＝30

（2）如果要在脚本文件中使用 Sprite 类,那么下面（　　）是正确的。

    A. include flash.display.Sprite;　　　　B. import flash.display.Sprite;

     C. package flash. display. Sprite；   D. import flash. display. MovieClip；

（3）Sound 类属于（　　）包。

     A. fl. display   B. flash. display

     C. flash. media   D. fl. media

（4）在 ActionScript3.0 编程时，下面的叙述（　　）是正确的。

     A. 如果想停止播放声音，可以使用 Sound 类的 stop 方法

     B. 如果想播放声音，可以使用 Sound 类的 start 方法

     C. 可以使用 SoundChannel 对象的 position 属性获取当前声音的播放位置

     D. Sound 类的构造函数是 play()

2．填空题

（1）"动作"面板是 Flash 中的专用 ActionScript 编程环境，主要由＿＿＿＿＿、脚本编辑窗格和脚本导航器 3 个部分组成。

（2）Flash CS6 为了方便不熟悉 ActionScript 脚本语言的设计者实现某些脚本功能，提供了一个＿＿＿＿＿面板，用户可以利用它快速将代码插入到文档中以实现常用的功能。

（3）scaleX 和 scaleX 是 MovieClip 类的属性，当将它们设置为 0～100 的某个值时，该值为＿＿＿＿＿影片剪辑为原影片剪辑的百分数；当 scaleX 和 scaleY 的值为大于 100 的某个值时，该值是＿＿＿＿＿影片剪辑为原影片剪辑的百分数；当 scaleX 或 scaleY 为负时，将＿＿＿＿＿翻转原影片剪辑并进行缩放。

（4）在 ActionScript 3.0 中，要创建一个类的对象需要使用＿＿＿＿＿。将类实例化为对象后，每个对象中都包含了类里面定义的属性和方法，可以通过＿＿＿＿＿运算符对各自的属性和方法进行访问。

（5）类是＿＿＿＿＿的一组对象的集合。类为属于该类的全部对象提供了统一的抽象描述，其内部包括＿＿＿＿＿两个主要部分。

（6）MovieClip 类是 Flash 中最常用的类，时间轴上的所有影片剪辑都是 MovieClip 类的实例。每个影片剪辑实例都具有一个名称，即＿＿＿＿＿，该名称的作用是唯一地标识为可由动作脚本控制的对象。在编程时，创建 MovieClip 类的对象可以使用其构造函数＿＿＿＿＿。

第11章

上机实训综合范例

由于 Flash 强大的功能,它在网站设计、电子贺卡、网络广告、多媒体课件、游戏等领域的应用越来越广。这些领域的 Flash 作品通常都是对 Flash 的各种技术的综合应用。本章通过一个综合范例的实践,学习 Flash 作品的设计思路和制作方法。

本章主要内容:

- 范例简介和设计思路;
- 范例制作步骤。

11.1 范例简介和设计思路

对于商业 Flash 作品来说,其开发过程不仅仅是简单的动画制作,而是一个系统的工程。在开始具体动画内容的制作前,对动画作品进行分析和设计是十分重要的环节。本节先介绍本章综合范例的基本情况,然后介绍它的设计思路。

11.1.1 范例简介

本范例是一首古诗"鸟鸣涧"的 Flash 动画作品,以配乐诗朗诵的形式将古诗的意境表现出来。动画播放过程中,始终有背景音乐营造气氛,随着一幅画卷慢慢展开,将幽静的山林、飘落的桂花、飞翔的小鸟、朦胧的月光等动人的画面一一展现。音乐、动画、朗诵等交织在一起,使 Flash 动画表现的气氛达到高潮。图 11-1 所示是本范例主动画播放过程中的一个画面。

考虑到这个 Flash 作品可能需要在 Internet 上在线播放,因此本范例设计了一个 Loading(预载动画),动画在线播放时先出现 Loading 画面,如图 11-2 所示。等主动画全部加载完成后,单击"开始"按钮即可播放主动画。

11.1.2 范例设计思路

本范例是一个典型的 Flash 动画作品,综合应用了 Flash 最重要的一些技术。为了让用户深刻理解诗人的思想,本范例营造了一个真情实景的动画效果,用户可以在这个古诗朗诵动画中欣赏优美的音乐,聆听诗人的情怀。

图 11-1　主动画播放时的一个画面

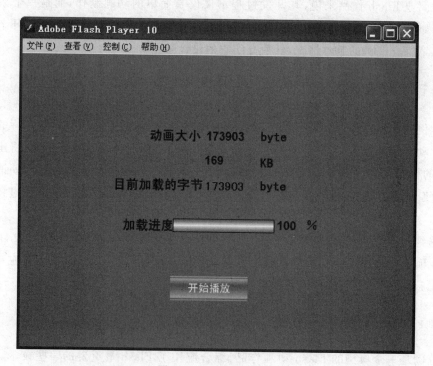

图 11-2　Loading 画面

为了体现古诗的意境,在动画开始处设计了一幅画卷慢慢展开的动画效果。画轴和古画等动画"演员"都采用位图素材,这样画面效果好,而且素材也容易采集和编辑。画卷慢慢展开的动画效果是利用遮罩动画制作的。

随着画卷的展开,和古诗朗诵内容同步的动画效果一一展现,包括飘落的桂花、飞翔的小鸟等动画。这些动画是通过 Flash 的补间动画和路径动画完成制作的。

声音和动画同步播放的制作是本范例的重点。声音包括两部分:一个是背景音乐;另一个是朗诵声音。为了达到较好的声音效果,本范例制作时先利用专业声音处理软件GoldWave 进行朗诵声音的录制以及背景音乐的编辑处理。

为了更加有条不紊地进行动画的制作,根据设计思路确定一个动画制作流程。具体制作流程如图 11-3 所示。

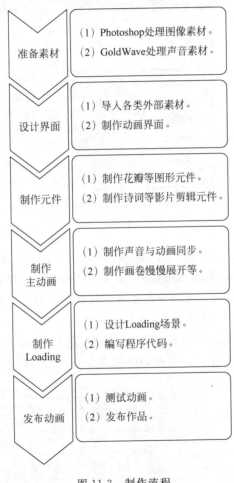

图 11-3 制作流程

11.2 范例制作步骤

本节详细介绍本范例的制作步骤。这既是对前面学习知识的综合应用,又是掌握一个完整 Flash 动画作品制作流程的系统演练。

11.2.1　用 Photoshop 编辑和创建图像素材

Flash 在处理位图方面功能比较单一,而 Photoshop 具有强大的图像处理能力,因此运用 Photoshop 处理多媒体课件中需要的位图素材,将会为 Flash 作品锦上添花。

1. 缩小素材图像的尺寸

(1) 运行 Photoshop,选择"文件"|"打开"命令,将"古画.jpg"文件打开。选择"图像"|"图像大小"命令,弹出"图像大小"对话框,设置图像的"宽度"为 500 像素、"高度"为 209 像素,设置完成后,单击"好"按钮,如图 11-4 所示。

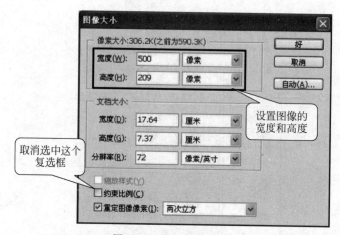

图 11-4　设置图像大小

专家点拨　默认情况下,在"图像大小"对话框中,"约束比例"前的复选框处于选中状态。此时,不管怎样设置图像的"宽度"或"高度",图像的尺寸都会按照原来的比例进行缩放。这样缩放得到的图像能够较好地保持原有的形状。如果不想按比例缩放,可以取消对"约束比例"复选框的选择。

(2) 选择"文件"|"存储为 Web 所用格式"命令,弹出"存储为 Web 所用格式"对话框,其中的参数设置如图 11-5 所示。设置存储图像为 256 色的 GIF 格式,其他默认参数不变。

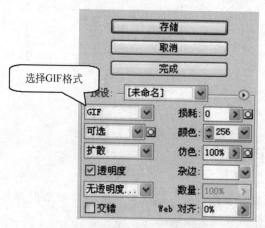

图 11-5　存储为 Web 所用格式

（3）单击"存储"按钮，弹出"将优化结果存储为"对话框，在其中选择文件存储位置以及存储的文件名，设置完成后，单击"保存"按钮。

专家点拨 将在 Photoshop 中处理的图像存储为 Web 格式，可以较大程度地优化图像文件，使图像质量和图像文件的大小有较高的平衡点。在保证图像质量的前提下，可以使制作的 Flash 动画文件更小，便于交流和在网络上播放。

2．创建动画标题特效文字

（1）选择"文件"|"新建"命令，弹出"新建"对话框，设置图像的"宽度"为 200 像素、"高度"为 60 像素，选择"背景内容"为"透明"，如图 11-6 所示。

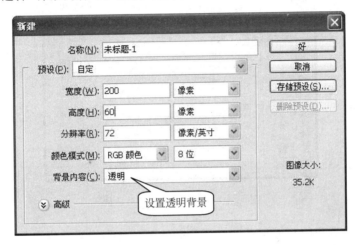

图 11-6 "新建"对话框

专家点拨 一般情况下，为 Flash 动画制作图像素材时，尽量将图像背景设置为透明色，这样便于将图像较好地融入到 Flash 作品中。

（2）设置完成后，单击"好"按钮，新建一个图像文件，如图 11-7 所示。

（3）选择工具箱中的横排文字工具，设置文字大小为 42 点，字体为汉仪菱心体（如果没有安装这个字体，可以选取其他字体）。移动鼠标指针到空白画布的左端并单击，输入文字"古诗朗诵"。选择工具箱中的移动工具，调整文字的位置，效果如图 11-8 所示。

图 11-7 新建文档的窗口和画布

图 11-8 输入文本

（4）选择工具箱中的渐变工具，在主菜单下方出现"渐变选项"面板，如图 11-9 所示。

图 11-9 "渐变选项"面板

（5）在"渐变选项"面板中单击 ▣ 按钮，弹出"渐变编辑器"对话框，如图11-10所示。

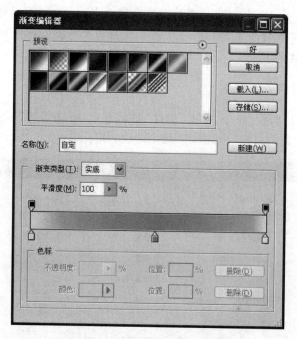

图11-10　"渐变编辑器"对话框

（6）将颜色设置条的左下色标和右下色标的颜色分别修改为绿色和黄色，如图11-11所示。

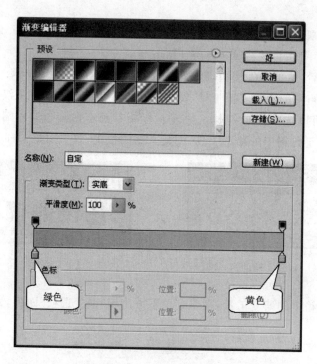

图11-11　修改渐变色

（7）单击"好"按钮返回编辑场景。在图层面板上右击文字图层，在弹出的快捷菜单中选择"格式化文字"命令，将画布上的文字格式化。

（8）按住 Ctrl 键，在图层面板上单击"古诗朗诵"这个图层的图标，文字周围出现流动的虚线。将光标放在文字上，从上到下拖曳鼠标拉一条直线，给文字填充渐变色，画布上的文字效果如图 11-12 所示。

图 11-12　应用渐变颜色的文字效果

（9）按 Ctrl＋D 键取消虚线框，选择"图层"|"图层样式"|"混合选项"命令，在弹出的"混合选项"窗口中选中"内阴影""斜面与浮雕""纹理"复选框，如图 11-13 所示。单击"好"按钮，得到如图 11-14 所示文字。

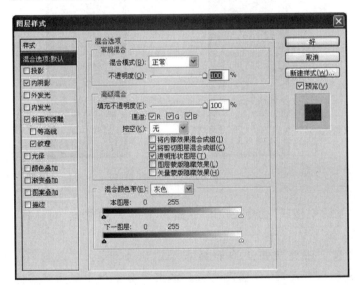

图 11-13　设置文字样式　　　　　　图 11-14　完成后的标题文字效果

（10）选择"文件"|"存储为 Web 所用格式"命令，弹出"存储为 Web 所用格式"对话框，将图像存储为 256 色的 GIF 格式即可。

3. 创建画轴素材图像

在要制作的 Flash 动画中有一个画幅展开的动画情境，为了比较真实地展现这一情境，下面给情境图像配一个画轴。

（1）在 Photoshop 中，选择"文件"|"打开"命令，打开素材中的画轴图像文件"画轴.gif"。

（2）选择"文件"|"新建"命令，新建一个"宽度"为 23 像素、"高度"为 330 像素、"背景颜色"为透明色的图像。

（3）激活画轴图像，选择工具箱中的"矩形选取框"，选取画轴部分，单击工具箱中的"移动工具"，拖曳选取的画轴部分到新建的图像中，如图11-15所示。

（4）选择"编辑"|"变换"|"旋转90度"命令，并将图像旋转，并移动到画布中央。选择"编辑"|"自由变换"命令，将鼠标指针放在控制点上，将画轴拖曳放大，如图11-16所示。

（5）用矩形选取框选取多余的部分，按 Del 键将其删除，完成后图像效果如图11-17所示。

图 11-15　移动图像

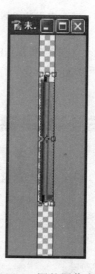

图 11-16　调整图像大小

图 11-17　完成后的画轴

（6）选择"文件"|"存储为 Web 所用格式"命令，弹出"存储为 Web 所用格式"对话框，将图像存储为256色的 GIF 格式。

专家点拨　本范例的制作过程中还要使用小鸟和画布等图像素材，也可以用 Photoshop 事先对这些图像素材进行处理，以满足要求。本书配套素材中提供了这两个图像素材，读者可以直接使用。

11.2.2　用 GoldWave 编辑和创建声音素材

GoldWave 是一个功能强大的声音编辑软件，简单易学。制作 Flash 作品时，利用它编辑处理声音素材、录制声音是个不错的选择。

1. 编辑背景音乐

根据古诗的意境，本范例采用的背景音乐为一首古筝曲"广陵散"。根据动画的内容和长度，这里只需要整个古曲中的一部分，下面将用 GoldWave 对音乐进行剪裁和编辑。

（1）运行 GoldWave 软件，界面如图 11-18 所示。

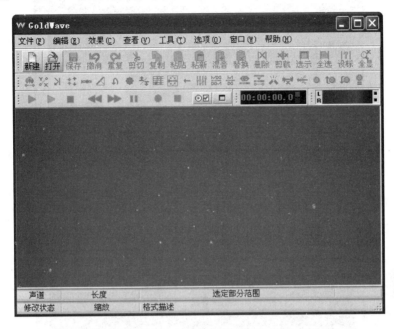

图 11-18　GoldWave 界面

（2）选择"文件"|"打开"命令，弹出"打开"对话框，查找到"广陵散"音乐素材文件"广陵散.mp3"，如图 11-19 所示。单击"打开"按钮，打开音乐文件，如图 11-20 所示。

图 11-19　打开音乐文件

（3）在工具栏上单击"播放"按钮，音乐开始播放，在试听过程中选择一段合适的音乐，记下这段音乐的时间段。时间提示在打开的音乐波形窗格下面。

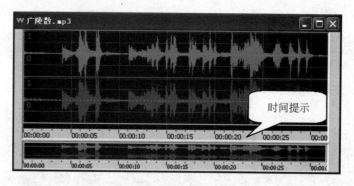

图 11-20　打开的音乐文件

单击选中音乐段的起始位置,再右击音乐段的终止位置,在弹出的快捷菜单中选择"设置结束标记"命令,音乐段将在音乐窗口中高亮显示,如图 11-21 所示。

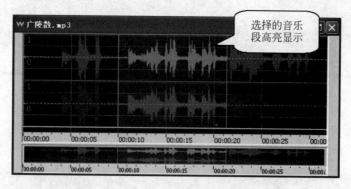

图 11-21　选取音乐片段

(4) 选择"编辑"|"复制"命令,再选择"编辑"|"粘贴为新文件"命令,这样就把选择的音乐段复制到了一个新声音文档中。

(5) 通过剪裁,得到了本范例制作过程中需要的背景音乐,为了使动画整体效果更好,往往还需要对音乐素材进一步编辑,如添加淡入、淡出效果等。

选择"效果"|"音量"|"淡出"命令,弹出"淡出"对话框,如图 11-22 所示。设置完成后,单击"确定"按钮。这时再播放音乐,就能听出音乐快结束时的淡出效果。

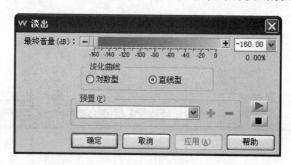

图 11-22　对声音进行渐出效果处理

（6）选择"文件"|"保存"命令，把剪裁并编辑过的音乐片段保存为 Wave 格式的声音文件"背景音乐.wav"。

2．录制古诗朗诵声音

本范例的制作过程中还要使用古诗朗诵声音，可以利用 GoleWave 进行声音素材的录制。具体录制方法如下所述。

（1）双击计算机桌面右下角"任务栏"上的小喇叭音量图标 ，打开"音量控制"面板，如图 11-23 所示。

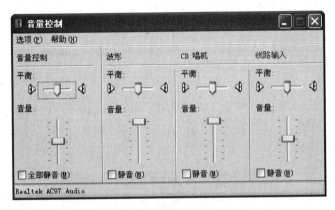

图 11-23 "音量控制"面板

（2）选择"选项"|"属性"命令，弹出"属性"对话框。单击"调节音量"选项下的"录音"单选按钮，然后在"显示下列音量控制"列表框中选中"麦克风"复选框，如图 11-24 所示。

图 11-24 "属性"对话框

（3）单击"确定"按钮，在弹出的"录音控制"面板中，选中"麦克风"选项下的"选择"复选框，然后适当调整音量大小，如图 11-25 所示。这样就完成了声音属性设置，然后关闭所有窗口。

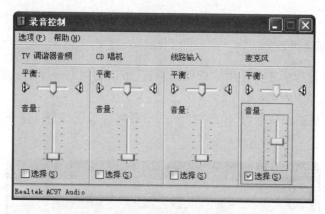

图 11-25 "录音控制"面板

（4）运行 GoldWave 软件。单击工具栏上的"新建"按钮，打开"新建声音"对话框。在其中单击"收音机"按钮，设置声音的"声道"为"单声"，"取样比率"为 22 050 Hz，"长度"为1 分钟，如图 11-26 所示。

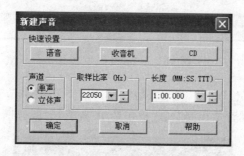

图 11-26 "新建声音"对话框

（5）单击"确定"按钮，弹出新建的空白声音文档，如图 11-27 所示。

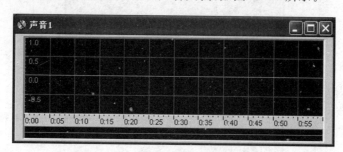

图 11-27 新建声音文档

（6）选择"工具"|"设备控制"命令，弹出"设备控制"窗口，如图 11-28 所示。此窗口可以控制声音文件的录制。单击"录音"按钮 ，开始录制声音。声音录制完毕后，单击"停止"按钮 ，得到录制的声音波形文件，如图 11-29 所示。

专家点拨　录音时最好能选择比较优质的麦克风和较安静的环境。在录音时，可以离麦克风稍微远一点，或用手帕将麦克风包一下，这样可以避免噪声的出现。

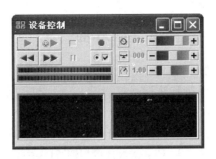

图 11-28　"设备控制"窗口

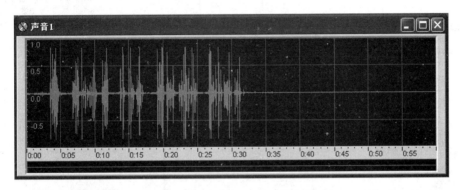

图 11-29　录制的声音波形文件

（7）单击"播放"按钮 ，在 GoldWave 中可以预览录制好的声音文件。如果预听声音效果后，感觉噪声太大，可以通过选择"效果"|"滤波器"|"降噪"命令，在弹出的"降噪"对话框中对声音进行降噪处理，如图 11-30 所示。

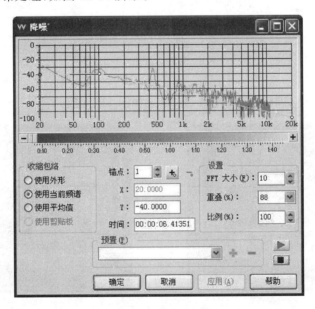

图 11-30　"降噪"对话框

（8）对录制的声音效果满意后，可以选择"文件"|"保存"命令，将声音文件保存。

11.2.3　导入素材并创建动画界面

（1）启动 Flash CS6，新建一个 Flash 文件（ActionScript 3.0）。设置舞台背景颜色为淡紫色（♯9A8F9E），其他参数保持默认值。

（2）选择"文件"|"导入到库"命令，弹出"导入到库"对话框，在"查找范围"中找到存放素材文件的文件夹，选择准备好的图像和声音文件，如图 11-31 所示。单击"打开"按钮，将所需的图像文件和声音文件导入到 Flash 影片的"库"面板中，如图 11-32 所示。

图 11-31　导入图像和声音素材　　　　　　　　图 11-32　"库"面板

（3）将"图层 1"重新命名为"背景"。使用工具箱中的绘图工具绘制一个背景图形，绘制完成后将其转换为名字为"背景"的图形元件，如图 11-33 所示。

（4）在"背景"图层上新建一个图层，并重命名为"古画"。将"库"面板中的"古画"及"画布"图像拖放到舞台上，调整好位置和大小，效果如图 11-34 所示。

图 11-33　绘制背景图形　　　　　　　　图 11-34　创建界面

11.2.4 创建动画元件

1．创建图形元件

（1）新建"花瓣"图形元件，用绘图工具绘制花瓣，并将其柔化，效果如图 11-35 所示。

（2）新建"月亮"图形元件，用绘图工具绘制一个月亮，效果如图 11-36 所示。

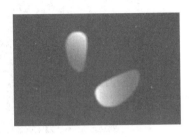

图 11-35　花瓣图形元件　　　　　　图 11-36　月亮图形元件

（3）新建"画轴"图形元件，将画轴图像"轴.gif"拖曳到元件的编辑场景中。

2．创建影片剪辑元件

（1）新建"花瓣飘落"影片剪辑元件，制作花瓣飘落动画效果，图层结构如图 11-37 所示。这个动画效果是通过制作 3 个花瓣飘落的路径动画，并将它们叠加在一起完成的。其中一个花瓣飘落的路径动画编辑场景如图 11-38 所示。

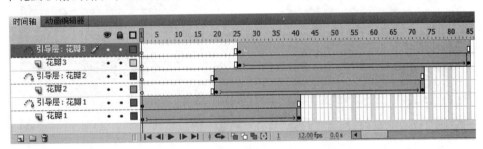

图 11-37　"花瓣飘落"影片剪辑图层结构

（2）新建"小鸟"影片剪辑元件，制作小鸟飞翔的动画效果。这是一个逐帧动画，包括两个关键帧，两个关键帧上的小鸟身姿具有连贯的变化，如图 11-39 所示。

（3）新建"文本 1""文本 2""文本 3""文本 4"影片剪辑元件，分别在元件的编辑场景中输入古诗朗诵的第 1～第 4 句的文字内容。"文本 1"影片剪辑元件的效果如图 11-40 所示。其他的效果类似。

（4）新建"标题文本"影片剪辑元件，制作一个带有阴影效果的标题文本，如图 11-41 所示。

专家点拨　这里将古诗文字内容制作成影片剪辑元件，主要目的是为了在制作主动画时，使用影片剪辑元件的模糊滤镜，制作古诗文字呈现的模糊动画特效。

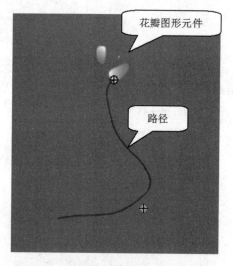

图 11-38　花瓣飘落路径动画编辑场景

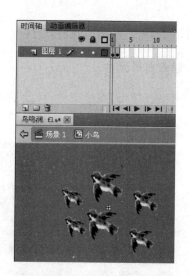

图 11-39　"小鸟"影片剪辑元件

图 11-40　"文本 1"影片剪辑元件

图 11-41　"标题文本"影片剪辑元件

11.2.5　声音和动画同步播放的制作

本范例在制作时,涉及一个重要的动画制作技术——声音和动画同步播放。例如,在播放朗诵声音时,需要相应的字幕动画同步呈现。本节先完成朗诵声音和诗词同步播放的动画效果。

(1) 单击"编辑场景"按钮,切换到"场景 1"编辑环境中。插入新图层并重命名为"背景音乐"。从"库"面板中拖出"背景音乐"文件,在第 1 帧上出现一条短线,说明声音文件已经应用到了关键帧上,如图 11-42 所示。

专家点拨　一般将每个声音放在一个独立的层上,每个层都作为一个独立的声道。播放 SWF 文件时,会混合所有层中的声音。

（2）单击"背景音乐"图层的第 1 帧，在"属性"面板的"声音"栏中选择"同步"下拉列表框中的"数据流"选项，如图 11-43 所示。

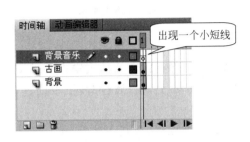

图 11-42　添加音乐

图 11-43　设置声音

专家点拨　"同步"下拉列表框中的"数据流"选项使声音和时间轴同时播放，同时结束，在定义声音和动画同步播放时，都要使用"数据流"选项。

（3）单击"属性"面板"声音"栏中的"编辑声音封套"按钮，弹出"编辑封套"对话框，如图 11-44 所示。在"编辑封套"对话框中单击右下角的"以帧为单位"按钮囲，使它处于按下状态，这时，对话框中显示出声音持续的帧数，拖曳滚动条，可以查看到声音的持续帧数。

图 11-44　"编辑封套"对话框

（4）知道了声音的长度（所需占用帧数）后，在"背景音乐"图层上，选中最后已经知道的声音帧数（这里是第 380 帧），按 F5 键插入帧，这样声音波形就完整地出现在"背景音乐"图层上了。再分别在"古画"图层和"背景"图层的第 380 帧添加帧。此时的图层结构如图 11-45 所示。

图 11-45　完整的声音波形

（5）插入新图层，并命名为"朗读声音"，在这个图层的第 68 帧插入空白关键帧。用同样的方法将"古诗朗诵"声音文件应用到该图层的第 68 帧上，在"属性"面板中设置它的"同步"选项为"数据流"。

（6）定义声音分段标记。在"古画"图层上新建一个图层，重新命名为"文本"。按 Enter键试听声音，当出现第一句朗读句子时，再按 Enter 键暂停声音的播放。这时，播放头的位置就是出现第一句朗读文字帧的位置。在"文本"图层上，选择此时的播放头所在的帧，按F7 键，插入一个空白关键帧。

（7）选中刚新添加的空白关键帧，在"属性"面板"标签"栏中的"名称"文本框中输入"第1 句"，如图 11-46 所示。

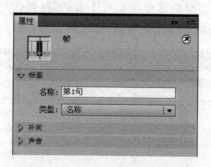

图 11-46　定义帧标签

（8）此时"文本"图层的对应帧处，出现小红旗和帧标签的文字，如图 11-47 所示。

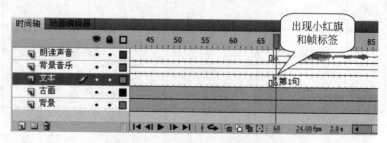

图 11-47　"文本"图层的标签标志

（9）用同样的方法在所有的朗读句子分段处定义关键帧标签。

（10）将"库"面板中的各个朗读文本影片剪辑元件拖放到"文本"图层相应的空白关键帧上，这样字幕呈现效果就能与朗读声音同步了，如图 11-48 所示。

图 11-48　文字与声音同步

专家点拨　为关键帧添加标签在 Flash 动画制作中是非常普遍的,可以明确指示一个特定的关键帧位置,为后续的动画制作提供必要的参考。

（11）为了使字幕呈现的效果更加精彩,这里利用传统补间动画制作了字幕模糊呈现的动画特效,如图 11-49 所示。

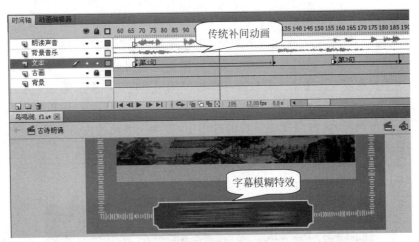

图 11-49　字幕模糊特效

专家点拨　字幕模糊特效动画是这样制作的,在"属性"面板的"滤镜"栏中,设置起始关键帧上的字幕文本影片剪辑的模糊滤镜参数("模糊 X"为 100,"模糊 Y"为 0),再设置终止关键帧上的字幕文本影片剪辑的模糊滤镜参数("模糊 X"和"模糊 Y"都为 0),最后定义从起始关键帧到终止关键帧之间的传统补间动画即可。

11.2.6　制作其他动画

1. 制作画轴缓缓展开的动画效果

本范例运行时,随着音乐的播放,画轴缓缓展开,逐渐呈现古画的效果。这个动画效果可以分解为两个动画效果的叠加,一个是古画缓缓呈现的动画,这可以用遮罩动画进行制作;另一个是两个画轴慢慢向左右移动的动画,这可以用补间动画进行制作。

(1)在"古画"图层上新建一个图层,并重新命名为"古画遮罩"。右击这个图层,在弹出的快捷菜单中选择"遮罩层"命令,使其和下面的"古画"图层形成一个遮罩图层结构。

在"古画遮罩"图层上定义一个从第1~第127帧的形状补间动画。第1帧上图形是一个比较窄的长方形,高度和古画的高度相同,位置在古画的中间;第127帧上的图形是一个和古画宽度和高度都相同的长方形,刚好完全覆盖着古画,如图11-50所示。通过这个遮罩动画的定义,就可以实现古画缓缓呈现的动画效果。

图 11-50　遮罩层第 1 和第 127 帧上的图形

(2)在"古画遮罩"图层上新建两个图层,并重新命名为"轴1"和"轴2"。在"轴1"图层上定义一个从第1~第125帧的补间动画,动画对象是画轴图形元件的一个实例,动画效果是画轴从古画中间位置向左边移动。类似地,在"轴2"图层上定义一个从第1~第125帧的补间动画,动画对象是画轴图形元件的另一个实例,动画效果是画轴从古画中间位置向右边移动。

(3)在画轴慢慢展开,古画缓缓呈现的过程中,古画左上角的古诗标题文字也需要逐渐呈现出来。这也可以使用遮罩动画制作。设计思路如图11-51所示。

图 11-51　古诗标题文字逐渐显示的遮罩动画

2．制作其他动画效果

本范例运行时，随着音乐的播放、画轴的缓缓打开，桂花在随风飘落，小鸟向远方飞去，朦胧的月亮也慢慢出现。这里包含另外 3 个动画效果，动画角色分别是"花瓣飘落"影片剪辑实例、"小鸟"影片剪辑实例和"月亮"图形实例。

（1）"花瓣飘落"影片剪辑元件制作的是花瓣沿路径飘落的动画效果，因此在主动画中直接将"花瓣飘落"影片剪辑元件引用到主时间轴上即可。为了表现花瓣飘落的层次效果，这里分 3 个图层进行引用让它们错次播放，并且每个图层都引用了多个实例。另外，为了保证花瓣都是在古画画幅内呈现，也用"古画遮罩"图层对它们进行遮罩。图层结构如图 11-52 所示。

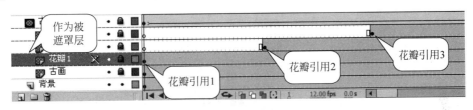

图 11-52　花瓣飘落动画的图层结构

（2）"小鸟"影片剪辑元件制作的是小鸟在原地展翅的动画效果，因此在一个新图层中定义"小鸟"影片剪辑实例的补间动画即可。为了表现小鸟逐渐飞向远方的效果，可以在"动画编辑器"面板中，设置"小鸟"影片剪辑实例的尺寸（"缩放"属性）和透明度（Alpha 属性）。

（3）朦胧的月亮慢慢出现的动画效果比较容易制作，在一个新图层中定义"月亮"图形实例的补间动画即可。为了表现月亮的朦胧效果，可以在"动画编辑器"面板中，设置"月亮"图形实例的透明度（Alpha 属性）。

（4）最后再新建一个图层，命名为 as，在这个图层的最后一帧定义动作脚本：

```
stop();
```

其功能是让所有动画播放一次后停止，避免动画重复播放。

至此，本范例的动画效果制作完毕。整个动画的图层结构如图 11-53 所示。

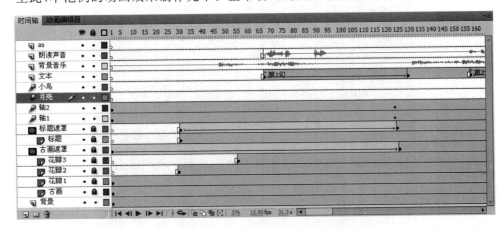

图 11-53　动画的图层结构

11.2.7 制作动画预载场景

制作完成动画效果后,如果 Flash 作品需要在 Internet 上播放,由于影片文件太大,或是网速限制,装载动画所需要的时间可能会比较长。这个装载过程所需时间对于观看者来说是未知的,所以在 Flash 影片装载过程中,如果没有任何提示,多数用户都不会有足够的耐心在面对空白的网页许久的情况下仍继续等待。因此有必要在 Flash 作品的开始处加入预载功能模块,目的就是要告诉用户目前动画的装载情况。即使制作的预载画面只是简单的一个小动画,也会起到很好的效果,这个预载画面就是 Loading。一般情况下,预载动画都是放在一个单独的场景中,这样便于编写动作脚本控制影片,也可以使影片结构更加清晰。带 Loading 的 Flash 作品的场景布局一般如图 11-54 所示。

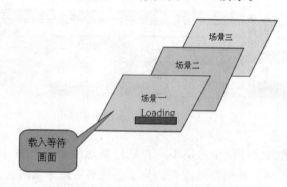

图 11-54 带 Loading 的影片场景布局

下面介绍本范例的 Loading 制作方法。

(1) 在"场景"面板中新建一个场景,并重新命名为 Loading,然后将它拖放到场景最上方。将原来的"场景 1"更名为"古诗朗诵"。

(2) 在 Loading 场景中,将"图层 1"重新命名为"文本对象"。在这个图层上用"文本工具"创建 4 个动态文本和一些辅助说明的静态文本,如图 11-55 所示。在"属性"面板中分别定义这 4 个动态文本的实例名称为 totalB、totalKB、loadB、percent。

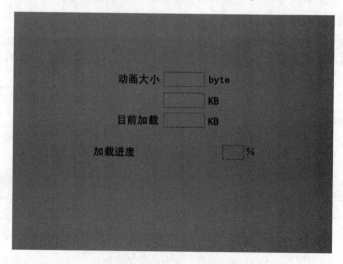

图 11-55 文本对象

专家点拨 在图 11-55 中,从上到下,4 个动态文本框分别用来显示动画文件的总字节数、总 KB 数、目前已经加载的 KB 数、加载进度的百分比。编程时,利用动态文本对象的 text 属性可以将一些字符串显示在文本框中。

(3)在"文本对象"图层上方新插入一个图层,并将它重新命名为"进度条"。在该图层中画一个矩形,"笔触颜色"为无,"填充色"自定义,并将其转换为影片剪辑元件,如图 11-56 所示。

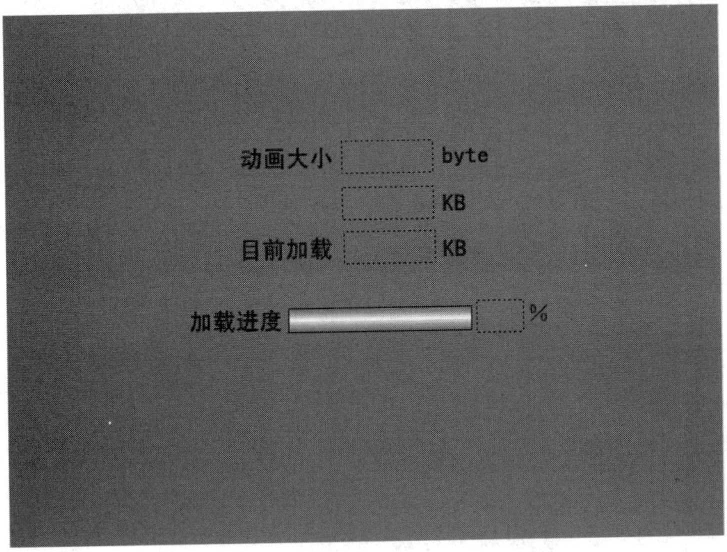

图 11-56 进度条

(4)选择进度条影片剪辑实例,在"属性"面板中定义实例名称为 bar。在动作脚本中,通过设定影片剪辑 bar 的 xscale 属性就可达到预载进度条随着预载内容增多而逐渐延伸的目的。

专家点拨 制作预载进度条随着预载内容的增多而逐渐延伸的效果,必须应用到影片剪辑的一个属性 xscale,即水平缩放值。动画运行时,当预载的百分比为 30% 时,应将进度条的(水平缩放)xscale 属性设定为 30;当预载的百分比为 85% 时,应将进度条的 xscale 属性设定为 85%,以此类推即可实现延伸效果。

(5)在"进度条"图层上插入一个图层,并更名为"按钮"。将"公共库"面板中的 buttons bar 类别中的 bar brown 按钮拖放到舞台下方,并更改按钮上的文字为"开始播放",如图 11-57 所示。在"属性"面板中定义这个按钮的实例名称为 play_btn。

(6)在"按钮"图层上方插入图层,并重新命名为 as。在"动作"面板中,定义 as 图层第 1 帧的动作脚本为:

```
//停止在第1帧
stop();
//让"开始播放"按钮隐藏
play_btn.visible = false;
//初始化进度条影片剪辑实例 bar 的水平缩放为 0
bar.scaleX = 0;
//加载 LoaderInfo 类、ProgressEvent 类和 MouseEvent 类
```

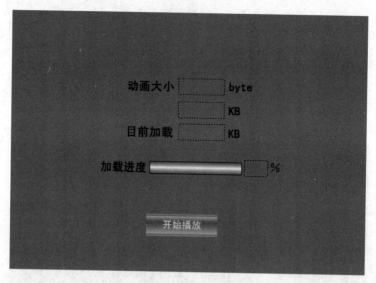

图 11-57　按钮

```
import flash.display.LoaderInfo;
import flash.events.ProgressEvent;
import flash.events.MouseEvent;
//定义一个 LoaderInfo 对象
var myLoaderInfo = this.loaderInfo;
//侦听 COMPLETE 事件。当加载完毕后执行 Loaded 函数
myLoaderInfo.addEventListener(Event.COMPLETE,Loaded);
//侦听 PROGRESS 事件。在加载过程中执行 loading 函数
myLoaderInfo.addEventListener(ProgressEvent.PROGRESS,loading);
//定义 loading 函数
function loading(e:Event):void {
    //定义总字节
    var totalBytes = myLoaderInfo.bytesTotal;
    //定义加载的字节
    var loadedBytes = myLoaderInfo.bytesLoaded;
    //计算总 KB 数值
    var total_KB:int = Math.round(totalBytes/1024);
    //计算加载的 KB 数值
    var loadedKB:int = Math.round(loadedBytes/1024);
    //在文本框中分别显示相应的数值
    totalB.text = String(totalBytes);
    totalKB.text = String(total_KB);
    loadB.text = String(loadedKB);
    percent.text = String(loadedBytes/totalBytes * 100);
    //设置进度条
    bar.scaleX = loadedBytes/totalBytes;
}
//定义 Loaded 函数
function Loaded(e:Event):void {
    //移除侦听
    myLoaderInfo.removeEventListener(Event.ENTER_FRAME,loading);
```

```
        //显示"开始播放"按钮
        play_btn.visible = true;
        //侦听按钮的单击事件,发生时执行 mplay 函数
        play_btn.addEventListener(MouseEvent.CLICK, mplay);
}
//定义 mplay 函数
function mplay(event:MouseEvent)
{
        //跳转到"古诗朗诵"场景
        gotoAndPlay(1,"古诗朗诵");
}
```

(7) 按 Ctrl＋Enter 键测试影片效果,此时看不到 Loading 场景的效果。

专家点拨 在本地机器上制作 Loading 时,动画不管有多大,装载也不需要什么时间,所以 Loading 画面往往还没来得及显示就进入主动画开始播放了。如果要在本地计算机上测试制作的 Loading 效果,可以通过 Flash 软件中的"显示数据流"的方法来模拟从网络装载页面的情况。

(8) 在"测试"窗口中选择"视图"菜单下的"带宽设置"命令,然后选择"视图"|"模拟下载"命令,或再次按 Ctrl＋Enter 键就可以看到 Loading 画面了,如图 11-58 所示。

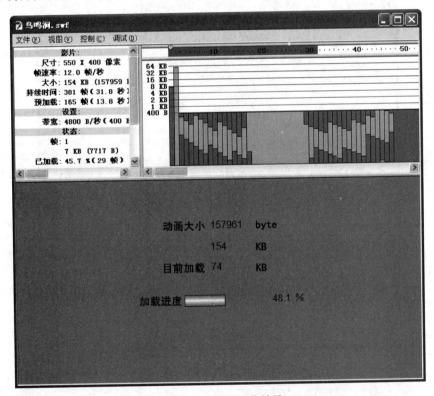

图 11-58　模拟下载效果

专家点拨 如果仍觉得装载得太快,看不清 Loading 效果,则可以选择"视图"|"下载设置"命令,在其中选择合适的速率,如 14.4kbps;也可以自己定义合适的速率,这样就可以对 Loading 在不同的网络模拟速度下进行调试了。

11.2.8 发布作品

Flash 动画作品制作完成以后,发布动画是很重要的一个环节。利用 Flash 提供的发布功能,可以将完成的 Flash 作品输出成动画、图像以及 HTML 文件等。

Flash 在"文件"菜单下提供了 3 个有关动画发布的命令:发布设置、发布预览和发布。利用"发布设置"命令可以在发布动画之前先对将要发布的动画进行设置,如可以设置将要发布的文件格式、图像和声音的压缩选项等。利用"发布预览"命令可以对将要发布的文件进行预览。最后利用"发布"命令可以完成动画的发布。

下面介绍本范例的发布步骤。

(1) 选择"文件"|"发布设置"命令,打开"发布设置"对话框,如图 11-59 所示。

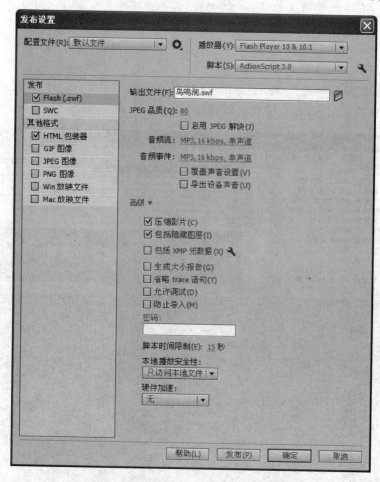

图 11-59 "发布设置"对话框

(2) 在"发布设置"对话框中,可以在"发布"列表框中选择将要发布的文件格式。默认情况下,"Flash(.swf)"和"HTML 包装器"复选框会自动被选中。

专家点拨 除了默认的 SWF 格式和 HTML 格式外,还可以将 Flash 影片发布为 SWC、GIF、JPGE、PNG、WIN 放映文件等格式。

（3）在"发布"列表框中选中"Flash（.swf）"复选框，右侧会显示与 SWF 格式相关的一些参数设置。其中"输出文件"文本框中，显示一个和文档名称相对应的默认文件名。这里保持默认设置。

专家点拨　默认情况下，文件会发布到与 FLA 文件相同的位置。要更改文件的发布位置，请单击"输出文件"文本框右侧的文件夹图标 📁，然后浏览定位到要发布文件的其他位置。

（4）在"发布"列表框中选中"HTML 包装器"复选框，右侧会显示与 HTML 格式相关的一些参数设置，如图 11-60 所示。可以设置 Flash 动画出现在 Web 浏览器窗口中的位置、背景颜色、大小等，这里保持默认设置。

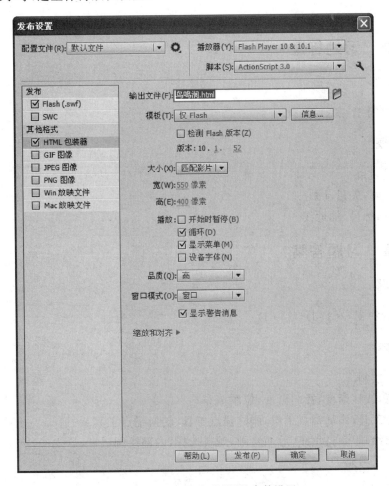

图 11-60　"HTML 包装器"的参数设置

（5）单击"发布"按钮，完成对本范例动画的发布。

习题参考答案

第1章 习题答案

1.选择题

(1) C (2) B (3) C

2.填空题

(1) 视觉残留
(2) 帧动画,矢量动画
(3) 网格,标尺,辅助线

第2章 习题答案

1.选择题

(1) D (2) C (3) D (4) D

2.填空题

(1) 对象绘制
(2) 纯色,线性渐变,径向渐变,位图填充
(3) 钢笔工具,添加锚点工具,删除锚点工具,转换锚点工具
(4) 标准绘画,颜料填充,后面绘画,颜料选择,内部绘画
(5) 藤蔓式填充

第3章 习题答案

1.选择题

(1) B (2) A (3) D (4) C (5) D (6) A

2.填空题

(1) 对象绘制

（2）魔术棒,套索

（3）Shift,Alt

（4）约束,取消变形

（5）锁定

第 4 章　习题答案

1. 选择题

（1）A　（2）B　（3）A　（4）D

2. 填空题

（1）可扩展,固定宽度

（2）使用设备字体,动画消除锯齿

（3）水平方向,垂直方向

（4）可编辑,多行不换行

（5）删除滤镜,禁用

第 5 章　习题答案

1. 选择题

（1）D　（2）C　（3）B　（4）B

2. 填空题

（1）浅蓝色,浅绿色,灰色

（2）F5,F6,F7

（3）关键帧,关联

（4）贴紧至对象

（5）Ctrl+C,Ctrl+V

第 6 章　习题答案

1. 选择题

（1）D　（2）C　（3）B　（4）C

2. 填空题

（1）图形元件,影片剪辑元件,按钮元件

（2）新建元件,将舞台上的对象转换为元件

（3）"控制"|"启用简单按钮"

（4）虚线

第7章　习题答案

1. 选择题

(1) D　(2) C　(3) B　(4) A

2. 填空题

(1) 文本
(2) 属性关键帧,菱形
(3) 属性"动画编辑器"
(4) 窗口,应用

第8章　习题答案

1. 选择题

(1) C　(2) B　(3) D　(4) A　(5) C

2. 填空题

(1) 被遮罩层,填充区域,不透明
(2) 179°,外观角度,位置
(3) 一级连接一级,子级
(4) 缓出,缓入,0

第9章　习题答案

1. 选择题

(1) B　(2) C　(3) D　(4) D

2. 填空题

(1) 数据流
(2) 大,16
(3) H.264
(4) FLVPlayback,FLV

第10章　习题答案

1. 选择题

(1) A　(2) B　(3) C　(4) C

2．填空题

（1）动作工具箱

（2）代码片段

（3）缩小、放大，水平或垂直

（4）New，.（或点）

（5）具有相同属性和相同服务，属性和方法

（6）实例名称，MovieClip（）

图书资源支持

感谢您一直以来对清华版图书的支持和爱护。为了配合本书的使用，本书提供配套的资源，有需求的读者请扫描下方的"书圈"微信公众号二维码，在图书专区下载，也可以拨打电话或发送电子邮件咨询。

如果您在使用本书的过程中遇到了什么问题，或者有相关图书出版计划，也请您发邮件告诉我们，以便我们更好地为您服务。

我们的联系方式：

地　　址：北京海淀区双清路学研大厦 A 座 707

邮　　编：100084

电　　话：010－62770175－4604

资源下载：http://www.tup.com.cn

电子邮件：weijj@tup.tsinghua.edu.cn

QQ：883604(请写明您的单位和姓名)

用微信扫一扫右边的二维码，即可关注清华大学出版社公众号"书圈"。

资源下载、样书申请

书圈